全国高等职业教育规划教材

S7-300 PLC 基础教程

牛百齐 张邦凤 主 编

机械工业出版社

本书立足基础知识,重视方法训练,以培养学生职业能力为主线,将理论教学与技能训练紧密结合,系统地介绍了 S7-300 PLC 的硬件知识、指令系统及编程技术;知识编排由易到难、循序渐进;内容阐述力求简明扼要、通俗易懂;通过分析典型实例,提高学习者的应用能力。

本书共分为 8 章,第 1、2 章主要介绍了 PLC 基础知识与 S7-300 PLC 的硬件系统、STEP7 编程软件与仿真软件;第 3~7 章介绍了 S7-300 PLC 的基本指令和功能指令系统、编程方法及控制系统的设计方法;第 8 章介绍了 S7-300 PLC 的通信与网络。

本书可作为高职、高专院校电气自动化、机电一体化及相关专业的教材,也可作为控制领域初学者、爱好者、工程技术人员的学习参考书。

本书配有授课电子课件,需要的教师可登录 www.cmpedu.com 免费注册,审核通过后下载,或联系编辑索取(QQ:1239258369,电话:010-88379739)。

图书在版编目(CIP)数据

S7-300 PLC 基础教程 / 牛百齐,张邦凤主编. —北京:机械工业出版社,2015.12

全国高等职业教育规划教材

ISBN 978-7-111-53296-5

Ⅰ. ①S… Ⅱ. ①牛… ②张… Ⅲ. ①plc 技术—高等职业教育—教材

Ⅳ. ①TM571.6

中国版本图书馆 CIP 数据核字(2016)第 058299 号

机械工业出版社(北京市百万庄大街 22 号 邮政编码 100037)

策划编辑:王 颖 责任编辑:王 颖

责任校对:张艳霞 责任印制:乔 宇

唐山丰电印务有限公司印刷

2016 年 5 月第 1 版·第 1 次印刷

184mm×260mm·17.75 印张·435 千字

0001—3000 册

标准书号:ISBN 978-7-111-53296-5

定价:43.00 元

前　言

随着科学技术的迅猛发展，可编程序控制器（简称为 PLC）技术已广泛应用于自动化控制领域。PLC 以微处理器为核心，将计算机技术、自动控制技术及通信技术融为一体。它具有控制能力强、可靠性高、配置灵活、编程简单、使用方便、易于扩展等优点，已经成为工业控制领域的主流设备，并与 CAD/CAM、机器人技术一起，被誉为当代工业自动化的三大支柱。

西门子公司是世界上较早生产 PLC 的厂家之一，其产品 S7-300 PLC 能为工业自动化提供安全可靠和比较完善的解决方案，有较高的市场占有率，已成为我国工业控制领域中最主要的工业控制装置之一。

本书与同类书籍相比较，有以下特点：

1）内容新颖，符合认知规律。在编排上由易到难、循序渐进；内容阐述力求简明扼要、通俗易懂。

2）立足基础，重视方法训练。在分析 S7-300 PLC 指令的基础上，介绍编程方法及 PLC 控制系统的设计方法，有利于学习者快速掌握 PLC 的编程技术。

3）结合实际，突出应用。将理论教学与技能训练紧密结合，列举了大量的典型应用实例，并附有习题，以提高学习者的应用能力。

4）知识系统、连贯，重点突出，方便教学。

本书共分为 8 章，第 1、2 章主要介绍了 PLC 基础知识与 S7-300 PLC 的硬件系统、STEP7 编程软件与仿真软件；第 3～7 章介绍了 S7-300 PLC 的基本指令和功能指令系统、编程方法及控制系统的设计方法；第 8 章介绍了 S7-300 PLC 的通信与网络。

本书参考学时数为 60～90 学时，教学时可结合具体专业实际，对教学内容和学时数进行适当调整。

本书可作为高职高专院校电气自动化、机电一体化及相关专业的教材，也可作为控制领域初学者、爱好者、工程技术人员的学习参考书。

本书由牛百齐、张邦凤主编，参加编写的还有曹秀海、梁海霞、康健、辛勤、孙尧、孙萌、李汉挺、毛立云。

在编写过程中，编者参考了许多专家、同行的文献和资料，在此谨致诚挚的谢意。

由于编者水平有限，书中不妥、疏漏或错误之处在所难免，恳请专家、同行批评指正，也希望得到广大读者的意见和建议。

编　者

目　　录

V

第1章 PLC 基础知识与 S7–300 PLC

可编程序控制器（Programmable Logic Controller，PLC）是以微处理器为核心的工业自动化控制装置。随着计算机技术、电子技术和通信技术的发展，可编程序控制器作为通用的工业控制计算机，其功能日益强大，性价比越来越高，已经成为工业控制领域的主流设备，并与 CAD/CAM、机器人技术一起，被誉为当代工业自动化的三大支柱，广泛应用于电气控制、网络通信及数据采集等多个领域。

1.1 PLC 的定义和分类

1.1.1 PLC 的定义

在 PLC 出现之前，工业自动控制装置多采用继电器控制系统。但是继电器控制系统存在体积大、可靠性低、查找和排除故障困难等缺点，特别是其接线复杂、不易更改，对生产工艺变化的适应性差。随着工业生产的迅速发展，产品更新换代的周期不断缩短，传统的继电器控制系统越来越不适应现代工业发展的需要，迫切需要设计一种先进的自动控制装置。

1968 年，美国通用汽车公司（GM）为了适应汽车型号不断更新、生产工艺不断变化的需要，提出了一种设想：将计算机功能强大、灵活、通用性好等优点与继电器控制系统简单易懂、价格便宜等优点结合起来，制成一种通用控制装置，而且这种装置采用面向控制过程、面向问题的"自然语言"进行编程，使不熟悉计算机的人也能很快掌握并使用。

美国数字设备公司（DEC）根据这一设想，于 1969 年研制成功了第一台可编程序控制器。由于当时主要用于顺序控制，只能进行逻辑运算，故称为可编程序逻辑控制器。

这种新型的工业控制装置以其简单易懂、操作方便、可靠性高、体积小以及使用寿命长等一系列优点，很快在美国其他工业领域得到推广应用，到 1971 年，已经成功地应用于食品、饮料、冶金及造纸等工业领域。

PLC 的出现也受到了世界其他国家的高度重视。1971 年，日本从美国引进了这项技术，很快研制出了一台 PLC；1973 年，西欧国家也研制出了 PLC；我国从 1974 年开始研制 PLC，1977 年开始工业应用。

PLC 问世以来，尽管时间不长，但发展迅速，为了使其生产和发展标准化，国际电工委员会（IEC）在 1987 年颁布的 PLC 标准草案第 3 稿中，对 PLC 作了以下定义："可编程序控制器是一种数字运算操作的电子系统，专为在工业环境下应用而设计。它采用可编程序的存储器，用来在其内部存储执行逻辑运算、顺序控制、定时、计数和算术运算等操作指令，并通过数字式或模拟式的输入和输出，控制各种类型的机械或生产过程。可编程序控制器及其有关的外围设备，都应按易于与工业控制系统连成一个整体、易于扩充其功能的原则设计。"

从上述定义可以看出，PLC 有以下特征：

1）定义强调了 PLC 应直接应用于工业环境，它必须具有很强的抗干扰能力、广泛的适应能力和应用范围，这是区别于一般微型计算机控制系统的重要特征。

2）定义强调了 PLC 是一种"数字运算操作的电子系统"，也是一种计算机，它是"专为在工业环境下应用而设计"的工业计算机。通过程序控制各种类型的机械或生产过程，除了完成各种各样的控制功能外，还具有与其他计算机通信联网的功能。

需要强调的是，PLC 与以往所讲的继电器控制装置在"可编程序"方面有着质的区别，后者是通过硬件或硬接线的变更来改变程序，而 PLC 引入了微处理半导体存储器等新一代的微电子器件，用规定的指令进行编程，能灵活地修改，即用软件方式达到"可编程序"的目的。

早期的可编程序控制器仅有逻辑运算、定时、计数等顺序控制功能，通常称为可编程序逻辑控制器。随着微电子技术和计算机技术的发展，20 世纪 70 年代中期微处理器技术应用到 PLC 中，使 PLC 不仅具有逻辑控制功能，还增加了算术运算、数据传送和数据处理等功能，使其功能已远远超出了上述定义的范围。

1.1.2 PLC 的分类

PLC 产品种类繁多，其规格和性能也各不相同。PLC 通常根据其结构形式的不同、功能的差异和输入/输出（I/O）点数的多少等进行分类。

（1）按结构形式分类

根据 PLC 结构形式的不同，可分为整体式 PLC 和模块式 PLC 两类。

1）整体式 PLC 是将电源、CPU、存储器和 I/O 安装在一个标准机壳内，组成一个 PLC 的基本单元（主机）。基本单元上设有 I/O 扩展单元接口、通信接口等，可以和扩展单元模块相连接。小型机系统还提供许多特殊功能模块，如 I/O 模块、热电偶模块、定位模块及通信模块等。通过不同的配置，可完成不同的控制任务。

整体式 PLC 的特点：结构紧凑、体积小、价格低及容易装配在工业控制设备的内部，适合生产机械的单机控制。

2）模块式 PLC 是将 PLC 各组成部分，分别做成若干个单独的模块，如 CPU 模块、I/O 模块、电源模块（有的含在 CPU 模块中）以及各种功能模块。模块式 PLC 由机架和各种模块组成，模块安装在机架上。大、中型 PLC 一般采用模块式结构。

模块式 PLC 的特点：配置灵活，可根据需要选配不同规模的系统，而且装配方便，便于扩展和维修。

还有一些 PLC 将整体式和模块式的特点结合起来，形成叠装式 PLC。叠装式 PLC 的 CPU、电源、I/O 接口等也是各自独立的模块，但它们之间是靠电缆进行连接的，并且各个模块间可以一层层的叠装。这样，不但系统可以灵活配置，还可做得体积小巧。

（2）按功能分类

根据 PLC 所具有功能的不同，可分为低档 PLC、中档 PLC 和高档 PLC 三类。

1）低档 PLC。具有逻辑运算、定时、计数、移位以及自诊断、监控等基本功能，还可有少量模拟量 I/O、算术运算、数据传送和比较、通信等功能。主要用于逻辑控制、顺序控制或少量模拟量控制的单机控制系统。

2）中档 PLC。除具有低档 PLC 的功能外，还具有较强的模拟量 I/O、算术运算、数据传送和比较、数制转换、远程 I/O、子程序以及通信联网等功能。有些还可增设中断控制、PID 控制等功能，适用于复杂控制系统。

3）高档 PLC。除具有中档 PLC 的功能外，还增加了带符号算术运算、矩阵运算、位逻辑运算、平方根运算及其他特殊功能函数的运算、制表及表格传送功能等。高档 PLC 具有更强的通信联网功能，可用于大规模过程控制或构成分布式网络控制系统，实现工厂自动化。

（3）按 I/O 点数分类

根据 PLC 的 I/O 点数的多少，可将 PLC 分为微型机、小型机、中型机、大型机和超大型机五类。

1）微型机的 I/O 点数为 64 点以内，单 CPU，内存容量为 256～1000B，如中国台湾广成公司的 SPLC。

2）小型机的 I/O 点数为 64～256 点之间，单 CPU，内存容量为 1～3.6KB，如西门子公司的 S7-200。

3）中型机的 I/O 点数为 256～2048 点之间，双 CPU，内存容量为 3.6～13KB，如西门子公司的 S7-300。

4）大型机的 I/O 点数为 2048 点以上，多 CPU，内存容量为 13KB 以上，如西门子公司的 S7-400。I/O 点数超过 8192 点的为超大型 PLC。

在实际中，一般 PLC 的功能强弱与其 I/O 点数是相互关联的，即 PLC 的功能越强，其可配置的 I/O 点数越多。因此，通常所说的小型、中型、大型 PLC，除指其 I/O 点数不同外，也表示其对应功能为低档、中档、高档。

1.2 PLC 的特点与应用

1.2.1 PLC 的特点

PLC 技术之所以迅速发展，除了工业自动化领域的客观需要外，主要原因在于与现有的各种控制方式相比，PLC 具有一系列深受用户欢迎的特点。它较好地解决了工业领域中普遍关注的可靠、安全、灵活、方便及经济等问题。PLC 主要有以下特点：

1）可靠性高、抗干扰能力强。

传统的继电器控制系统使用了大量的中间继电器和时间继电器。由于接触不良，容易出现故障。PLC 用软件代替大量的中间继电器和时间继电器，仅剩下与输入和输出有关的少量硬件元件，硬件接线比继电器控制系统少得多，因此因触点接触不良造成的故障大为减少。

PLC 为保证在恶劣的工业环境下可靠地工作，采用了一系列硬件和软件的抗干扰措施，具有很强的抗干扰能力，平均无故障时间可达几十万个小时，PLC 已被公认为最可靠的工业控制设备之一。

2）编程简单、使用方便。

目前，大多数 PLC 采用的编程语言是梯形图语言，它是一种面向生产、面向用户的编程语言。梯形图与电气控制线路图相似，形象、直观，不需要掌握计算机知识，就很容易掌握。当生产流程需要改变时，可以现场改变程序，使用方便、灵活。同时，PLC 编程器的操作和使用也很简单。这也是 PLC 获得普及和推广的主要原因之一。

许多 PLC 上还针对具体问题，设计了各种专用编程指令及编程方法，进一步简化了编程过程。

3）采用模块化结构，组合灵活、使用方便。

PLC 的各个部件均采用模块化设计，各模块之间可由机架和电缆连接。规模可根据用户的实际需求自行组合，使系统的性能、价格更趋于合理。

4）功能完善、通用性强。

现代 PLC 不仅具有逻辑运算、定时、计数及顺序控制等功能，而且还具有模/数（A-D）和数/模（D-A）转换、数值运算、数据处理、PID 控制以及通信联网等功能。同时，由于 PLC 产品的系列化、模块化，有品种齐全的各种硬件装置供用户选用，可以组成满足各种要求的控制系统。

5）设计安装简单、维护方便。

由于 PLC 用软件代替了传统电气控制系统的硬件，因而控制柜的设计、安装和接线的工作量大为减少。PLC 的用户程序大部分可在实验室进行模拟调试，从而缩短了应用设计和调试周期。

在维修方面，由于 PLC 的故障率极低，所以维修工作量很小；而且 PLC 具有很强的自诊断功能。如果出现故障，可根据 PLC 上的指示或编程器上提供的故障信息，迅速查明原因，维修极为方便。

6）体积小、重量轻、能耗低。

由于 PLC 采用了半导体集成电路，其结构紧凑、体积小及能耗低，因而是实现机电一体化的理想控制设备。

1.2.2　PLC 的应用

从应用类型看，PLC 的应用大致可归纳为以下几个方面：

（1）开关量逻辑控制

PLC 具有强大的逻辑运算功能，可以实现各种简单或复杂的逻辑控制；利用 PLC 最基本的逻辑运算、定时、计数等功能实现逻辑控制，可以取代传统的继电器控制；PLC 在单机控制、多机群控制和自动生产线控制等领域广泛应用。

（2）运动控制

大多数 PLC 都有拖动步进电动机或伺服电动机的单轴或多轴位置控制模块。广泛用于各种机械设备，如对各种机床、装配机械及机器人等进行运动控制。

（3）模拟量控制

PLC 中配置有 A-D 和 D-A 转换模块。其中 A-D 模块能将现场的温度、压力、流量和速度等模拟量经过 A-D 转换变为数字量，再经 PLC 中的微处理器处理来进行控制或者经 D-A 模块转换后，变成模拟量去控制被控对象，这样就可以实现 PLC 对模拟量的控制。

（4）过程控制

现代大、中型 PLC 都具有多路模拟量 I/O 模块和 PID 控制功能，有的小型 PLC 也具有模拟量 I/O。所以 PLC 可实现模拟量控制，而且具有 PID 控制功能的 PLC 可构成闭环控制，用于过程控制。这一功能已广泛应用于锅炉、反应堆、水处理、酿酒以及闭环位置控制和速度控制等方面。

（5）数据处理

现代 PLC 都具有数学运算、数据传送、转换、排序和查表等功能，可进行数据的采集、分析和处理，同时可通过通信接口将这些数据传送给其他智能装置（如计算机数值控制设备）进行处理。

（6）通信联网

现代 PLC 一般都有通信功能，PLC 的通信功能包括：PLC 与 PLC、PLC 与上位计算机、PLC 与其他智能设备之间的通信，PLC 系统与通用计算机可直接或通过通信处理单元、通信转换单元相联构成网络，以实现信息的交换，并可构成"集中管理、分散控制"的多级分布式控制系统，满足工厂自动化系统发展的需要。

1.3 PLC 的基本结构与工作原理

1.3.1 PLC 的基本结构

PLC 是微型计算机技术和控制技术相结合的产物，是一种以微处理器为核心的用于控制的特殊计算机，因此 PLC 的基本组成与一般的微型计算机系统类似。

PLC 的硬件主要由中央处理器（CPU）、存储器（EPROM、RAM）、输入单元、输出单元、通信接口、扩展接口和电源等部分组成。其中，CPU 是 PLC 的核心，输入单元与输出单元是连接现场 I/O 设备与 CPU 之间的接口电路，通信接口用于与编程器、上位计算机等外设连接。

对于整体式 PLC，所有部件都装在同一个机壳内，整体式 PLC 组成框图如图 1-1 所示；对于模块式 PLC，各部件独立封装成模块，各模块通过总线连接，安装在机架或导轨上，模块式 PLC 组成框图如图 1-2 所示。无论是哪种结构类型的 PLC，都可根据用户需要进行配置与组合。

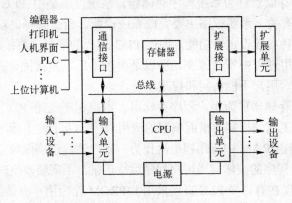

图 1-1　整体式 PLC 组成框图

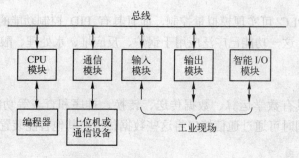

图1-2 模块式 PLC 组成框图

尽管整体式 PLC 与模块式 PLC 的结构不大一样，但各部分的功能作用是相同的，下面对 PLC 的主要组成部分进行简单介绍。

（1）中央处理单元（CPU）

CPU 是可编程序控制器的控制中枢。CPU 一般由控制电路、运算器和寄存器组成。PLC 的工作过程都是在 CPU 的统一指挥和协调下进行的。CPU 的功能是在系统监控程序的控制下工作，通过扫描方式将外部输入信号的状态写入输入映像寄存器，PLC 进入运行状态后，从存储器逐条读取用户指令，按指令规定的任务进行数据的传送、逻辑运算、算术运算等，然后将结果送到输出映像寄存器。简单地说，CPU 的功能就是读输入、执行程序及写输出。

CPU 常用的微处理器有通用型微处理器、单片机和位片式微处理器等。通用型微处理器常见的如 Intel 公司的 8086、80186、Pentium 系列芯片；单片机型的微处理器如 Intel 公司的 MCS-96 系列单片机；位片式微处理器如 AMD 2900 系列的微处理器。小型 PLC 的 CPU 多采用单片机或专用 CPU，中型 PLC 的 CPU 大多采用 16 位微处理器或单片机，大型 PLC 的 CPU 多用高速位片式处理器，具有高速处理能力。

（2）储存器单元

PLC 的储存器主要有两种：一种是可读/写操作的随机存储器 RAM，另一种是只读存储器 ROM、PROM、EPROM 和 E^2PROM。在 PLC 中，存储器主要用于存放系统程序、用户程序及工作数据。

存放系统软件的存储器称为系统程序存储器。系统程序是由 PLC 的制造厂家编写的，与 PLC 的硬件组成有关。系统程序主要完成系统诊断、命令解释、功能子程序调用管理、逻辑运算、通信及各种参数设定等功能，提供 PLC 运行的平台。系统程序关系到 PLC 的性能，而且在 PLC 使用过程中不会改变，所以是由制造厂家直接固化在只读存储器 ROM、PROM 或 EPROM 中，用户不能访问和修改。

存放应用软件的存储器称为用户程序存储器。用户程序是随 PLC 的控制对象而定的，由用户根据对象生产工艺的控制要求而编制的应用程序。为了便于读出、检查修改，用户程序一般存于 CMOS 静态 RAM 中，用锂电池作为后备电源，以确保掉电时不会丢失信息。为防止干扰对 RAM 中程序的破坏，当用户程序运行正常，不需要改变时，可将其固化在只读存储器 EPROM 中。现在有许多 PLC 直接采用 E^2PROM 作为用户存储器。

（3）I/O 单元

I/O 单元通常也称为 I/O 模块，是 PLC 与工业生产现场之间的连接部件。PLC 通过输入接口可以检测被控制对象的各种数据，以这些数据作为 PLC 对被控制对象进行控制的依据；同时，PLC 又通过输出接口将处理结果输送给被控制对象，以实现控制目的。

由于外部输入设备和输出设备所需的信号电平是多种多样的，而 PLC 内部 CPU 处理的信息只能是标准电平，所以要靠 I/O 接口实现转换。I/O 接口一般都有光电隔离和滤波功能，以提高 PLC 的抗干扰能力。另外，I/O 接口上通常还有状态指示，工作状况直观，便于维护。

PLC 提供了多种操作电平和驱动能力的 I/O 接口，有各种功能的 I/O 接口供用户选用。PLC 接口的主要类型有数字量（开关量）输入、数字量（开关量）输出、模拟量输入和模拟量输出等。

1）常用的开关量输入接口。按其使用的电源不同它可分为三种类型：直流输入接口、交流输入接口和交 / 直流输入接口。某直流输入接口电路如图 1-3 所示，输入接口采用光耦合电路，它可以大大减少强电和电磁干扰。

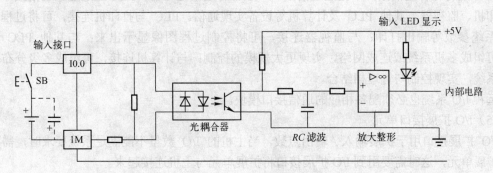

图 1-3　直流输入接口电路

2）常用的开关量输出接口。按输出开关器件不同，它可分为三种类型：继电器输出、晶体管输出和双向晶闸管输出，输出接口电路如图 1-4 所示。继电器输出接口最常用，可驱动交流或直流负载，其特点是带负载能力强，但其响应时间长，动作频率低；晶体管输出接口只能用于驱动直流负载，其特点是响应速度快，动作频率高，但带负载能力弱；双向晶闸管输出接口只能用于交流负载，响应速度快，动作频率高，但带负载能力不强。

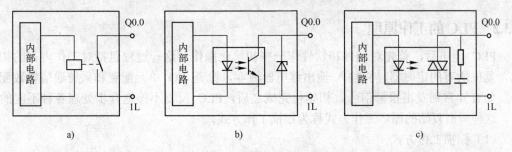

图 1-4　输出接口电路

a）继电器输出　b）晶体管输出　c）双向晶闸管输出

PLC 的 I/O 接口所能接收的输入信号个数和输出信号个数称为 PLC 的 I/O 点数。I/O 点数是选择 PLC 的重要依据之一，当系统的 I/O 点数不够时，可通过 PLC 的 I/O 扩展接口对系统进行扩展。

3）模拟量输入单元：PLC 的模拟量输入单元将连续变化的模拟量转换成数字量后，CPU 可对其进行处理。模拟量输入单元的核心部件是 A-D 转换器，对于多路输入的模块，由多路开关加以切换。常见的输入范围有 DC ±10V，0～10V，±20mA，4～20mA 等，转换精度有 8 位、10 位、12 位和 16 位等几种。

4）模拟量输出单元：模拟量输出过程与输入相反，将 PLC 处理过的数字量转换成相应的电量（如 0～10V，4～20mA 等），输出至现场的执行机构。模拟量输出单元的核心部件是 D-A 转换器。

模拟量输出单元的主要指标有：输出信号形式（电压或电流）、输出信号范围（如 0～10V，4～20mA 等）及接线形式等。

（4）通信接口单元

PLC 配有各种通信接口，这些通信接口一般带有通信处理器。PLC 通过这些通信接口可与打印机、监视器、其他 PLC 及计算机等设备实现通信。PLC 与打印机连接，可将过程信息和系统参数等输出打印；与监视器连接，可将控制过程图像显示出来；与其他 PLC 连接，可组成多机系统或连成网络，实现更大规模的控制；与计算机连接，可组成多级分布式控制系统，实现控制与管理相结合。

远程 I/O 系统也必须配备相应的通信接口模块。

（5）I/O 扩展接口单元

I/O 扩展接口用于扩展输入/输出点数，当主机的 I/O 数量不能满足系统要求时，需要增加扩展单元，这时需要用到 I/O 扩展接口将扩展单元与主机连接起来。

（6）电源单元

PLC 内部配有专门的直流开关电源，以供内部电路使用。与普通电源相比，PLC 内部直流开关电源的稳定性好、抗干扰能力强，对电网提供的电源稳定度要求不高，一般允许电源电压在其额定值的±15％的范围内波动。许多 PLC 还向外提供直流 24V 稳压电源，用于对外部传感器供电。

为了保护和防止掉电后 RAM 中的用户程序或数据丢失，PLC 还配有备用直流电源。一般备用电源采用锂电池，其使用寿命为 3～5 年。

1.3.2 PLC 的工作原理

PLC 通电后，首先对硬件和软件作一些初始化操作，这一过程包括对工作内存的初始化，复位所有的定时器，将输入/输出继电器清零，检查 I/O 单元配置和系统通信参数配置等，如有异常则发出报警信号。初始化完成之后，PLC 反复不停地分步处理各种不同的任务，这种周而复始的循环工作方式称为扫描工作方式。

（1）扫描工作方式

PLC 运行时，以扫描工作方式执行用户程序，扫描是从第一条程序开始，在无中断或跳转控制的情况下，按程序存储顺序的先后，逐条执行用户程序，直到程序结束。然后再从头开始扫描执行，这种周而复始的循环工作方式，称为周期性顺序扫描工作方式，也称为串行工作方式。

PLC 的扫描工作方式与电气控制的工作原理明显不同。电气控制装置采用硬逻辑的并行工作方式，如果某个继电器的线圈通电或断电，那么该继电器的所有常开和常闭触点无论处在控制电路的哪个位置上，都会立即同时动作。PLC 采用的扫描工作方式是串行工作方式，如果某个软继电器的线圈被接通或断开，其所有的触点不会立即动作，必须等扫描到该触点时才会动作。但由于 PLC 的扫描速度快，通常 PLC 与电气控制装置在 I/O 的处理结果上并没有什么差别。

（2）扫描工作过程

PLC 完成初始化过程后，开始扫描工作程序。PLC 执行程序的过程分为三个阶段，即输入采样阶段、程序执行阶段、输出刷新阶段，PLC 执行程序过程示意图如图 1-5 所示。

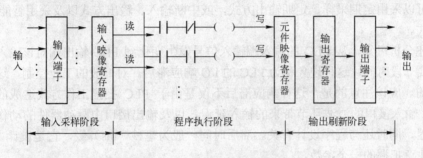

图 1-5　PLC 执行程序过程示意图

1）输入采样阶段。

在输入采样阶段，PLC 首先按顺序扫描所有输入端子，并将输入状态采样，存入相应的输入映像寄存器中，此时输入映像寄存器被刷新。接着进入程序执行阶段，在程序执行阶段或其他阶段，即使输入状态发生变化，输入映像寄存器的内容也不会改变。输入状态的变化只有在下一个扫描周期的输入采样阶段才能被读取。

2）程序执行阶段。

在程序执行阶段，PLC 对程序按顺序进行扫描执行。若程序用梯形图来表示，则总是按先上后下，先左后右的顺序进行。当遇到程序跳转指令时，则根据跳转条件是否满足来决定程序是否跳转。当指令中涉及输入、输出状态时，PLC 从输入映像寄存器和元件映像寄存器中读出元件状态，根据用户程序进行运算，运算的结果再存入元件映像寄存器中。对于元件映像寄存器来说，其内容会随程序执行的过程而变化。

3）输出刷新阶段。

当所有程序执行完毕后，进入输出处理阶段。在这一阶段，PLC 将输出映像寄存器与输出有关的状态（输出继电器状态）转存到输出锁存器中，并通过一定方式输出，驱动外部负载。

到此，PLC 完成了从输入采样到输出刷新的一个扫描周期，CPU 自动进入下一个扫描周期。

PLC 运行过程中，执行一个扫描周期所用的时间称为扫描时间，又称为工作周期。其典型值为 1～100ms。扫描周期的长短与 CPU 执行指令的速度、执行每条指令占用的时间和程序指令的多少有关。用户程序较长时，指令执行时间在扫描周期中占相当大的比例。

PLC 在一个扫描周期内，对输入状态的采样只在输入采样阶段进行。当 PLC 进入程序执行阶段后，输入端将被封锁，直到下一个扫描周期的输入采样阶段才对输入状态进行重新采样。这种方式称为集中采样，即在一个扫描周期内，集中一段时间对输入状态进行采样。

在用户程序中如果对输出结果多次赋值，则最后一次有效。在一个扫描周期内，只在输出刷新阶段才将输出状态从输出映像寄存器中输出，对输出接口进行刷新。在其他阶段里输出状态一直保存在输出映像寄存器中，这种方式称为集中输出。

对于小型 PLC 来说，其 I/O 点数较少，用户程序较短，一般采用集中采样、集中输出的工作方式，虽然在一定程度上降低了系统的响应速度，但是，PLC 工作时大多数时间与外部 I/O 设备隔离，从根本上提高了系统的抗干扰能力，增强了系统的可靠性。

而对于大中型 PLC 来说，其 I/O 点数较多，控制功能强，用户程序较长，为提高系统响应速度，可以采用定期采样、定期输出方式，或中断输入、输出方式以及采用智能 I/O 接口等多种方式。

从上述分析可知，从 PLC 的输入端输入信号发生变化到 PLC 输出端对该输入变化做出反应，需要一段时间，这种现象称为 PLC 的 I/O 响应滞后。对一般的工业控制，这种滞后是完全允许的。应该注意的是，这种响应滞后不仅是由于 PLC 扫描工作方式造成的，更主要的是 PLC 输入接口的滤波环节带来的输入延迟，以及输出接口中驱动器件的动作时间带来的输出延迟，同时还与程序设计有关。滞后时间一般为毫秒（ms）级，它是设计 PLC 应用系统时应注意把握的一个参数。

1.4　S7-300 PLC 的硬件系统

S7-300 是德国西门子公司生产的一种通用型 PLC，产品采用模块化的结构，可控制的 I/O 点数多，运算速度快，软件功能强，通信系统好，使用灵活方便，既能用于机电设备的单机控制，又能组成大中型 PLC 网络系统，可满足工业控制领域大多数控制要求，适用于自动化工程中的不同控制场合，尤其是生产制造过程。

1.4.1　S7–300 系列 PLC 的硬件组成

S7-300 系列 PLC 采用模块化结构设计，硬件系统由电源模块（PS）、CPU 模块、接口模块（IM）、信号模块（SM）、功能模块（FM）及通信模块（CP）等组成。根据应用对象的不同，可选用不同型号和不同数量的模块，并可以将这些模块安装在导轨（RACK）上。通用型 S7-300 PLC 的外形结构如图 1-6 所示。

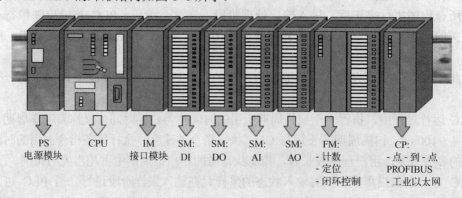

图 1-6　通用型 S7-300 PLC 的外形结构

（1）导轨（RACK）

导轨是用来安装 S7-300 PLC 模块的机架，安装时只需要将模块挂在 DIN 标准导轨上，然后用螺栓固定即可。它有 5 种不同的长度规格，分别为 160mm、482mm、530mm、830mm 和 2000mm。

（2）电源模块（PS）

电源模块为可编程序控制器供电，有交流输入和直流输入两种形式，能为 S7-300 CPU 和其他负载电路（信号模块、传感器、执行器等）提供 24V 直流电压。额定输出电流有 2A、5A 和 10A 三种。如果电源模块正常输出额定 24V 电压，则绿色 LED 灯点亮，如果输出电路过载，模块上的 LED 灯闪烁。

（3）中央处理单元（CPU）模块

CPU 模块主要用来执行用户程序，同时为 S7-300 背板总线提供 5V 电源；在 MPI（多点接口）网络中，通过 MPI 还能与其他 MPI 网络节点进行通信。各种 CPU 有不同的性能，例如有的 CPU 集成有数字量和模拟量输入/输出点，有的 CPU 集成有 PROFIBUS-DP 等通信接口。CPU 前面板上有故障状态指示灯、模式开关、24V 电源端子、电池盒与存储器块盒（有的 CPU 没有）。

（4）信号模块（SM）

信号模块是数字量 I/O 模块和模拟量 I/O 模块的总称，它们使不同的过程信号电压或电流与 PLC 内部的信号电平匹配。信号模块主要有数字量输入模块 SM 321、数字量输出模块 SM 322、模拟量输入模块 SM331 和模拟量输出模块 SM332。模拟量输入模块可以输入电阻、热电偶、DC 4～20mA 和 DC 0～10V 等多种不同类型和不同量程的模拟信号。每个模块上有一个背板总线连接器，现场的过程信号连接到前连接器的端子上。

（5）功能模块（FM）

功能模块主要用于对实时性和存储容量要求高的控制任务，如定位或闭环控制。常用的功能模块有计数器模块、位置控制与位置检测以及闭环控制模块等。

（6）通信处理器（CP）

通信处理器用于 PLC 之间、PLC 与计算机和其他智能设备之间的通信，可以将 PLC 接入 PROFIBUS-DP、AS-i 和工业以太网，或用于实现点对点通信等。通信处理器可以减轻 CPU 处理通信的负担，并减少用户对通信的编程工作。

（7）接口模块（IM）

接口模块用于多机架配置时连接主机架（CR）和扩展机架（ER），S7-300 通过分布式的主机架和三个扩展机架，最多可以配置 32 个信号模块、功能模块和通信处理器。

1.4.2 电源模块

电源模块是构成 PLC 控制系统的重要组成部分，针对不同系列的 CPU，西门子有匹配的电源模块与之对应，用于对 PLC 内部电路和外部负载供电，比如 PS305、PS307，其中的 PS305 为户外型电源模块，采用直流供电，输出为 DC 24V；PS307 采用 AC 120/230V 供电，输出为 DC 24V，根据输出电流的不同，PS307 电源模块有 2A、5A 和 10A 三种规格，其工作原理相同。

电源模块安装在 DIN 导轨上的 1 号插槽，紧靠在 CPU 或扩展机架上 IM361 的左侧，用电源连接器接到 CPU 或 IM361 上。图 1-7 为 10A 的 PS307 模块面板及端子接线图。

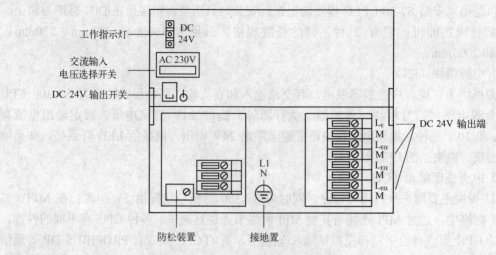

图 1-7   10A 的 PS307 模块面板及端子接线图

电源模块除了给 CPU 模块提供电源外，还要给 I/O 模块提供 DC 24V 电源。CPU 模块上的 M 端子（系统的参考点）一般是接地的，接地端子与 M 端子用短接片连接。某些大型工厂（例如发电厂和化工厂）为了监视对地的漏电电流，以采用浮动参考电位，这时应将 M 点与接地点之间的短接片去掉。

1.4.3　CPU 模块

CPU 是 PLC 系统的运算控制核心。它按照系统程序赋予的功能指挥 PLC 有条不紊地进行工作，完成的主要任务有：为背板总线提供 5V 电源；通过输入信号模块接收外部设备信息；存储、检查、校验和执行用户程序；通过输出信号模块送出控制信号；通过通信处理器或自身的通信接口与其他设备交换数据；进行故障诊断等。

1．CPU 的分类

S7-300 系列 PLC 有 20 多种不同性能的 CPU 模块，以满足不同的需要。目前 S7-300 的 CPU 模块大致可以分成以下几类。

（1）紧凑型 CPU

紧凑型 CPU 为 CPU 31xC 系列，适用于有较高要求的系统。S7-300 PLC 紧凑型 CPU 包括 CPU 312C、CPU 313C、CPU 313C-2PtP、CPU 313C-2DP、CPU 314C-2PtP 和 CPU 314C-2DP。各 CPU 均有计数、频率测量和脉冲宽度调制功能。有的有定位功能和集成的 I/O。

（2）标准型 CPU

标准型 CPU 为 CPU 31x 系列，适用于大、中规模的 I/O 配置系统，对二进制和浮点数运算有较高的处理能力。S7-300 PLC 标准型 CPU 包括 CPU 313、CPU 314、CPU 315、CPU 315-2DP 和 CPU 316-2DP。

（3）户外型 CPU

S7-300 PLC 户外型 CPU 包括 CPU 312 IFM、CPU 314 IFM 和 CPU314，适用于具有中

规模 I/O 配置的恶劣环境。

（4）革新型标准 CPU

革新型标准 CPU 具有与标准型 CPU 相同的系列表示，即 CPU 31x 系列，是标准 CPU 的技术改革产品。S7-300 PLC 革新型标准 CPU 包括 CPU 312、CPU 314、CPU 315-2DP、CPU 317-2DP 和 CPU 318-2DP。

（5）故障安全型 CPU

S7-300 PLC 故障安全型 CPU 主要有 CPU 315F-2DP 和 CPU 317F-2DP，适用于组态故障安全性能要求高的自动化系统。

（6）特种型 CPU

S7-300 PLC 有两种具有特殊功能的 CPU：CPU 317T-2DP、CPU 317-2 PN/DP。

CPU 317T-2DP：除具有 CPU 317-2DP 的全部功能外，还增加了智能技术/运动控制功能，能够满足系列化的多任务自动化系统，特别适用于同步运动序列；增加了本机 I/O，可实现快速技术功能；增加了 PROFBUS DP（DRIVE）接口，可用来实现驱动部件的等时连接。与集中式 I/O 和分布式 I/O 一起，可用作生产线上的中央控制器；在 PROFIBUS DP 上，可实现基于组件的自动化分布式智能系统。

CPU 317-2 PN/DP：具有大容量程序存储器，可用于要求很高的应用；能够满足系列化的多任务自动化系统；与集中式 I/O 和分布式 I/O 一起，可用作生产线上的中央控制器；可用于大规模的 I/O 配置、建立分布式 I/O 结构；对二进制和浮点数运算具有较高的处理能力。

2. 操作模式选择开关

CPU 面板上的模式选择开关，有些可通过专用钥匙旋转控制，这些 CPU 一般有 3 种工作模式（RUN、STOP、MRES）或 4 种工作模式（RUN、STOP、MRES、RUN-P）；另外一些则可以用手上下滑动控制，这些 CPU 一般有 3 种工作模式（RUN、STOP、MRES）。下面以 CPU 314 为例加以介绍，这些元件在面板上的位置，CPU 314 面板如图 1-8 所示。

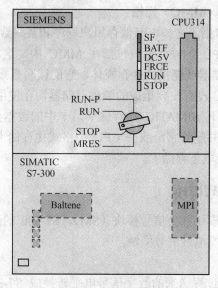

图 1-8　CPU 314 面板

CPU 的运行模式可以使用模式开关来设置，开关有四个位置，其含义如下所述。

1）RUN-P：可编程运行方式。CPU 扫描用户程序，既可以用编程装置从 CPU 中读出，又可以由编程装置装入 CPU 中；用编程装置可监控程序的运行。

2）RUN：运行方式。CPU 扫描用户程序，可以用编程装置读出并监控 CPU 中的程序，但不能改变装载存储器中的程序。

3）STOP：停止方式。CPU 不扫描用户程序，可以通过编程装置从 CPU 中读出，也可以下载程序到 CPU。

4）MRES：存储器复位模式。该位置不能保持，当开关在此位置释放时将自动返回到 STOP 位置。将钥匙从 STOP 模式切换到 MRES 模式时，可复位存储器，使 CPU 回到初始状态。

3．状态与故障显示

S7-300 CPU 模块面板上的 LED（发光二极管）显示运行状态和故障。它们的含义如下所述。

1）SF（红色）：系统出错/故障显示指示灯，CPU 硬件故障或软件错误时亮。

2）BATF（红色）：电池故障指示灯，电池电压低或没有电池时亮。

3）DC 5V（绿色）：+5V 电源指示灯，CPU 和 S7-300 总线的 5V 电源正常时亮。

4）FRCE（黄色）：强制有效指示灯，至少有一个 I/O 被强制时亮。

5）RUN（绿色）：运行状态指示灯，CPU 处于 RUN 状态时亮；重新起动时以 2Hz 的频率闪亮；在"HOLD"（单步、断点）状态时 LED 以 0.5Hz 的频率闪亮。

6）STOP（黄色）：停止状态指示灯，CPU 处于 STOP、HOLD 状态或重新启动时常亮；在存储器复位时 LED 以 0.5Hz 的频率闪亮；在存储器置位时 LED 以 2Hz 的频率闪亮。

7）BUS DF（红色）：总线错误指示灯，PROFIBUS-DP 接口硬件或软件故障时亮。集成有 DP 接口的 CPU 才有此指示灯，集成有两个 DP 接口的 CPU 有两个对应的指示灯（BUS 1F 和 BUS 2F）。

4．SIMATIC 微存储卡（MMC）插槽

Flash EPROM 微存储卡用于在掉电时保存用户程序和某些数据，它可以扩展 CPU 的存储器容量，也可以将有些 CPU 的操作系统包括在 MMC 中，这对于操作系统的升级是非常方便的。MMC 用作装载存储器或便携式保存媒体，它的读写直接在 CPU 内进行，不需要专用的编程器。由于 CPU 31xC 没有安装集成的装载存储器，在使用 CPU 时必须插入 MMC。

如果在写访问过程中拆下 SIMATIC 微存储卡，卡中的数据会被破坏。在这种情况下，必须将 MMC 插入 CPU 中并删除它，或在 CPU 中格式化存储卡。只有在断电状态或 CPU 处于"STOP"状态时，才能取下存储卡。

1.4.4　S7-300 PLC 的信号模块

用于信号输入或输出的模块称为信号模块（SM），S7-300 的信号模块按信号特性分为两种类型：数字量信号模块和模拟量信号模块。

1．数字量输入模块

数字量输入模块将现场过程送来的数字信号电平转换成 S7-300 内部信号电平。数字量输入模块有直流输入方式和交流输入方式两种。对现场输入元件仅要求提供开关触点即可。

输入信号进入模块后，一般需经过光电隔离和滤波，然后才送至输入缓冲器等待 CPU 采样。采样时，信号经过背板总线进入到输入映像区。

数字量输入模块 SM 321 有 4 种型号模块可供选择，即直流 16 点输入模块、直流 32 点输入模块、交流 16 点输入模块和交流 8 点输入模块。模块的每个输入点有一个绿色发光二极管显示输入状态，输入开关闭合时有电压输入，二极管点亮。

数字量输入模块 SM 321 用于连接工业现场的标准开关、二进制接近开关等数字量输出器件。为了防止信号干扰，模块内部设有滤波器；为了将来自现场的数字信号电平转换成 PLC 内部信号电平，模块内部还设置了光隔离电路，允许连接的非屏蔽电缆最长 600m，屏蔽电缆最长可达 1km。

数字量输入模块 SM 321 的技术特性表见表 1-1。

表 1-1 数字量输入模块 SM 321 的技术特性表

SM321 数字量输入模块	直流 16 点输入模块	直流 32 点输入模块	交流 16 点输入模块	交流 8 点输入模块
输入点数	16	32	16	8
额定负载电压 L+	DC 24V	DC 24V		
负载电压范围	20.4~28.8V	20.4~28.8V		
额定输入电压	DC 24V	DC 24V	AC 120V	AC 120/230V
输入电压"1"范围	13~30V	13~30V	79~132V	79~264V
输入电压"0"范围	−30~+5V	−30~+5V	0~20V	0~40V
隔离（与背板总线）	光耦	光耦	光耦	光耦
输入电流（"1"信号）	7mA	7.5mA	6mA	6.5mA/11mA
最大允许静态电流	1.5mA	1.5mA	1mA	2mA
典型输入延迟时间	1.2~4.8ms	1.2~4.8ms	25ms	25ms
消耗背板总线最大电流	25mA	25mA	16mA	29mA
功耗	3.5W	4W	4.1W	4.9W

2. 数字量输出模块

数字量输出模块将 S7-300 内部信号电平转换成现场所需要的外部信号电平，可直接用于驱动电磁阀、接触器、小型电动机、灯和电动机起动器等。

按负载回路使用的电源不同，数字量输出模块可分为直流输出模块、交流输出模块和交/直流两用输出模块三种。按输出开关器件的种类不同，它又可分为晶体管输出方式、晶闸管输出方式和继电器输出方式三种。晶体管输出方式的模块只能带直流负载，属于直流输出模块；晶闸管输出方式属于交流输出模块；继电器触点输出方式的模块属于交/直流两用输出模块。

从响应速度上看，晶体管响应最快，继电器响应最慢；从安全隔离效果及应用灵活角度来看，以继电器触点输出型最佳。

数字量输出模块 SM 322 有多种型号的输出模块可供选择，常用模块有 8 点晶体管输出、16 点晶体管输出、32 点晶体管输出、8 点晶闸管输出、16 点晶闸管输出、8 点继电器输出和 16 点继电器输出七种，其技术特性见表 1-2。模块的每个输出点有一个绿色发光二极管显示输出状态，输出逻辑"1"时，二极管点亮。

表 1-2 数字量输出模块 SM 322 的技术特性表

SM322 模块	16 点晶体管	32 点晶体管	16 点晶闸管	8 点晶体管	8 点晶闸管	8 点继电器	16 点继电器
输出点数	16	32	16	8	8	8	16
额定电压	DC 24V	DC 24V	AC 120V	DC 24V	AC 120V/230V		
与总线隔离方式	光耦	光耦	光耦	光耦	光耦	光耦	光耦
最大 "1" 信号输出电流	0.5A	0.5A	0.5A	2A	1A		
最大 "0" 信号输出电流	0.5mA	0.5mA	0.5mA	0.5mA	2mA		
最小 "1" 信号输出电流	5mA	5mA	5mA	5mA	10mA		
短路保护	电子保护	电子保护	熔断保护	电子保护	熔断保护		
功率损耗	4.9W	5W	9W	6.8W	8.6W	2.2W	4.5W

3. 数字量输入/输出模块

数字量输入/输出模块 SM 323 是在一个模块上同时具有数字量输入点和数字量输出点，有两种类型：一种是带有 8 个共地输入端和 8 个共地输出端，另一种是带有 16 个共地输入端和 16 个共地输出端，这两种模块的输入/输出特性相同。I/O 额定负载电压 DC 24V，输入电压："1" 信号电平为 11~30V，"0" 信号电平为-30~5V，通过光耦合器与背板总线隔离。在额定输入电压下，输入延迟为 1.2~4.8ms。输出具有短路保护功能，数字量输入/输出模块 SM 323 的技术特性见表 1-3。

表 1-3 数字量输入/输出模块 SM 323 的技术特性

特性	SM 323：DI16/DO16×DC 24V/0.5A	SM 323：DI18/DO8×DC 24V/0.5A
输入点数/输出点数	DI 16/DO 16	DI 18/DO 8
额定输入电压	DC 24V	DC 24V
输出电流	0.5A	0.5A
额定负载电压	DC 24V	DC 24V
输入适用于	开关和 2/34 线接近开关（BERO）	
输出适用于	阀、DC 接触器和指示灯	
功率损耗	3.5W	8.5W

4. 模拟量输入模块

在控制过程中含有模拟信号时，采用模拟量输入/输出模块。S7-300 的模拟量模块包括：模拟量输入模块（AI）SM 331、模拟量输出模块（AO）SM 332 和模拟量输入/输出模块（AI/AO）。

S7-300 模拟量输入模块可以直接输入电压、电流、电阻和热电偶等信号，而模拟量输出模块可以输出 0~10V、1~5V、-10~10V、0~20mA 和 4~20mA 和-20~20mA 等模拟信号。

模拟量输入模块用于将模拟量信号转换为 CPU 内部处理的数字信号，其主要组成部分是 A-D 转换器。模拟量输入模块的输入信号一般是模拟量变送器输出的标准直流电压、电流信号。SM 331 也可以直接连接不带附加放大器的温度传感器（热电偶或热电阻），这样可以省去温度变送器，不但节约了硬件成本，而且控制系统的结构也更加紧凑。

模拟量输入模块 SM 331 目前有 8 种规格型号，所有模块内部均设有光隔离电路，输入一般采用屏蔽电缆。

SM 331 模块中的各个通道可以分别使用电流输入或电压输入，并选用不同的量程。有多种分辨率可供选择，分辨率不同转换时间也不同。

模拟量转换是顺序执行的，每个模拟量通道的输入信号是被依次轮流转换的。模拟量输入模块由多路开关、A-D 转换器、光隔离元件、内部电源和逻辑电路组成。8 个模拟量输入通道共用一个 A-D 转换器，通过多路开关切换被转换的通道。模拟量输入模块输入通道的 A-D 转换和转换结果的存储与传送是顺序进行的。各个通道的转换结果被保存到各自的存储器中，直到被下一次的转换值覆盖。

5. 模拟量输出模块

模拟量输出模块 SM 332 用于将 S7-300 的数字信号转换成系统所需要的模拟信号，控制模拟量调节器或执行机构。

模拟量输出模块 SM 332 目前有 4 种规格型号，即 8 AO×12 位模块、4 AO×12 位模块、2 AO×12 位模块和 4 AO×16 位模块，分别为 8 通道的 12 位模拟量输出模块、4 通道的 12 位模拟量输出模块、2 通道的 12 位模拟量输出模块和 4 通道的 16 位模拟量输出模块。4 种输出模块均有诊断中断功能，用红色 LED 灯指示故障，可以读取诊断信息。额定电压均为 DC 24V；模块与背板总线有光隔离；使用屏蔽电缆时最大距离为 200m；都有短路保护，短路电流最大 25mA，最大开路电压 18V。

6. 模拟量输入/输出模块

模拟量输入/输出模块 SM 334 是在一块模板上同时具有模拟量输入/输出功能，目前有两种规格，都是 4 AI/2 AO。一种是输入/输出精度为 8 位的模块，另一种是输入/输出精度为 12 位的模块。I/O 测量范围的选择是通过恰当的接线而不是通过组态软件编程设定的。与其他模拟量块不同，SM 334 没有负的测量范围，且精度比较低。

1.4.5 其他模块

1. 接口模块（IM）

接口模块将各个机架连接在一起。不同型号的接口模块可支持机架扩展或 PROFIBUS-DP 连接。在 S7-300 PLC 中接口模块主要有 IM360、IM361 及 IM365，接口模块主要特性见表 1-4。

表 1-4　接口模块的主要特性

特性	IM360 接口模块	IM361 接口模块	IM365 接口模块
适合于插入 S7-300 模块机架	0	0 和 1	0 和 1
数据传输	通过 368 连接电缆从 IM360 到 IM361	通过 368 连接电缆从 IM360 到 IM361 或从 IM361 到 IM360	通过 368 连接电缆从 IM365 到 IM365
距离	最长 10m	最长 10m	1m，永久连接

（1）IM365 接口模块

IM365 接口模块专用于 S7-300 PLC 的双机架系统扩展，由两个 IM365 配对模块和一个 368 连接电缆组成，IM365 接口模块如图 1-9 所示，其中一块 IM365 为发送模块，必须插入中央机架（0 号机架）的 3 号槽位；另一块 IM365 为接收模块，必须插入扩展机架（1 号机架）的 3 号槽位，且在扩展机架上最多只能安装 8 个信号模块，不能安装具有通信总线功能的模块。IM365 发送模块和 IM365 接收模块通过 368 连接电缆固定连接，总驱动电流为 1.2A。其中每个机架最多可使用 0.8A。

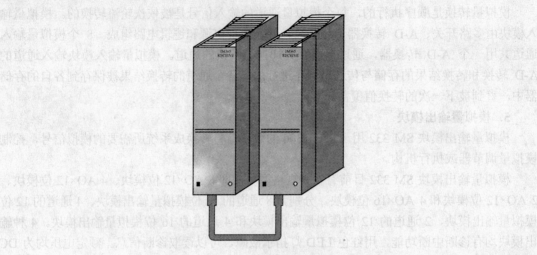

图 1-9　IM365 接口模块

（2）IM360、IM361 接口模块

IM360、IM361 接口模块如图 1-10 所示。当扩展机架超过 1 个时，将接口模板 IM360 插入中央机架用于发送数据，在扩展机架中插入接口模板 IM361 用于接收数据。数据通过连接电缆 368 从 IM360 传送到 IM361，或者从 IM361 传送到下一个 IM361，前后两个接口模块通信的最大距离为 10m。

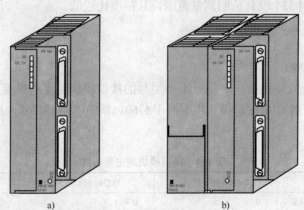

图 1-10　IM360、IM361 接口模块

a）IM360　b）IM361

2．通信处理器（CP）

S7-300 系列 PLC 有多种用途的通信处理模块，可以实现点对点、执行器/传感器接口（Actuator Senser Interface，AS-I）、PROFIBUS-DP、PROFIBUS-FMS、工业以太网和 TCP/IP 等通信连接，因为这些模块都带处理器，因此称为通信处理模块，常用的通信处理模块如下

所述。

1）CP340：用于点对点连接的通信模板。

2）CP341：用于点对点连接的通信模板。

3）CP343-1：用于连接工业以太网的通信模板。

4）CP343-2：用于 AS 接口的通信模板。

5）CP342-5：用于 PROFIBUS DP 的通信模板。

6）CP343-5：用于连接 PROFIBUS FMS 的通信模板。

下面重点介绍 CP342-5 通信处理模块。

CP342-5 为 PROFIBU DP 总线系统的低成本 DP 主/从接口模块，可实现 S7-300 系列 PLC 到 PLCPROFIBUS DP 总线的连接。为用户提供各种 PROFIBUS 总线系统服务，它既可以作为主机或从机，将 ET200 远程 I/O 系统连接到 PROFIBUS 现场总线中去，也可以与编程装置或人机接口通信，还可以与其他 SIMATIC S7 PLC 或 SIMATIC S5 通信，它是一个智能化的通信模块，能大大减轻 CPU 的负担，也支持很多其他通信电路。

CP342-5 DP 内部有 128KB 的 Flash EPROM，可以可靠地对参数进行备份，在掉电时参数也能被保持。CP342-5 DP 主要技术数据如下：

1）用户存储器（Flash EPROM）128KB。

2）SIMEC L2 LAN 标准符合 DIN l9245。

3）RS-485 传输方式，波特率为 9.6～1500kbit/s。

4）可连接的设备数量达 127 个。

3．功能模块（FM）

西门子 S7-300 功能模块是一类专用于实现某工艺功能的模块，主要有：计数器模块（FM350）、定位模块（FM351）、凸轮控制模块（FM352）和闭环控制模块（FM355）等。利用这些模块可以实现 PLC 特殊的高级控制功能。例如，FM 350-1 和 FM 350-2 计数器模块可以实现对外部高速输入信号的计数功能；FM 351 用于快速/慢速驱动的定位模块；FM 353 用于步进电动机的定位模块；FM 354 用于伺服电动机的定位模块；FM 357-2 用于定位和连续通道控制模块；SM 338 用于超声波位置探测模块；SM 338 SSI 用于位置探测模块，FM 352 用于电子凸轮控制器；FM 352-5 用于高速布尔运算处理器；FM 355 PID 模块及 FM 355-2 温度 PID 控制模块等。

1.5 PLC 的硬件组态

1.5.1 PLC 的硬件组态方法

S7-300 PLC 系统由一个主机架和一个或多个扩展机架组成。如果主机架的模块数量不能满足应用要求，可以使用扩展机架。安装 CPU 的机架为主机架，未安装 CPU 的机架只能当作扩展机架，且必须通过接口模块与主机架相连。

S7-300 PLC 系统采用背板总线结构，直接将总线集成在每个模块上，所有安装在机架（DIN）导轨上的模块均通过总线连接器进行级联扩展，S7-300 PLC 安装示意图如图 1-11 所示。

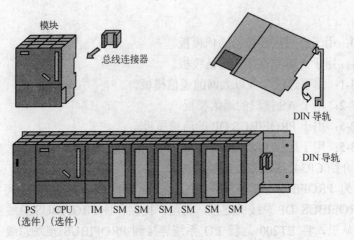

模块
总线连接器
DIN 导轨
DIN 导轨

PS CPU IM SM SM SM SM SM SM
（选件）（选件）

图 1-11　S7-300 PLC 安装示意图

S7-300 PLC 可以水平方向安装，也可以采用垂直方向安装。若采用水平安装，CPU 和电源必须安装在左面。垂直安装时，CPU 和电源必须安装在底部，必须保证以下最小间距：

机架左右间距为 20mm；单层组态安装时，上下间距为 40mm；两层组态安装时，上下间距至少为 80mm。

1．单机架安装

CPU 312、CPU 312C、CPU 312 IFM 和 CPU 313 等只能使用一个机架，在该机架上除了电源模块、CPU 模块和接口模块外，最多只能再安装 8 个信号模块、功能模块或通信模块。单机架上各模块安装顺序如图 1-11 所示。电源模块总是装在最左边的槽位上，CPU 模块总是安装在电源右边的槽位上，3～10 槽位则可以安装信号模块、功能模块或通信模块。

如果选择在一个单机架上进行安装，建议在 CPU 的右侧（3 号位）插入一个占位模块，以便将来可通过使用一个接口模块将该模块替换掉，就可根据应用扩展第二个机架，而无需重新安装和连接第一个机架。

2．多机架安装

CPU 314、CPU 315 及 CPU 315-2DP 等最多可以扩展 4 个机架，安装 32 个信号模块（含功能模块和通信模块），多机架安装结构如图 1-12 a 所示。

对于多个机架需利用接口模块 IM 360/IM 361 将 S7-300 PLC 的背板总线从一个机架连接到下一个机架。CPU 模块总是安装在 0 号机架（主机架）的 2 号槽位上，1 号槽位安装电源模块，3 号槽位总是安装接口模块（如 IM 360），4～11 号槽位可自由分配信号模块、功能模块和通信模块。需要注意的是，槽位号是相对的，每个机架的导轨并不存在物理的槽位。

如果只扩展两个机架，可选用比较经济的 IM 365 接口模块对，这一对接口模块由 1m 长的连接电缆相互固定连接，如图 1-12 b 所示。IM 365 可直接提供 5V 电源，此时，在两个机架上直流 5V 的总电流耗量限制在 1.2A 之内，且每个机架最大不能超过 800mA。由于 IM 365 不能给机架 1 提供通信总线，所以在机架 1 上只能安装信号模块，而不能安装通信模块等其他智能模块。

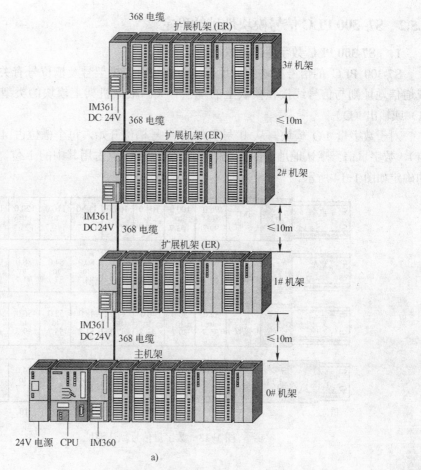

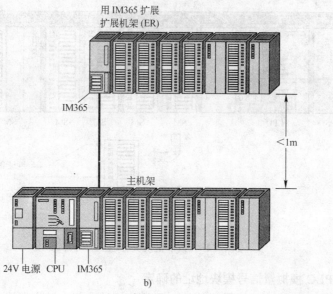

图 1-12 多机架安装

a) 多机架安装 b) 扩展两个机架

1.5.2 S7-300 PLC 信号模块地址的确定

1. S7-300 PLC 数字量信号模块地址的确定

S7-300 PLC 的信号模块的地址范围与模块所在机架号及槽位号有关，而具体的位地址或通信地址则与信号线接在模块上的端子有关。根据机架上模块的类型，地址可以为输入（I）或输出（O）。

对于数字量 I/O 模块，从 0 号机架的 4 号槽位开始，每个槽位占 4B（等于 32 个 I/O 点），数字量信号默认地址如图 1-13 所示。每个 I/O 点占用其中的 1 位，数字量模块位地址的确定如图 1-14 所示。

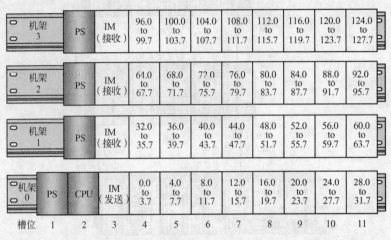

图 1-13　数字量信号默认地址

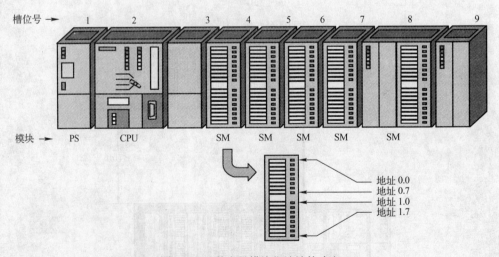

图 1-14　数字量模块位地址的确定

2. S7-300 PLC 模拟量信号模块地址的确定

对于模拟量 I/O 模块，从 0 号机架的 4 号槽位开始，每个槽位占用 16B（等于 8 个模拟量通道），每个模拟量输入通道或输出通道占用一个字地址，模拟量信号的默认地址如图 1-15 所示。

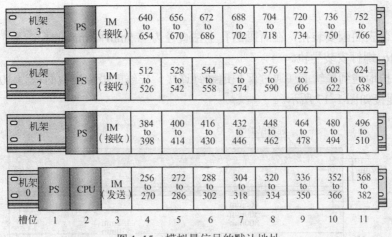

机架 3	PS	IM （接收）	640 to 654	656 to 670	672 to 686	688 to 702	704 to 718	720 to 734	736 to 750	752 to 766
机架 2	PS	IM （接收）	512 to 526	528 to 542	544 to 558	560 to 574	576 to 590	592 to 606	608 to 622	624 to 638
机架 1	PS	IM （接收）	384 to 398	400 to 414	416 to 430	432 to 446	448 to 462	464 to 478	480 to 494	496 to 510
机架 0	PS	CPU	IM （发送）	256 to 270	272 to 286	288 to 302	304 to 318	320 to 334	336 to 350	352 to 366	368 to 382

槽位　1　2　3　4　5　6　7　8　9　10　11

图 1-15　模拟量信号的默认地址

实际使用中要根据具体的模块确定实际的地址范围。例如，如果在 0 号机架上的 5 号槽位安装一个 4 通道的模拟量输入模块，则该模块的地址范围为 PIW272、PIW274、PIW276、和 PIW278；如果在 0 号机架上的 5 号槽位安装一个 2 通道的模拟量输入模块，则该输入模块的地址范围为 PIW272、PIW274。

1.6　技能训练　S7-300 PLC 模块的安装

1．训练目的

1）熟悉 S7-300 PLC 的常用模块。

2）掌握 S7-300 PLC 的常用模块的安装方法。

2．训练器材

S7-300 PLC 的电源模块、CPU 模块、数字量模块、模拟量模块、通信模块、接口模块和导轨等。

3．训练内容

（1）安装导轨

正确的硬件安装是系统正常工作的前提，安装时要严格按照电气安装规范安装。 安装导轨的具体步骤如下：

1）在安装导轨时，应留有足够的空间用于安装模板和散热（模板上下至少应有 40mm 的空间，左右至少应有 20mm 空间），S7-300 PLC 系统安装所需空间如图 1-16 所示。

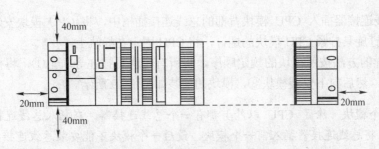

图 1-16　S7-300 PLC 系统安装所需空间

2）在安装表面画安装孔，在所画的孔上钻直径为 6.5mm+2 mm 的孔。

3）用 M6 螺钉安装导轨。

4）把保护地连到导轨上（通过保护地螺钉连接，导线的最小横截面积为 10mm²），导轨上的保护地连接如图 1-17 所示。

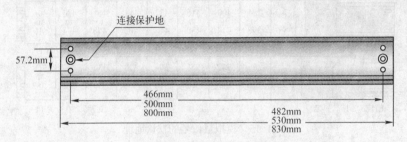

连接保护地

57.2mm

466mm
500mm
800mm

482mm
530mm
830mm

图 1-17　导轨上的保护地连接

应该注意，在导轨和安装表面（接地金属板或设备安装板）之间会产生一个低阻抗连接。如果在表面涂漆或者经阳极氧化处理，应使用合适的接触剂或接触垫片。

（2）安装模块

按照图 1-18 所示的模块安装顺序，依次将 PLC 的电源模块、CPU 模块、信号模块、功能模块、通信模块和接口模块等安装在导轨上。

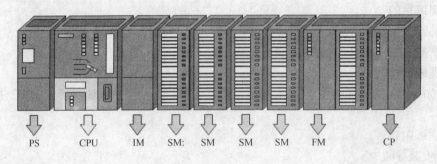

PS　　CPU　　IM　　SM:　SM　　SM　　SM　　FM　　CP

图 1-18　模块安装

将电源模块（PS）安装在最左端，接着安装 CPU 模块。

1）将电源模块安装在导轨上，用螺钉旋具拧紧电源模块上的螺钉，将电源固定在导轨上。

2）将总线连接器插入 CPU 模块背部的总线连接插槽中，将 CPU 模块安装在电源模块的右边，用螺钉旋具拧紧 CPU 模块的螺钉，将 CPU 固定在导轨上。

3）用同样的方法按照模块的规定顺序，将所有模块悬挂在导轨上①，将模块滑到左边的模块边上②，然后向下安装模块③，模块的安装如图 1-19 所示。

注意：每个模块（除了 CPU 以外）都有一个总线连接器。在插入总线连接器时，必须从 CPU 开始。将总线连接器插入前一个模块，最后一个模块不能安装总线连接器。

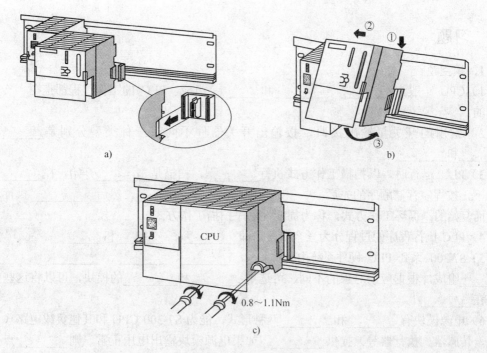

图 1-19　模块的安装

a) 插入总线连接器　b) 安装模块　c) 固定模块

（3）模块的更换

1）需要更换模块时，应先解锁前连接器，然后取下模块，如图 1-20 所示。

2）在开始安装一个新的模块之前，应将前连接器的上半部编码插针从该模块上取下来，拆卸前连接器偏码插件如图 1-21 所示。这样做是因为该编码部件早已插入到已接线的前连接器，如不把它取下，会阻碍前连接器插回原位置。

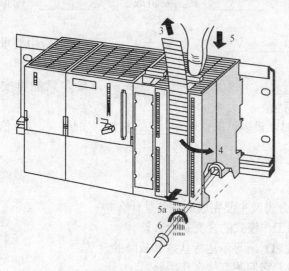

图 1-20　解锁前连接器并取下模块

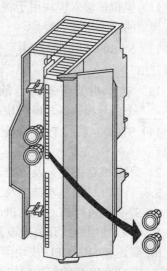

图 1-21　拆卸前连接器编码插针

25

1.7 习题

1. 填空题

1）CPU 一般由_____、_____和_____组成。PLC 的工作过程都是在_____进行的。

2）常用的开关量输出接口，按输出开关器件不同有三种类型分别是_____、_____和_____。

3）PLC 运行时，以扫描工作方式执行_____，扫描是_____开始，在_____的情况下，按程序存储顺序的先后，_____程序，直到_____。然后再_____执行，这种周而复始的__循环工作方式，称为周期性顺序扫描工作方式。

4）PLC 执行程序的过程分为三个阶段，即_____、_____和_____。

5）S7-300 系列 PLC 硬件系统由_____、_____、_____、_____、_____组成，根据应用对象的不同，可选用_____和_____的模块，可以将这些模块安装在_____上。

6）电源模块有_____和_____两种形式，能为 S7-300 CPU 和其他负载电路（信号模块、传感器、执行器等）提供_____。如果电源模块输出电压正常，则_____点亮，如果输出电路过载，则模块上的 LED_____。

7）根据输出电流的不同，PS307 电源模块有_____、_____、_____三种规格。

8）S7-300 的信号模块按信号特性分为_____和_____两种类型。

9）数字量输入模块 SM 321 有 4 种型号模块可供选择，即_____、_____、_____和_____。

10）数字量输出模块按负载回路使用的电源不同，可分为_____、_____和_____输出模块。按输出开关器件的种类不同分为_____、_____和_____输出方式。

11）模拟量输入模块用于将模拟量信号_____，其主要组成部分是_____。模拟量输入模块的输入信号一般是_____。

12）S7-300 PLC 系统由_____和_____组成。如果_____不能满足应用要求，可以使用_____。

13）在单机架组态时，除了_____、_____和_____外，最多只能再安装_____个信号模块、功能模块或通信模块。

14）S7-300 系列 PLC 的硬件组态时，最多可以扩展_____机架，安装_____信号模块。

2. 简述 PLC 的定义及分类。

3. 简述 PLC 的基本结构及工作原理。

4. S7-300 系列 PLC 的 CPU 模块的分类及主要完成的任务是什么？

5. CPU 使用模式开关来设置的 4 种工作模式的含义是什么？

6. 简述 S7-300 CPU 模块面板上的 LED 所显示运行状态和故障的含义。

7. S7-300 PLC 的信号模块有哪几种？它们各有什么作用？

8. S7-300 数字量模块地址是如何确定的？

9. S7-300 模拟量模块地址是如何确定的？

第 2 章　STEP 7 编程软件与仿真软件

2.1　STEP 7 概述

STEP 7 是一种用于对 SIMATIC 可编程序控制器进行组态和编程的标准软件包。它是 SIMATIC 工业软件的一部分。STEP 7 软件可用于 SIMATIC S7-300/400 PLC、M7 工业控制系统和 C7 集成式 PLC。STEP 7 具有硬件配置和参数设置、通信组态、编程、测试、起动和维护、文件建档、运行和故障诊断等功能。本书对 STEP 7 的操作描述是基于 STEP 7　V5.5 版的。

2.1.1　STEP 7 的组成

1. 编程软件 STEP 7 的组成

STEP 7 标准软件包中包含有一系列应用程序（工具），如图 2-1 所示。

图 2-1　STEP 7 标准软件包中包含有一系列应用程序

（1）SIMATIC 管理器

SIMATIC 管理器是用于组态和编程的基本应用程序。它可以管理一个自动化项目中的所有数据，而无论其设计用于何种类型的可编程序控制系统（S7/M7/C7），编辑数据所需的工具都由 SIMATIC 管理器自动起动。

STEP 7 安装完成后，通过 Windows 的 "开始" → "SIMATIC" → "SIMATIC Manager" 菜单命令，或用鼠标双击桌面图标 起动 SIMATIC 管理器。

SIMATIC 管理器项目窗口类似于 Windows 的资源管理器，分为左右两个视窗，左边为项目结构视窗，显示项目的层次结构；右边为项目对象视窗，显示左侧项目结构对应项的内容，SIMATIC 管理器如图 2-2 所示。在右视图内用鼠标双击对象图标，可立即起动与对象相关联的编辑工具或属性窗口。在 SIMATIC 管理器界面内可以同时打开多个项目，所打开的每个项目均用一个项目窗口进行管理。

可在 SIMATIC 管理器中执行下列功能：

1）设置项目。

2）配置硬件并为其分配参数。

图 2-2　SIMATIC 管理器

3）组态硬件网络。

4）程序块。

5）对程序进行调试。

（2）编程语言

STEP 7 软件的标准版支持梯形图（LAD）、语句表（STL）和功能块图（FBD）3 种基本编程语言，并且在 STEP 7 中可以相互转换。专业版增加对顺序功能图（GRAPH）、结构化控制语言（SCL）、图形编程语言（HiGraph）和连续功能图（CFC）等编程语言的支持。

1）LAD（梯形图）。

LAD（梯形图）是一种图形语言，比较形象直观，容易掌握。梯形图与继电器控制电路图的表达方式极为相似，适合于熟悉继电器控制电路的用户使用，特别适用于数字量逻辑控制。

梯形图沿用了传统控制图中继电器的触点、线圈、串联、并联等术语和图形符号，并增加了许多功能，使用灵活。梯形图按自上而下、从左到右的顺序排列，最左边的竖线称为起始母线，也叫左母线，然后按一定的控制要求和规则连接各个触点，最后以线圈结束。一般在右边还加上一竖线，这一竖线称为右母线。通常一个梯形图由若干网络（由触点和线圈等组成的独立电路称为网络）组成。以常见的自锁控制为例，自锁控制梯形图程序如图 2-3 所示。

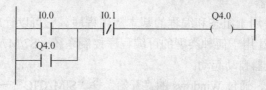

图 2-3　自锁控制梯形图程序

梯形图由触点、线圈和用方框表示的指令框组成，触点代表逻辑输入条件，例如外部的开关、按钮和内部条件等；线圈通常代表逻辑运算的结果，常用来控制外部的指示灯、交流接触器和内部的标志位等；指令框用来表示定时器、计数器或者数学运算等附加指令。使用编程软件可以直接生成和编辑梯形图，并将它下载到 PLC。

2）STL（语句表）。

语句表（STL）是一种类似于计算机汇编语言的文本编程语言，由多条语句组成一个程序段。语句表适合经验丰富的程序员使用，可以实现其他编程语言不能实现的功能，以图 2-3 自锁控制为例，对应的 STL 语言如下：

```
程序段 1: 标题:
      A(
      O     I    0.0
      O     Q    4.0
      )
      AN    I    0.1
      =     Q    4.0
```

3）FBD（功能块图）。

功能块图（FBD）使用类似于布尔代数的图形逻辑符号来表示控制逻辑，一些复杂的功能用指令框表示。一般用一个指令框表示一种功能，框内的符号表示该框图的运算功能，框的左边画输入、右边画输出，框左边的小圆圈表示对输入变量取反，框右边的小圆圈表示对运算结果再进行非运算。FBD 比较适合于有数字电路基础的编程人员使用。以图 2-3 自锁控制为例，自锁控制 FBD 程序如图 2-4 所示。

段序段 1: 标题:

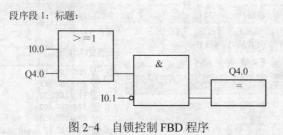

图 2-4 自锁控制 FBD 程序

4）顺序功能图（GRAPH）。顺序功能图（GRAPH）类似于解决问题的流程图，用来编制顺序控制程序，利用 S7-GRAPH 编程语言，可以清楚快速地组织和编写 S7 PLC 系统的顺序控制程序。

在这种语言中，工艺过程被划分为若干个顺序出现的步，步中包含控制输出的动作，从一步到另一步的转换由转换条件控制。用 GRAPH 表达复杂的顺序控制过程非常清晰，用于编程及故障诊断时更为有效，使 PLC 程序的结构更加易读，它特别适合于生产制造过程。S7-GRAPH 具有丰富的图形、窗口和缩放功能，系统化的结构和清晰的组织显示使 S7-GRAPH 对于顺序过程的控制更加有效。

在 STEP 7 编程软件中，如果程序块没有错误，并且被正确地划分为网络，在梯形图、功能块图和语句表之间可以相互转换。只是用语句表编写的程序不一定能转换为梯形图，不能转换的网络仍然保留语句表的形式，但是并不表示该网络有错误。

（3）符号编辑器

通过符号编辑器可以管理所有共享符号，符号编辑器如图 2-5 所示。

图 2-5 符号编辑器

符号编辑器具有以下功能：

1）给过程信号（输入/输出）、位存储器以及块设置符号名称和注释。

2）分类、排序功能。

3）从其他 Windows 程序中导入/导出到其他 Windows 程序。

使用这个工具创建生成的符号表可供其他所有工具使用，因此符号属性的任何变化都可被所有工具自动识别。

（4）硬件组态

硬件组态工具可以为自动化项目的硬件进行组态和参数设置，可以对机架上的硬件进行配置。硬件组态窗口如图 2-6 所示。

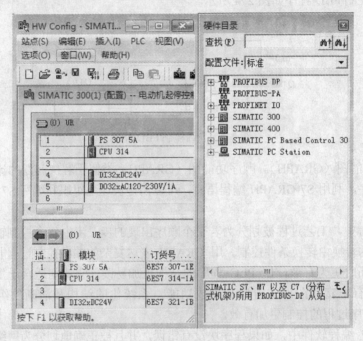

图 2-6　硬件组态窗口

使用该工具可对自动化项目的硬件进行组态（配置）和参数赋值，它具有以下功能：

1）组态 CPU 时，可以从电子目录中选择一个机架，并在机架中将选中的模块安排在所需要的槽上。

2）组态分布式 I/O 与组态集中式 I/O 相同，也支持以通道为单位的 I/O。

3）在给 CPU 参数赋值的过程中，可以通过菜单的指导设置属性，比如起动特性和通过菜单导航的扫描周期监控、支持多值计算、输入数据存储在系统数据块中。

4）在向模块作参数赋值的过程中，所有可以设置的参数都是用对话框来设置的，不需要通过 DIP 开关进行设置。在 CPU 起动过程中，自动向模块进行参数赋值传送，这表明调换模块时无需赋值新的参数。

5）功能模块（FM）和通信处理器（CP）的参数赋值与其他模块的赋值方法完全相同，也是用硬件组态工具完成的。对于每一个 FM 和 CP，都有模块特定对话框和规则。通过在对话框中提供有效的选项，系统可以阻止不正确的参数输入。

（5）网络配置（NetPro）

可以使用 NetPro 通过 MPI 实现时间驱动的循环数据传送，操作如下：

1）选择通信的站点（节点）。

2）在表中输入数据源和数据目标；自动生成要下载的所有块（SDB），并自动完成下载到所有 CPU 中。

也可以实现事件驱动的数据传送，操作如下：

1）设置通信连接。

2）从集成的功能块库文件中选择通信或功能块。

3）以选定的编程语言为所选的通信或功能块参数赋值。

（6）硬件诊断

这个功能可以概览可编程序控制器的状态，概览可用显示符号来指示各个模块是否发生故障。用鼠标双击故障模块可显示关于故障的详细信息，该信息的范围视各个模块而定：

1）显示模块的常规信息（例如订货号、版本、名称）以及模块状态。

2）显示中央 I/O 和分布式（DP）从站的模块信息（例如通道故障）。

3）显示来自诊断缓冲区的消息报文。

对于 CPU，则显示下列附加信息：

1）用户程序处理过程中发生故障的原因。

2）显示周期待续时间（最长、最短以及最近一个周期）。

3）MPI 通信可能的概率和负载。

4）显示性能数据（输入/输出、位存储器、计数器、计时器和块的可能数目）。

2.1.2　创建项目

STEP 7 是一种以"项目"形式管理的软件，PLC 程序编制前应先创建一个项目。项目代表了自动化解决方案中的所有数据和程序的整体。项目所汇集的数据包括：关于模块硬件结构及模块参数的组态数据、用于网络通信的组态数据以及用于可编程模块的程序。在创建项目时的主要任务就是准备这些数据，以备编程使用。

项目窗口分为左右两部分：左半部分表示项目的树形结构，右半部分表示所选视图左半部分已打开的对象所包含的对象（大图标、小图标、列表或详细信息）。单击窗口左半部分中含有加号的方框即可显示项目的完整树形结构，项目窗口如图 2-7 所示。

对象体系的最上端是代表整个项目的对象"S7_Pro1"的图标。它可用于显示项目属性，并可用作网络文件夹（用于对网络进行组态）、站文件夹（用于对硬件进行组态）以及

S7 或 M7 程序的文件夹（用于创建软件）。项目中的对象在选择项目图标时均将显示在项目窗口的右半部分。该类型对象体系最上端的对象（库以及项目）构成了用于对对象进行选择的对话框的起始点。

1．使用向导创建项目

使用"新建项目"向导创建新项目的过程如下：

1）单击"文件"→"新建项目"，打开"新建项目"向导。

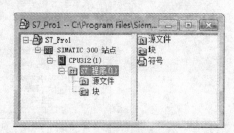

图 2-7　项目窗口

2）单击"新建项目"向导，出现 STEP 7 向导对话框，如图 2-8 所示。勾选"起动 SIMATIC Manager 时显示向导"选项，则以后在打开 STEP 7 时，都将自动打开"新建项目"向导。

图 2-8 "STEP 7 向导" "新建项目" 对话框

3）单击"下一步"按钮，选择 CPU 模块的型号，如图 2-9 所示。组态实际系统时，CPU 的型号与订货号应与实际的硬件相同。

图 2-9 选择 CPU 模块的型号

4）单击"下一步"按钮，选择需要生成的组织块 OB。默认的编程语言为语句表（STL），用单选框将它修改为梯形图（LAD）。选择需要生成的组织块 OB 如图 2-10 所示。

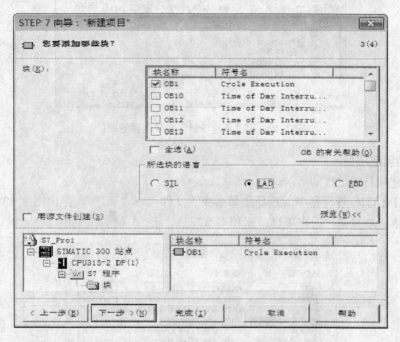

图 2-10　选择需要生成的组织块 OB

5）单击"下一步"按钮，在项目名称文本框修改默认的项目名称，命名项目如图 2-11 所示。

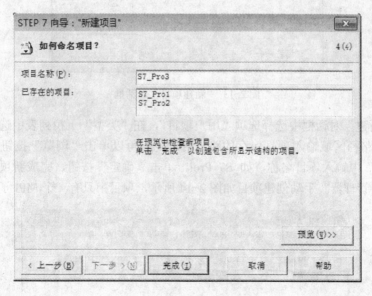

图 2-11　命名项目

6）单击"完成"按钮，新项目创建完成并返回到 SIMATIC 管理器，用"新建项目"向导创建的项目如图 2-12 所示。

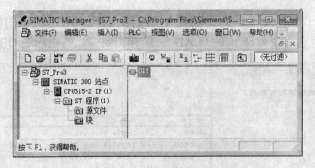

图 2-12 用"新建项目"向导创建的项目

2. 手动创建项目

手动创建项目的过程如下：

1）在 SIMATIC 管理器中，选择菜单命令"文件"→"新建"。弹出图 2-13 所示"新建项目"对话框。项目包含用户项目、库和多重项目。

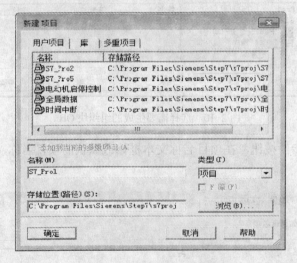

图 2-13 "新建项目"对话框

2）在"新建"对话框中选择选项"用户项目"，在"类型"下拉列表中选择了"项目"条目。在存储路径区域输入项目保存的路径目录，也可以单击"浏览"按钮，选择一个目录。在"名称"中输入项目名称，如 S7_Prol，单击"确定"按钮，完成新项目的创建并返回到 SIMATIC 管理器。手动创建项目如图 2-14 所示，项目中只有一个 MPI 子网。

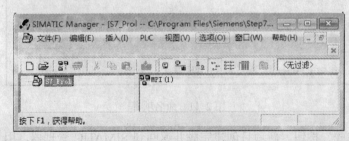

图 2-14 手动创建项目

3．编辑与管理项目

（1）复制一个项目

复制项目可按如下操作进行。

1）选择复制的项目，如图 2-15 所示。

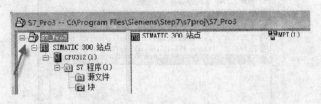

图 2-15　选择复制的项目

2）在 SIMATIC 管理器中，选择菜单命令"文件"→"新建"。在"另存为"对话框中决定保存之前是否需要重新整理，"另存为"对话框如图 2-16 所示。必要时，在"项目另存为"对话框中，输入新项目的名称和新的存储路径，如输入新的项目名"S7 Pro8"单击"确定"按钮，项目就由"S7 Pro3"改为"S7 Pro8"。

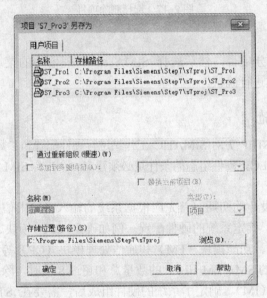

图 2-16　"另存为"对话框

（2）复制部分项目

如果希望对项目的一部分进行复制，例如站、软件和块等，可按如下操作进行：

1）选择想要复制的部分项目。

2）在 SIMATIC 管理器中选择菜单命令"编辑"→"复制"。

3）选择用来保存项目复制部分的文件夹。

4）选择菜单命令"编辑"→"粘贴"。

（3）删除项目

删除项目可按如下操作进行：

选择 SIMATIC 管理器中的菜单命令"文件"→"删除"。在"删除"对话框中，选择

"用户项目"按钮。将在其下面的列表框中列出所有打开过的项目。选择希望删除的项目，单击"确定"按钮进行确认，选择删除项目如图 2-17 所示。

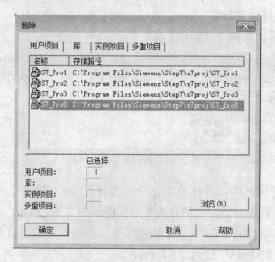

图 2-17　选择删除项目

（4）删除部分项目

选择希望删除的部分项目，然后选择 SIMATIC 管理器中的菜单命令"编辑"→"删除"，单击"确定"按钮进行确认。

2.1.3　项目的硬件组态

硬件组态就是使用 STEP 7 对 SIMATIC 工作站进行硬件配置和参数分配，所配置的数据可以通过"下载"传送到PLC。硬件组态的条件是必须建立一个带有SIMATIC 工作站的项目。

1．硬件组态的任务

在 PLC 控制系统设计的初期，首先应根据系统的输入、输出信号的性质和点数，以及对控制系统的功能要求，确定系统的硬件配置。例如确定 CPU 模块、电源模块、输入/输出模块（即信号模块 SM）、功能模块（FM）和通信处理模块（CP）等各种模块的型号和每种型号的数量等。S7-300 的 SM、FM 和 CP 的数量总和超过 8 块时，除了中央机架外还需要配置扩展机架和接口模块（IM）。确定了系统的硬件组成后，需要在 STEP 7 中完成硬件配置工作。

硬件组态的任务就是在 STEP 7 中生成一个与实际的硬件系统完全相同的系统，例如要生成网络以及网络中各个站的机架和模块，并且要设置硬件组成部分的参数，即给参数赋值。硬件组态确定了 PLC 输入/输出变量的地址，为设计用户程序打下了基础。

2．硬件组态的内容

（1）系统组态

从硬件目录中选择机架，将模块分配给机架中的插槽。用接口模块连接多机架系统的各个机架。对于网络控制系统，需要生成网络和网络中的站点。

（2）CPU 的参数设置

设置 CPU 模块的多种属性，如起动特性、扫描监视时间等，设置的数据存储在 CPU

中。如果没有特殊要求，可以使用默认的参数。对于网络控制系统，需要对以太网PROFIBUS-DP 和 MPI 等网络的结构和通信参数进行组态，将分布式 I/O 连接到主站。

（3）模块参数的设置

定义硬件模块所有的可调参数。组态参数下载后，组态时设置的 CPU 参数保存在系统数据块 SDB 中，CPU 之外的其他模块的参数保存在 CPU 中。在 PLC 起动时，CPU 自动向其他模块传送设置的参数，因此在更换 CPU 之外的模块后，不需要重新对它们组态和下载组态信息。

PLC 在起动时，将 STEP 7 中生成的硬件组态与实际的硬件配置进行比较，如果二者不符，将立即产生错误报告。

对于硬件已经装配好的系统，用 STEP 7 建立网络中各个站对象后，可以通过通信从CPU 中读出实际的组态和参数。

3．使用"新建项目"向导创建项目的硬件组态

使用"新建项目"向导创建项目的硬件组态的过程如下。

（1）进入硬件组态窗口

图 2-18 所示是使用"新建项目"向导创建的新项目 S7-Pro1，选中 SIMATIC 管理器左窗口的站对象，再用鼠标双击右窗口的 硬件 图标，打开硬件组态工具 HW Config 对话框，如图 2-19 所示。

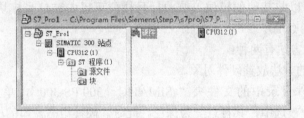

图 2-18　使用"新建项目"向导创建的新项目 S7-Pro1

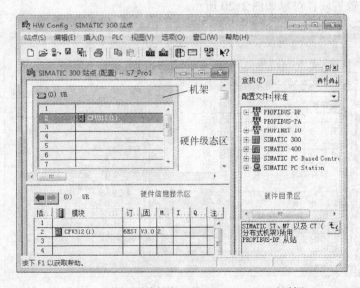

图 2-19　打开硬件组态工具 HW　Config 对话框

硬件组态工具 HW　Config 对话框包括 3 个部分。

1）硬件目录区：硬件组态对话框右窗口的视图是硬件目录区，选中硬件目录中的某个硬件对象，在硬件目录区下面的小窗口可以看到它的简要信息，如订货号、模块的主要功能等。可以选择相应模块插入机架。

2）硬件组态区：硬件组态对话框的左窗口的上半部分是硬件组态区，在该区放置主机架和扩展机架，并用接口模块将它们连接起来。STEP 7 中用一个表格来形象地表示机架，表中的一行表示机架中的一个插槽。硬件组态区左下角的向左、向右的箭头用来切换硬件组态区中的机架。

3）硬件信息显示区：硬件组态对话框左窗口的下半部分是硬件信息显示区。选中硬件组态区中的某个机架，左下方的硬件信息显示区将显示选中对象的详细信息，如模块的订货号、CPU 的组件版本号、在 MPI 网络中的站地址、I/O 模块地址和注释等。

（2）在机架中放置模块

1）生成机架：若在新项目生成时选择了 CPU 的型号，则当进入硬件组态窗口时自动生成中央机架和已经插入的 CPU 模块。在硬件组态时，机架用组态表表示。组态表下面的区域列出了各模块的详细信息。

2）配置机架：在硬件目录中选择需要的模块，将它们插入到机架指定的槽位。S7-300 中央机架的电源模块占用 1 号槽位，CPU 模块占用 2 号槽位，3 号槽位是专为接口模块（IM）保留的，不可以装其他的模块。4～11 号槽位可以安装信号模块（SM）、功能模块（FM）和通信处理器（CP）。

放置硬件对象的方法有两种：

① 用"拖拽"的方法放置硬件对象。

用鼠标打开硬件目录中的文件夹"/SIMATIC　300/PS-300"，单击其中的电源模块"PS307 5A"，该模块被选中，其背景变为深色。此时，硬件组态窗口的机架中允许放置该模块的 1 号槽位变为绿色，用鼠标左键按住该模块不放，移动鼠标，将选中的模块"拖"到机架的 1 号槽位。放置硬件对象如图 2-20 所示。

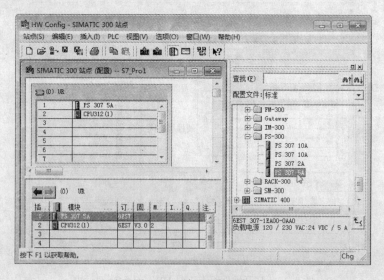

图 2-20　放置硬件对象

② 用鼠标双击的方法放置硬件对象。

用鼠标的左键单击机架中需要放置模块的插槽，使它的背景色变为深色。用鼠标的左键双击硬件目录中允许放置在该槽位的模块，该模块就会出现在选中的插槽，同时自动选中下一个插槽。用鼠标双击的方法放置硬件对象如图 2-21 所示。

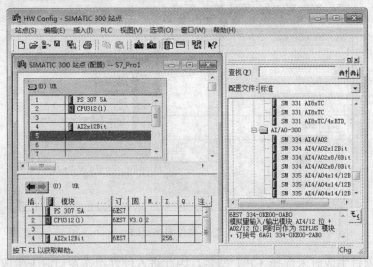

图 2-21　用鼠标双击的方法放置硬件对象

（3）一致性检查

硬件配置完成后，执行"站点"→"一致性检查"命令，可以检查硬件组态是否有错误，在出现的一致性检查窗口可以看到检查的结果，单击"确定"按钮，进行确认。

4. 直接创建项目的硬件组态

在项目中，工作站代表了 PLC 的硬件结构，并包含用于组态和给各模块进行参数分配的数据。

使用"新建项目"向导创建的新项目中已经包含一个站，可以跳过这一步。对于直接手动创建的项目如 S7_Pro3，则不包含任何站，对于这种情况首先应插入一个站。

（1）插入硬件工作站

在 SIMATIC Manager 窗口，选中菜单"插入"→"站点"→"SIMATIC 300 站点"或者用鼠标右键单击项目名称，在下拉列表菜单中选中"插入新对象"→"SIMATIC 300 站点"，就可以在当前项目下插入一个新的硬件站。

系统自动为该站分配一个名称，如：SIMATIC　Station　300（1）。用户可以根据需要改写站名。硬件工作站的插入如图 2-22 所示。

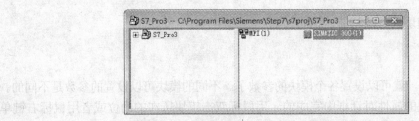

图 2-22　硬件工作站的插入

（2）手动创建项目的硬件组态

在 SIMATIC Manager 窗口，选中硬件工作站，并且选择菜单"编辑"→"打开对象"，或者用鼠标双击 Hardware（硬件）图标，就可以打开硬件组态窗口，如图 2-23 所示。

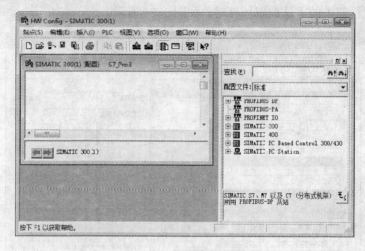

图 2-23　硬件组态窗口

由于在新项目生成时未选择 CPU 型号，因此进入硬件组态窗口时未生成中央机架和插入 CPU 模块。为此，在硬件组态窗口中，在硬件目录列表中选择 SIMATIC 300，将机架拖放到硬件组态窗口，生成机架窗口如图 2-24 所示。

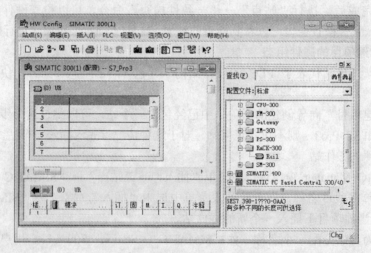

图 2-24　生成机架窗口

在机架中放置模块的方法与前述相同。

2.1.4　参数设置

硬件组态完成后，就可以设置各个模块的参数了。不同的模块可以设置的参数是不同的。参数的设置是在模块的属性对话框中完成的。用鼠标双击模块所在的槽位或者用鼠标右键单击该槽位，弹出模块相应的属性窗口。在弹出的属性对话框中选中某一项，便可以设置相应的属性。

1. CPU 主要参数的设置

CPU 属性设置界面里以卡片形式给出了相应的 CPU 型号的参数类型（该型号 CPU 可以使用的参数），由于 CPU 种类不同，所以 CPU 各个卡片里的参数也不同。下面以 CPU 315-2DP 为例，介绍 CPU 主要参数的设置方法。

用鼠标双击机架上 CPU 315-2DP 所在的行，立即弹出该"CPU"的属性对话框，如图 2-25 所示。

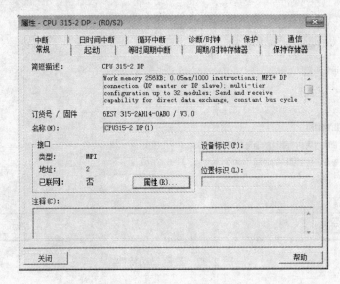

图 2-25 "CPU" 的属性对话框

（1）常规选项

在常规选项卡页面，包括了 CPU 的基本信息和 MPI 的接口参数设置，单击"常规"选项卡，弹出 MPI 接口属性设置界面，在这里默认设置 MPI 传输波特率是 187.5kbit/s，MPI 地址为 2，常规选项如图 2-26 所示。

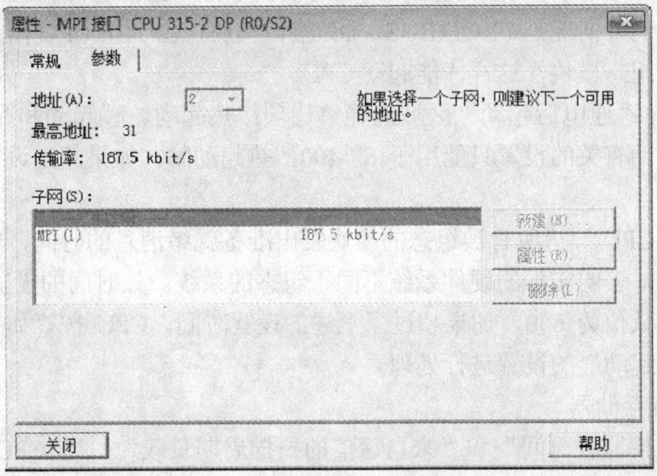

图 2-26 常规选项

（2）起动特性设置

在"CPU"属性对话框中，单击"起动"选项卡，设置起动特性，其参数设置对话框如图 2-27 所示。

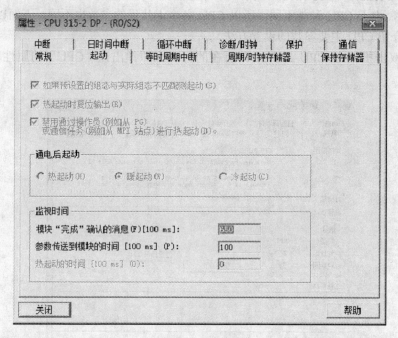

图 2-27　设置起动特性

用鼠标左键单击某个小正方形的复选框，框中出现一个"√"，表示选中了该项，再单击一下"√"消失，表示没有选中该选项，该选项被禁止。

把"如果预设置的组态与实际组态不匹配则起动"复选的意思是当预置组态与实际组态不符时起动，预置组态是装载 CPU 中设置的组态，实际组态是实际硬件机架上的组态。当这个选项没有选中时，出现软件组态的模块与实际机架上的模块不符时，不会起动。当选中该选项时，尽管软件组态的模块与实际机架上的模块不符，也会起动。也就是说，CPU 不检查 I/O 组态，一个例外情况是 PROFIBUS DP 接口模块，由于在 CPU 附近连接，因此必须严格插入该类型的组态模块，这样才能起动CPU。

S7-400 可以在"通电后起动"区域选择单选项：热起动、暖起动和冷起动。S7-300 只能暖起动。与热起动有关的设置只能用于 S7-400，热起动时，如果超过设置的热起动时间，CPU 不能热起动。

电源接通后，CPU 等待所有被组态的模块发出准备就绪消息的时间，如果超过模块"已完成"消息的时间，表明实际的硬件系统不同于组态的系统。该时间的设置范围为 1～650，单位为 100ms，默认值为 650，如果超过了上述的设置时间，CPU 按"如果预设置的组态与实际组态不匹配则起动"的设置进行处理。

（3）周期/时钟存储器

设置"扫描周期监视时间"和"来自通信的扫描周期负载"，当 CPU 循环系统小于扫描周期监视时间，则 CPU 将延时到达此时间后才开始下一次 OB1 的执行，否则，CPU 停机。来自通信的扫描周期负载限制了通信在整个扫描周期中的处理时间。

另外，在"周期/时钟存储器"选项页中，还可以设置"时钟存储器"。选中图 2-28 所示的"时钟存储器"的复选框就可以激活该功能，并且在"存储器字节"中输入存储字节 B 的地址，如 B10（输入"10"即可），此时 B10 各位的作用是产生不同频率的方波信号。如果在硬件配置里选择了该选项功能，就可以在程序里调用这些特殊位。时钟存储器各位的周期及频率如表 2-1 所示。

表 2-1　时钟存储器各位的周期及频率

位	7	6	5	4	3	2	1	0
周期	2	1.6	1	0.8	0.5	0.4	0.2	0.1
频率/Hz	0.5	0.625	1	1.25	2	2.5	5	10

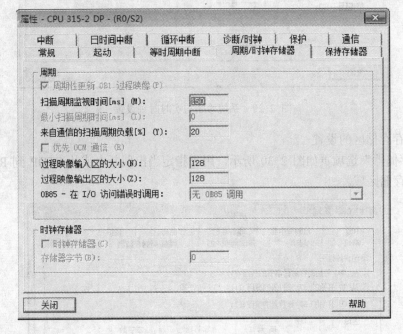

图 2-28　周期/时钟存储器选项

（4）系统诊断与实时时钟设置

系统诊断是指对系统中出现的故障进行识别、评估和作出相应的响应，并保存诊断的结果。通过系统诊断可以发现用户程序的错误、模块的故障和传感器、执行器的故障等。在"诊断/时钟"选项页，选择"报告 STOP 模式原因"的意思是当 CPU 进入停止模式时，在 CPU 信息中，停机原因将传到编程器。

在某些大型系统（如电力系统）中，某一设置的故障会引起连锁反应，相继发生一系列事件，为了分析故障的起因，需要查出故障的发生顺序。为了准确地记录故障发生的顺序，系统中各计算机的实时时钟必须定期作同步调整。

可以用 3 种方法设置实时时钟同步的周期，从 1s～24h，一共有 7 个选项可供选择。校正因子是对每 24h 时钟误差时间的补偿，可以指定补偿值为正或为负，系统诊断与实时时钟设置如图 2-29 所示。

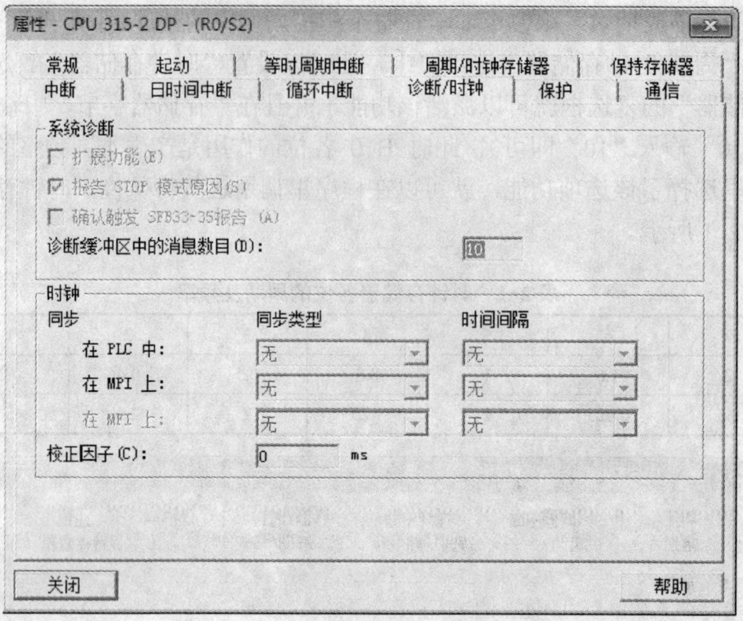

图 2-29 系统诊断与实时时钟设置

（5）保存存储区的设置

"保持存储器"选项页如图 2-30 所示，用来指定当出现断电或从 STOP 到 RUN 切换时需要保持的存储区域。

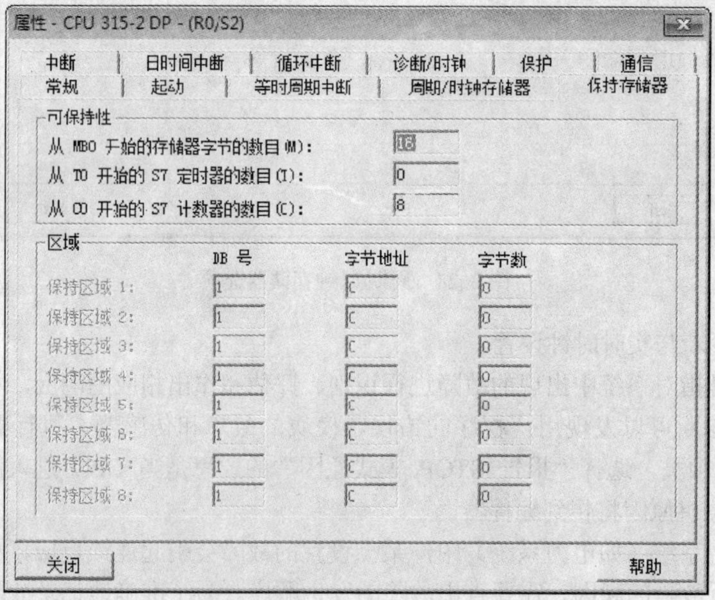

图 2-30 "保持存储器"选项页

如果 RAM 内存没有电池作后备，就会丢失所存的信息。只有定义成保持的位存储器、定时器和计数器才能保存到非易失 RAM 区。注意：全起动后，必须重新下载程序。

（6）保护级别的选择

在"保护"选项页中，可以设定保护密码。如果用口令分配一个保护等级，则只有知道口令的人才能进行读写访问，不知道口令的人有如下限制，保护 1 级：和设定的特性一致；保护 2 级：只读访问，不管钥匙开关位置如何；保护 3 级：禁止读写，不管钥匙开关位置如何。保护密码也可以在 SIMATIC 管理器下输入要保护的模块口令，步骤如下：

1）选择要保护的模块或 S7 程序。

2）通过菜单 PLC/访问权限，输入口令。

2. PG/PC 接口设置

PG/PC 接口是 PG/PC 与 PLC 之间进行通信连接的接口。在 STEP 7 环境下 PG/PC 可支持多种类型的接口，每种接口都需要进行相应的参数设置（如通信波特率等）。因此，要实现 PG/PC 与 PLC 设备之间的连接，必须正确设置 PG/PC 接口参数。

（1）打开"PG/PC 接口"参数设置对话框

STEP 7 安装过程中，会提示用户设置 PG/PC 接口的参数。在安装完成后，还可以通过以下几种方式打开 PG/PC 接口参数设置对话框。

1）执行菜单命令"开始"→"SIMTIC"→"STEP 7"→"设置 PG/PC 接口"。

2）在 SIMTIC 管理器窗口内，执行菜单命令"选项"→"设置 PG/PC 接口"。

（2）设置 PG/PC 接口

1）单击"设置 PG/PC 接口"命令，出现"设置 PG/PC 接口"对话框，如图 2-31 所示。

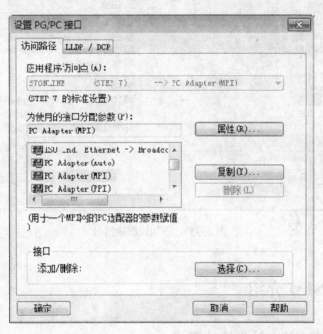

图 2-31　"设置 PG/PC 接口"对话框

2）选择其中一个接口，如选择 PC Adapter（MPI）接口，然后单击"属性"按钮，则弹出该"接口属性"对话框，如图 2-32 所示。在该对话框内进行接口参数的设置。

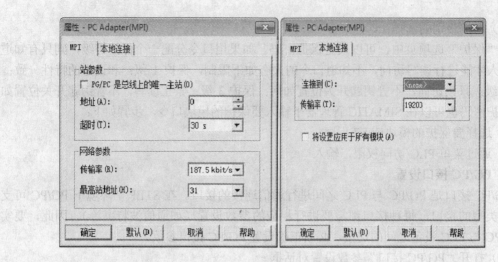

图 2-32 "接口属性"对话框

（3）添加或删除接口

如果在设置 PG/PC 接口对话框中没有列出所需要的接口类型，可通过单击"添加/删除"选择按钮，在图 2-33 所示对话框内安装（在左边的列表内选择要安装的接口，然后单击"安装"按钮）相应的接口模块或协议。当然也可以卸载不需要的接口模块或协议。

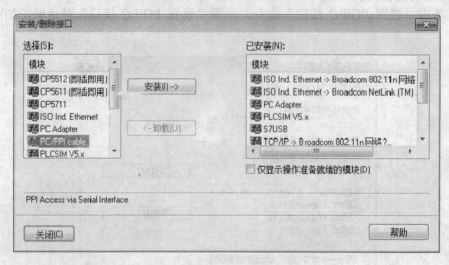

图 2-33　添加或删除接口

2.2　S7-PLCSIM 介绍

2.2.1　S7–PLCSIM 仿真软件的功能

S7-PLCSIM 是自动嵌套在 STEP 7 中的一个非常实用的仿真 PLC 软件。无需连接任何 S7 硬件，就可以在 PG/PC 接口上仿真一个完整的 S7-CPU，包括地址和 I/O 模块。模拟 S7-300 系列 PLC 的实际工作情况，进行程序运行试验，以检验程序的正确性。

由于 S7-PLCSIM 仿真软件具有模拟 PLC 执行用户程序全过程的功能，并可以在无任何硬件的情况下模拟实际工作状态，因此，利用仿真软件可以在开发阶段发现并排除错误，提高用户程序的质量和降低试车的费用。

通过 S7-PLCSIM 仿真软件可以对系统中的组织块（OB）、系统块（SFB）和系统程序块（SFC）进行仿真。S7-PLCSIM 使用户能够在 PG/PC 上离线测试程序，可以使用所有的 STEP 7 编程语言。S7-PLCSIM 仿真软件的主要功能如下。

1）可以通过仿真软件运行窗口，进行 PLC 的工作模式（RUN、STOP 等）的转换，控制 PLC 的运行状态。

2）可以直接模拟生产现场，改变输入信号（I、PI）的 ON/OFF 状态，同时观察有关输出变量（Q、PQ）的状态，以监视程序运行的实际结果。在仿真时应注意，I/O 映像区和直接外设 I/O 是同步动作的，I/O 映像会立即传送到外设 I/O。

3）仿真软件可以访问模拟 PLC 的 I/O 存储器、累加器和寄存器，对模拟 PLC 的位存储器、外围输入变量区和输出变量区以及存储在数据块中的数据进行读/写操作。

4）对定时器和计数器进行监视、修改，或通过相应的 PLC 程序使其进入自动运行状态，也可以对其进行手动复位。

5）S7-PLCSIM 可以使用 PLC 的中断组织块程序测试特性，进行操作事件的记录、回放等动作，自动测试程序。

2.2.2 用 S7–PLCSIM 调试程序

S7-PLCSIM 是 S7-300/400 系列 PLC 仿真工具中功能强大、使用方便的仿真软件，它可以替代 PLC 硬件来调试用户程序。

1．起动 S7-PLCSIM 仿真软件

要起动仿真软件，可以在 SIMATIC 管理器中，执行菜单命令"选项→仿真模块"，或单击 图标，打开/关闭仿真功能。此时系统会自动装载仿真的 CPU。S7-PLCSIM 应用窗口如图 2-34 所示。

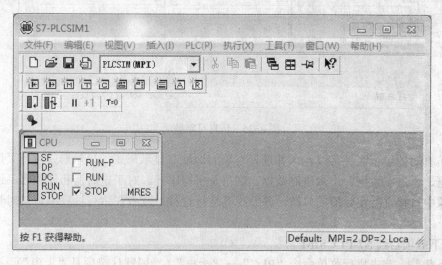

图 2-34　S7-PLCSIM 应用窗口

应用窗口初始界面中有一个 CPU300/400 控制面板模拟窗口，它用来模拟实际的 PLC 控制面板。与实际 PLC 控制面板一样，模拟面板布置有 SF、DP、DC、RUN 和 STOP 五个状态指示灯（LED）和 RUN_P、RUN、STOP 三个 CPU 工作模式转换开关。

单击模拟面板上面的 "RUN-P"、"RUN"、"STOP" 可以令仿真 PLC 处于相应的仿真模式，单击 "模拟面板上的 "MRES" 按钮可以用来清除存储器、删除块和清除仿真 PLC 中的硬件设置。

可以用鼠标调节 S7-PLCSIM 窗口的位置和大小，还可以执行菜单命令关闭或打开下面的工具条。

2. 选择仿真对象

在 S7-PLCSIM 应用窗口中设置有仿真对象选择快捷按钮，用于指定与显示仿真对象，仿真对象选择快捷按钮如图 2-35 所示。

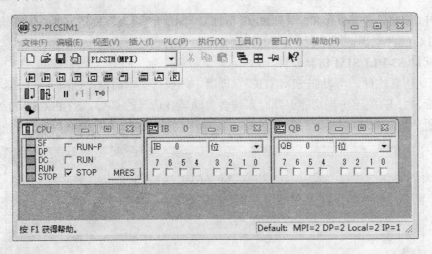

图 2-35　仿真对象选择快捷按钮

按钮自左向右对应其所打开的仿真对象依次为：输入、输出、标志寄存器、定时器、计数器、通用变量、垂直显示的位变量、嵌套堆栈、CPU 累加器和块寄存器。

单击相应的仿真对象选择快捷按钮，可以出现仿真对象显示。如单击输入、输出按钮，仿真对象显示如图 2-36 所示。

图 2-36　仿真对象显示

在仿真对象显示区，可以输入并选择对象的地址、显示形式。显示形式可以采用位、二进制数据、十进制数据、十六进制数据、字符及字符串等。对于定时器和计数器，还可以在显示对象中直接进行实际值的修改，并监视其运行过程，或者在运行过程中直接对其进行复位处理。

3. 下载项目到 S7-PLCSIM

在下载前，首先执行菜单命令 "PLC" → "上电"（一般默认选项是 "上电"）。

再设置与项目中相同的 MPI 地址（一般默认 MPI 地址为 2），在项目窗口内选择要下载的工作站，然后在 STEP 7 软件中单击下载按钮 ，将已经编译好的项目下载到 S7-PLCSIM。

4. 调试程序

1）单击用于仿真的输入对象，加入相应的用于仿真的状态信号。

① 加入模拟输入信号的方法：模拟输入信号如图 2-37 所示，单击图中 IB 0 的第 4 位（即 I0.3）处的单选框，则在框中出现符号"√"表示 I0.3 为 ON，若再单击这个位置，那么"√"消失，表示 I0.3 为 OFF。这种改变会立即引起存储器地址中内容发生相应的变化，仿真 CPU 并不等待扫描开始或者结束后才更新变换了的数据。执行用户程序过程中，可以检查并离线修改程序，保存后再下载，之后继续调试。

② 模拟定时器定时的方法：直接单击图中的"T=0"按钮，可以迅速到达计时时间。模拟定时器定时如图 2-38 所示。

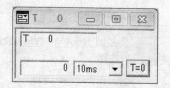

图 2-37　模拟输入信号　　　　　　　　图 2-38　模拟定时器定时

2）单击仿真 PLC 的 CPU 模拟面板，使得 PLC 处于运行（RUN）模式。

3）观察用于仿真的输出对象的状态，检查 PLC 的执行情况。

5. 结果保存

退出仿真软件时，可以保存仿真时生成的 LAY 文件及 PLC 文件，便于下次仿真这个项目时可以直接使用本次的各种设置。

LAY 文件用于保存仿真时各视图对象的信息，例如选择数据格式等；PLC 文件用于保存仿真运行时设置的数据和动作等，包括程序、硬件组态和设置的运行模式等。

2.3　技能训练　电动机起/停控制系统的硬件组态与仿真

1. 训练目的

1）掌握 STEP 7 软件的基本使用方法。

2）掌握 PLCSIM 仿真软件的使用方法。

3）能在 STEP 7 环境下完成 PLC 的系统设计。

2. 控制要求

异步电动机的起/停控制电路图如图 2-39a 所示，PLC 外部需要连接一个起动按钮 SB1、一个停止按钮 SB2 和一个输出接触器 KM，FR 为热继电器，用于过载保护。控制电路接线图如图 2-39b 所示，要求用 STEP 7 软件完成硬件组态，编写图 2-40 所示的异步电动机的启/停控制的程序，然后用 S7-PLCSIM 仿真控制结果。

3. 硬件选择

PLC 硬件系统包括一个 PS307（5A）电源模块、一个 CPU 314、一个数字量输入模块 SM 321 和一个数字量输出模块 SM 322。外部控制按钮 SB1、SB2 信号送入 I0.1 和 I0.2。

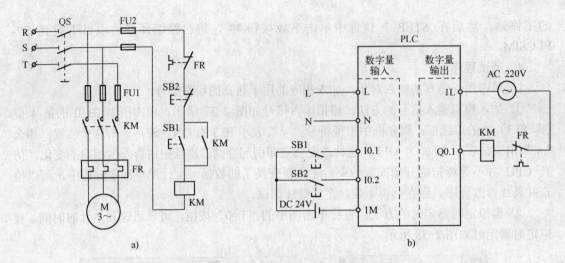

图 2-39 异步电动机的起/停控制电路

a) 异步电动机的起/停控制电路图　b) 异步电动机的起/停控制电路接线图

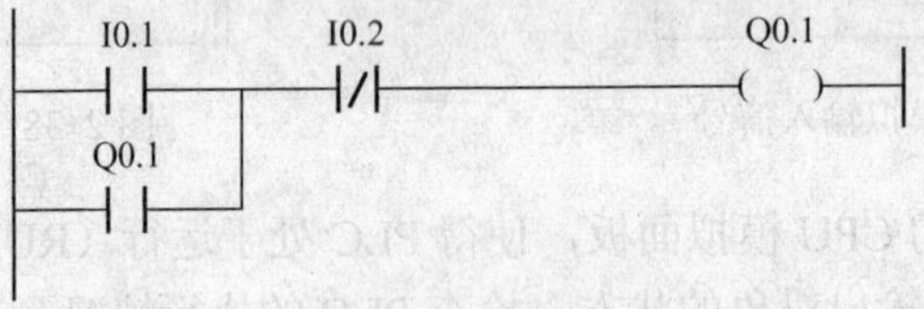

```
    I0.1      I0.2              Q0.1
┤ ├──────┤/├──────────────( )──┤
│            
│   Q0.1
├──┤ ├──┤
```

图 2-40　异步电动机的起/停控制的程序

4．STEP 7 软件组态操作

（1）创建 STEP 7 项目

打开项目管理器，执行菜单命令"文件"→"新建"，弹出新项目窗口，在用户选项卡的名称区域输入项目名称"电动机起/停控制"，选择项目类型和保存路径，单击"确定"，即完成项目的创建。

（2）插入 S7-300 工作站

使用菜单命令"插入"→"站点"→"SIMATIC 300"，插入一个 SIMATIC 300 工作站，如图 2-41 所示。

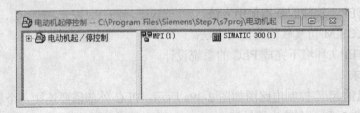

图 2-41　插入 S7-300 工作站

（3）硬件组态

单击工作站图标 ▣ SIMATIC 300(1)；然后在右侧视窗内用鼠标双击硬件配置图标 ▥ 硬件，则自动打开硬件配置窗口。

1）插入一个机架：单击 SIMATIC 300 左侧的"+"符号，展开目录，用鼠标双击

RACK-300 子目录下的 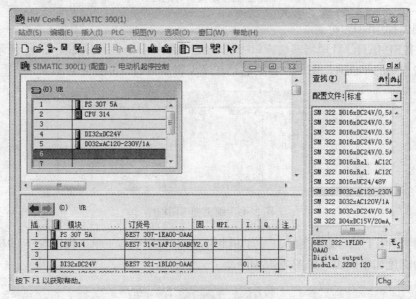... Rail 图标，插入一个 S7-300 机架。

2）插入电源模块：在图中选择 1 号槽位，然后在硬件目录中展开 PS-300 子目录，用鼠标双击 ▌ PS 307 5A 图标插入电源模块。

3）插入 CPU 模块：选中 2 号槽位，然后在硬件目录内展开 CPU-300 子目录下的 CPU 314 子目录，用鼠标双击 ▌ 6ES7 314-1AF10-0AB0 图标插入 CPU 模块。

4）插入数字量输入模块：选中 4 号槽位，然后在硬件目录内展开 SM-300 子目录下的 DI-300 子目录，用鼠标双击 SM321 DI32×DC 24V 图标，插入数字量输入模块。

5）插入数字量输出模块：选中 5 号槽位，然后在硬件目录内展开 SM-300 子目录下的 DO-300 子目录，用鼠标双击 SM322 DO32×AC120-230V/1A 图标，插入数字量输出模块。

硬件组态后的界面如图 2-42 所示。

图 2-42　硬件组态后的界面

6）编译硬件组态：硬件配置完成后，在硬件配置环境下使用菜单命令"站点"→"一致性检查"，可以检查硬件配置是否存在组态错误。若没有出现组态错误，可以单击 🖳 工具保存并编译硬件配置结果。如果编译能通过，系统会自动在当前工作站　SIMATIC300 （1）上插入一个名称为 S7 程序（1）文件夹，如图 2-43 所示。

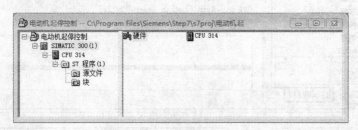

图 2-43　S7 程序（1）文件夹

（4）定义符号地址

选中 SIMATIC 管理器左边窗口的"S7"程序，用鼠标双击右边窗口出现的"符号"图标，打开符号编辑器。在符号编辑器中输入符号、地址和注释等。定义符号地址如图 2-44 所示。

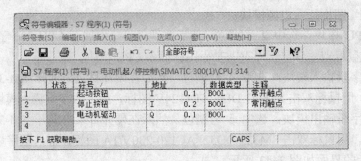

图 2-44　定义符号地址

（5）编辑梯形图程序

1）选中 SIMATIC 管理器左边窗口中的"块"，编辑梯形图程序如图 2-45 所示，用鼠标双击右边窗口中的"OB1"图标，自动起动程序编辑器窗口，并打开 OB1。

图 2-45　编辑梯形图程序

2）在程序段 1 的标题区输入"电动机起/停控制程序段"，单击程序段 1 的梯形图水平线，它变为深色加粗的线，如图 2-46 所示。

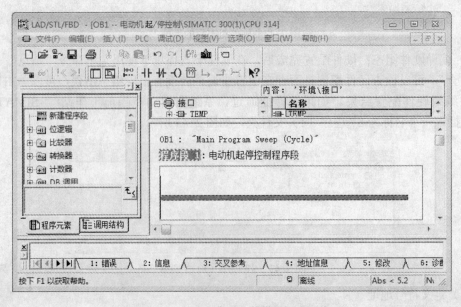

图 2-46　单击程序段 1 的梯形图水平线

单击一次工具栏上的常开触点 ⊣⊢ 按钮，单击一次常闭触点 ⊣/⊢ 按钮，再单击一次线圈按钮 ⊣O⊢，生成触点和线圈。为了生成并联触点，单击左边的垂直短线来选中它，然后单击工具栏的 ⊣⊢ 按钮，生成一个常开触点，单击工具栏的 ⊣ 按钮，该触点并联到上面一行的第一个触点上。生成的梯形图如图 2-47 所示。

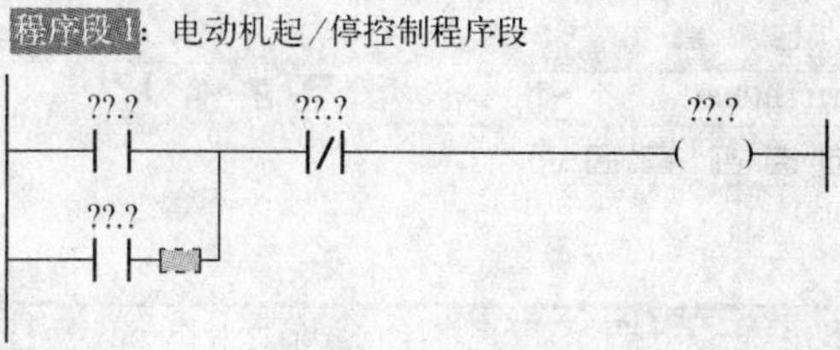

程序段 1: 电动机起／停控制程序段

图 2-47 生成的梯形图

用鼠标右键单击触点上的" ??.? "，然后依次输入元件地址，梯形图程序如图 2-48 所示，单击"保存"按钮 💾 ，保存 OB1。

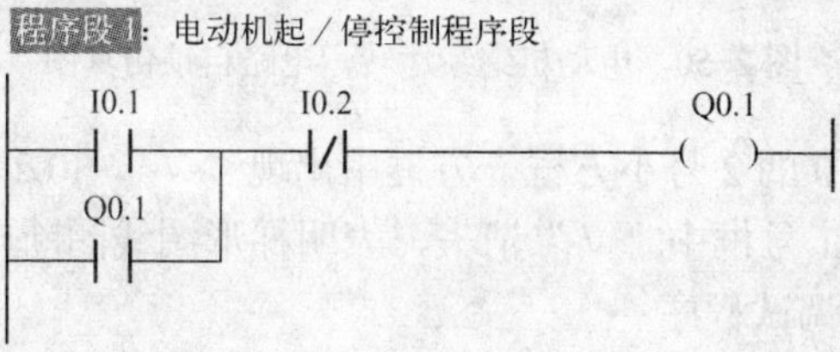

程序段 1: 电动机起／停控制程序段

图 2-48 梯形图程序

5. 用 PLCSIM 调试程序

（1）打开仿真软件 PLCSIM

单击仿真工具按钮 🔳 ，起动 S7-PLCSIM 仿真程序，将 CPU 工作模式切换到"STOP"模式。在项目窗口内选中要下载的工作站 🔳 SIMATIC 300(1) ，单击下载按钮 🔳 ，将整个 S7-300 站下载到仿真器中。

（2）用 PLCSIM 视图对象调试程序

1）将 CPU 模式切换到"RUN"模式，单击视图对象 IB 0 的 1 号小方框，方框中出现" √ "，I0.1 变为 1 状态，模拟按下起动按钮。视图 QB 中的 1 号框中出现" √ "，梯形图线圈通电，电动机起动。电动机起动仿真图如图 2-49 所示。

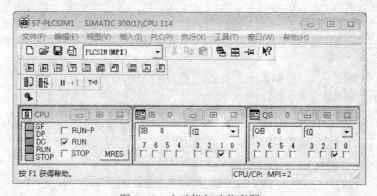

图 2-49 电动机起动仿真图

2）再次单击视图对象 IB 0 的 1 号小方框，方框中的"√"消失，表明 I0.1 变为 0 状态。视图 QB 中的 1 号框中"√"不消失，梯形图线圈通电，电动机继续运转，电路自锁仿真图如图 2-50 所示。

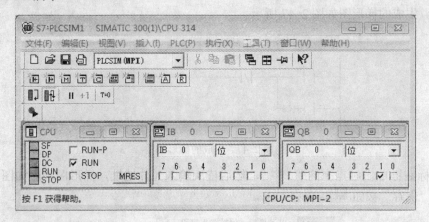

图 2-50 电动机继续运转，电路自锁仿真图

3）单击视图对象 IB 0 的 2 号小方框，方框中出现"√"，I0.2 常闭触点断开，模拟按下停止按钮。视图 QB 中的 1 号框中"√"消失，表明梯形图线圈断电，电动机停止运转。

（3）用程序状态功能调试程序

打开 OB1 程序，单击工具栏上的监视按钮 60°，起动程序状态监控功能。图 2-51 所示为选取 I0.2 断开，模拟按下停止按钮时，监视窗口的状态。

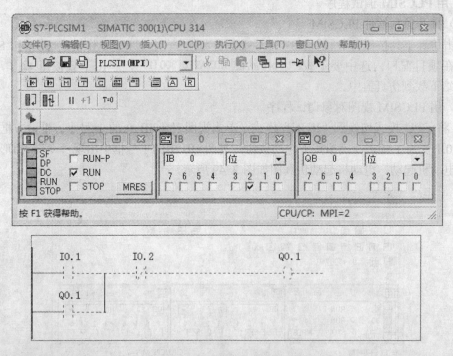

图 2-51 起动程序状态监控功能

从梯形图左侧垂直的"电源"线开始的水平线均为绿色，表示有能流从电源线流出。有

54

能流流过的处于闭合状态的触点、方框指令、线圈和"导线"均为绿色表示。用蓝色虚线表示没有能流流过和触点、线圈断开。

2.4 习题

1. 填空题

1）STEP 7 软件支持_____、_____、_____3 种基本编程语言，并且在 STEP 7 中可以_____。

2）SIMATIC 管理器是用于_____。它可以管理一个自动化项目中的_____，而无论其设计用于何种类型的可编程序控制系统，编辑数据所需的工具由_____。

3）SIMATIC 管理器项目窗口分左右两个视窗，左边为_____，显示项目的_____，右边为项目_____，显示左侧项目_____。

4）项目窗口分为两半部分，左半部分表示_____。右半部分表示_____。

5）硬件组态就是使用 STEP 7 对 SIMATIC 工作站进行_____和_____，所配置的数据可以通过_____传送到 PLC。硬件组态的条件是_____。

6）系统诊断是指对系统中出现的故障进行_____和_____做出相应的响应，并保存_____。

7）S7-PLCSIM 仿真软件具有_____功能，并可以在_____，因此，利用仿真软件可以在开发阶段_____。

2. 简述 STEP 7 的组成及各部分的作用。

3. 硬件组态的任务有哪些？

4. CPU 的主要参数如何设置？

5. PG/PC 接口参数如何设置？

6. PLCSIM 仿真软件有什么功能？如何应用 PLCSIM 仿真软件调试程序？

7. 新建项目向导生成一个"电动机控制"项目，并进行系统组态。

第3章　S7-300 PLC 的基本指令及应用

3.1　S7-300 PLC 的数据类型和指令基础

3.1.1　S7-300 PLC 的数据类型

PLC 的数据类型决定了用户用什么方式或格式理解或者访问 CPU 存储区的数据。S7-300 PLC 有 3 种数据类型：基本数据类型、复杂数据类型和参数类型。不同的数据类型具有不同的格式，编程所用的数据要指定数据类型，确定数据大小和数据的位结构。

1. 基本数据类型

基本数据类型定义不超过 32 位的数据（符合 IEC1133-3 的规定），可以装入 S7 处理器的累加器中，利用 STEP 7 的基本指令处理。基本数据类型有以下几类。

1）位（BIT）：位数据的数据类型为 BOOL（布尔）型，在编程软件中 BOOL 变量的值为 1 和 0。位存储单元的地址由字节地址和位地址组成，例如 I9.6 中的区域标示符"I"，表示输入（InPut），字节地址为 9，位地址为 6。这种存取方式称为"字节. 位"寻址方式。

2）字节（BYTE）：8 位二进制数组成 1 个字节（Byte），例如字节 IB9 由 I9.0～I9.7 这 8 位组成，其中第 0 位为最低位（LSB），第 7 位为最高位（MSB）。

3）字（WORD）：相邻两个字节组成 1 个字，字用来表示无符号数。例如 MW102 是由 MB102 和 MB103 组成的 1 个字，其中 MB102 为高位字节，MB103 为低位字节。MW102 中的 M 为区域标识符，W 表示字，102 为字的起始字节 MB102 的地址。字的取值范围为 W#16#0000～W#16#FFFF。

4）双字（DOUBLE WORD）：相邻两个字组成 1 个双字，双字用来表示无符号数。MD102 是由 MB102、MB103、MB104 和 MB105 组成的 1 个双字，MB102 为高位字节，D 表示双字，102 为双字的起始字节 MB102 的地址。双字的取值范围为 DW#16#0000_0000～DW#16#FFFF_FFFF。

5）16 位整数（INT，INTEGER）：整数是有符号数，整数的最高位为符号位，最高位为 0 时表示正数，为 1 时表示负数，取值范围为-32768～32767。整数用补码来表示，正数的补码就是它的本身，将一个正数对应的二进制数的各位求反后加 1，可以得到绝对值与它相同的负数的补码。

6）32 位整数（DINT，DOUBLE INTEGER）：32 位整数的最高位为符号位，取值范围为-2147483648～2147483647。

7）32 位浮点数：浮点数是指小数点位置可以浮动的数据，又称为实数（REAL）。一个浮点数有三个要素：尾数（Mantissa）、指数（Exponent，又称为阶码）和基数（Base）。都用其第一个字母表示，那么任意一个浮点数 N 可表示成下面的形式：$N=M \times B^{E}$。

浮点数的优点是用很小的存储空间（4B）可以表示非常大和非常小的数，PLC 输入和输出的数值大多是整数（例如模拟量输入值和模拟量输出值），用浮点数来处理这些数据需要进行整数和浮点数之间的相互转换，浮点数的运算速度比整数的运算速度慢得多。

　　8）常数的表示方法：常数值可以是字节、字或双字，CPU 以二进制方式存储常数，常数也可以用十进制、十六进制、ASCII 或浮点数形式来表示。常数的表示方法见表 3-1。

表 3-1　常数的表示方法

符　号	说　明
B#16#，W#16#，DW#16#	十六进制字节，字和双字常数
D#	IEC 日期常数
L#	32 位整数常数
P#	地址指针常数
S5T#	S5 时间常数（16 位）
T#	IEC 时间常数
TOD#	实时时间常数（16 位/32 位）
C#	计数器常数（BCD 编码）
2#	二进制常数
B（b1，b2），B（b1，b2，b3，b4）	常数，2B 或 4B

　　数据类型规定了数据的长度、取值范围及表示形式，基本数据类型见表 3-2。

表 3-2　基本数据类型

类型	位	表示形式	数据与范围	示　例
位（BOOL）	1	布尔量	TRUE/FALSE	TRUE
字节（BYTE）	8	十六进制的数字	B#16#0 到 B#16#FF	L B#16#10
字（WORD）	16	二进制的数字 十六进制的数字 BCD 十进制无符号数字	2#0 到 2#1111_1111_1111_1111 W#16#0 到 W#16#FFFF C#0 到 C#999 B#（0.0）到 B#（255.255	L 2#0001_0000_0000_0000 L W#16#1000 L C#998 L B#（10,20）
双字（DWORD）	32	二进制的数字 十六进制的数字 十进制无符号数字	2#0 到 2#1111_1111_1111_1111_ 1111_1111_1111_1111 DW#16#0000_0000 到 DW#16#FFFF_FFFF B#（0,0,0,0）到 B#（255,255,255,255）	2#1000_0001_0001_1000_ 1011_1011_0111_1111 L DW#16#00A2_1234 L dword#16#00A2_1234 L B#（1, 14, 100, 120） L byte#（1,14,100,120）
16 位整数（INT）	16	十进制有符号数字	-32768～32767	L-23
32 位整数（DINT）	32	十进制有符号数字	L#-2147483648 到 L#2147483647	L L#1
浮点数（REAL）	32	IEEE 浮点数	上限：±3.402823e+38 下限：±1.175 495e-38	L 1.234567e+13
S5 系统时间（S5 TIME）	16	S5 时间，时基为 10ms	S5T#0H_0M_0S_10MS 到 S5T#2H_46M_30S_0MS 和 S5T#0H_0M_0S_0MS	L S5T#0H_1M_0S_0MS L S5TIME#0H_1H_1M_0S_0MS
时间（TIME）	32	IEC 时间，时基为 1ms，有符号整数	T#-24D_20H_31M_23S_648MS 到 T#24D_20H_31M_23S_647MS	L T#0D_1H_1M_0S_0MS L TIME#0D_1H_1M_0S_0MS
日期（DATE）	16	IEC 日期时基为 1 天	D#1990-1-1 到 D#2168-12-31	L D#1996-3-15 L DATE#1996-3-15
实时时间（TIME_OF_DAY）	32	时间时基为 1ms	TOD#0:0:0.0 到 TOD#23:59:59.999	L TOD#1:10:3.3 L TIME_OF_DAY#1:10:3.3

2. 复杂数据类型

复杂数据类型用来定义超过 32 位的数据类型，它是由用户通过组合或复合基本数据类型生成的，有时还称为构造数据类型，用于一个变量中存储多种类型的数据。可以在数据块 DB 和变量声明表中定义复杂数据类型。复杂数据类型有以下几类。

1) 数组（ARRAY）：数组是将一组同一类型的数据组合在一起，形成一个单元，数组的维数最多为 6 维。可以在数据块中定义数组，也可以在逻辑块的变量声明表中定义数组。在 SIMATIC 管理器中用菜单命令"插入"→"S7 块"→"数据块"生成数据块，单击该数据块图标，在出现的程序编辑器窗口中，用声明视图方式可生成一个用户定义的数组。

2) 结构（STRCT）：结构是将一组不同类型的数据组合在一起，形成一个单元。可以用基本数据类型、复杂数据类型（包括数组与结构）和用户定义数据类型（UDT）作为结构中的元素，例如一个结构可以由数组和结构组成，结构可以嵌套 8 层。用户可以把过程控制中有关的数据统一组织在一个结构中，作为一个数据单元来使用，而不是使用大量的单个元素，这为统一处理不同类型的数据或参数提供了方便。与数组一样，结构可以在数据块中定义，也可以在逻辑块的变量声明表中定义。

3) 字符串（STRING）：字符串是最多有 254 个字符的一维数组，每个字节存放一个字符。第一个字节是字符串的最大字符长度，第二个字节是字符串当前有效字符的个数，字符从第三个字节开始存放。字符串的默认长度最大是 254，通过定义字符串长度可以减少它占用的存储空间。

4) 日期和时间（DAE_AND_TIME）：数据类型日期和时间用于存储年、月、日、时、分、秒、毫秒和星期，占用 8 个字节，用 BCD 格式保存。第 0～5 个字节分别存储年、月、日、时、分和秒，毫秒存储在第 6 个字节和第 7 个字节的高 4 位，星期存储在第 7 个字节的低 4 位。星期天的代码为 1，星期一至星期六的代码为 2～7。例如 DT#2014-05-08-21:48:15.06 表示为 2014 年 5 月 8 日 21 时 48 分 15.06 秒。

5) 用户定义的数据类型（UDT）：用户定义的数据类型由用户将基本数据类型和复杂数据类型组合在一起，形成的新的数据类型。它是一种特殊的数据结构，用户只需要对它定义一次，定义好以后可以在符号表中为它制定一个符号名，可以在用户程序中作为数据类型使用。可以用它来产生大量的具有相同数据结构的数据块，用这些数据块来输入用于不同目的的实际数据。使用 UDT 可以节省录入数据的时间。

3. 参数类型

参数类型是为在逻辑块之间传递参数的形参定义的数据类型。参数类型有以下几类：

1) 定时器（TIMER）和计数器（COUNTER）：指定执行逻辑块时要使用的定时器和计数器，需把实参传送给块的形参，对应的实参应为定时器或计数器的编号，例如 T3、C21。

2) 块（BLOCK）：指定一个块用作输入和输出，参数声明决定了使用的块的类型，使用参数类型 Block_FC、Block_FB、Block_DB 和 Block_SDB 可以在调用逻辑块时分别将 FC、FB、DB、SDB（系统数据块）作为实参传送给块的形参。块参数类型的实参应为同类型的块的绝对地址编号（例如 FB2）或块的符号名（例如"Motor"）。

参数类型 TIMER、COUNTER、BLOCK 只能用于块的输入变量（IN）的形参。

3) 指针（POINTER）：使用参数类型指针（POINTER）可以用调用逻辑块时的地址作为实参传送给声明的形参。

指针可以直接指向一个数据块中的变量，例如 P#DB2.DBX50.0。指针指向一个变量的地址，即用地址作为实参，例如 P#M50.0 是指向 M50.0 的双字地址指针。POINTER 只能用于形参中的 IN、OUT（不能用于 FB）和 IN_OUT 变量。

4）ANY：ANY 指针用于将任意的数据类型传递给声明的形参。它主要用于为系统功能（SFC）和系统功能块（SFB）分配参数，也可用 ANY 作为逻辑块的接口参数来传递数据。

3.1.2 S7–300 PLC 的存储区

S7-300 PLC 的存储区示意框图如图 3-1 所示，除了 3 个基本存储区（系统存储区、装载存储区和工作存储区）外，在 CPU 中还有外设 I/O 存储区、累加器、地址寄存器、数字地址寄存器和状态字寄存器等。CPU 所能访问的存储区为系统存储区的全部、工作存储区中的数据块（DB）、临时本地数据存储区（L 堆栈，或称临时局域存储区）和外设 I/O 存储区（P）等。

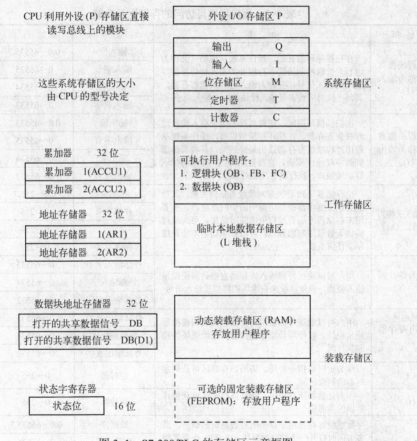

图 3-1 S7-300/PLC 的存储区示意框图

1. 存储区的分类

由图看出，S7-300 CPU 有 3 个基本存储区。

1）系统存储区：RAM 类型，用于存放操作数据（I/O、位存储、定时器及计数器）。

2）装载存储区：物理上是 CPU 模块的部分 RAM，加上内置的 E²PROM 或选用的可拆卸 E^{2}PROM 卡，用于存放用户程序。

3）工作存储区：物理上占用 CPU 模块中的部分 RAM，其存储内容是 CPU 运行时所执行的用户程序单元（逻辑块和数据块）的复制件。

CPU 工作存储区也为程序块的调用安排了一定数量的临时本地数据存储区（或称为 L 堆栈）。L 堆栈中的数据在程序块工作时有效，并一直保持，当新的块被调用时，L 堆栈重新分配。

图 3-1 也表明，S7 CPU 有两个累加器、两个地址寄存器、两个数据块地址寄存器和一个状态字寄存器。

2. 存储区的功能

CPU 程序所能访问的存储区为系统存储区的全部、工作存储区的数据块（DB）、临时本地数据存储区和外设 I/O 存储区（P）等，其功能、访问方式和标识符等，用户程序可访问的存储区及功能见表 3-3。

表 3-3 用户程序可访问的存储区及功能

存储区域	功能	运算单位	寻址范围	标识符
输入过程映像寄存器（又称为输入继电器）（I）	在扫描循环的开始，操作系统从现场（又称为过程）读取控制按钮、行程开关及各种传感器等送来的输入信号，并存入输入过程映像寄存器。其每一位对应数字量输入模块的一个输入端子	输入位	0.0～65535.7	I
		输入字节	0～65535	IB
		输入字	0～65534	IW
		输入双字	0～65532	ID
输出过程映像寄存器（又称为输出继电器）（Q）	在扫描循环期间，逻辑运算的结果存入输出过程映像寄存器。在循环扫描结束前，操作系统从输出过程映像寄存器读出最终结果，并将其传送到数字量输出模块，直接控制 PLC 外部的指示灯、接触器、执行器等控制对象	输出位	0.0～65535.7	Q
		输出字节	0～65535	QB
		输出字	0～65534	QW
		输出双字	0～65532	QD
位存储器（又称为辅助继电器）（M）	位存储器与 PLC 外部对象没有任何关系，其功能类似于继电器控制电路中的中间继电器，主要用来存储程序运算过程中的临时结果，可为编程提供无数量限制的触点，可以被驱动但不能直接驱动任何负载	存储位	0.0～255.7	M
		存储字节	0～255	MB
		存储字	0～254	MW
		存储双字	0～252	MD
外部输入寄存器（PI）	用户可以通过外部输入寄存器直接访问模拟量输入模块，以便接收来自现场的模拟量输入信号	外部输入字节	0～65535	PIB
		外部输入字	0～65534	PIW
		外部输入双字	0～65532	PID
外部输出寄存器（PQ）	用户可以通过外部输出寄存器直接访问模拟量输出模块，以便将模拟量输出信号送给现场的控制执行器	外部输出字节	0～65535	PQB
		外部输出字	0～65534	PQW
		外部输出双字	0～65532	PQD
定时器（T）	作为定时器指令使用，访问该存储区可获得定时器的剩余时间	定时器	0～255	T
计数器（C）	作为计数器指令使用，访问该存储区可获得计数器的当前值	计数器	0～255	C
数据块寄存器（DB）	数据块寄存器用于存储所有数据块的数据，最多可同时打开一个共享数据块 DB 和一个背景数据块 DI。用"OPEN DB"指令可打开一个共享数据块 DB；用"OPEN DI"指令可打开一个背景数据块 DI	数据位	0.0～65535.7	DBX 或 DIX
		数据字节	0～65535	DBB 或 DIB
		数据字	0～65534	DBW 或 DIW
		数据双字	0～65532	DBD 或 DID
本地数据寄存器（又称为本地数据）（L）	本地数据寄存器用来存储逻辑块（OB、FB 或 FC）中所使用的临时数据，一般用作中间暂存器。因为这些数据实际存放在本地数据堆栈（又称 L 堆栈）中，所以当逻辑块执行结束时数据自然丢失	本地数据位	0.0～65535.7	L
		本地数据字节	0～65535	LB
		本地数据字	0～65534	LW
		本地数据双字	0～65532	LD

外设输入（PI）和外设输出（PQ）存储区除了和 CPU 的型号有关外，还和具体的 PLC 应用系统的模块配置相联系，其最大范围为 64KB。

CPU 可以通过输入（I）和输出（Q）过程映像存储区（映像表）访问 I/O 口。输入映像表 128Byte 是外设输入存储区（PI）首 128Byte 的映像，是在 CPU 循环扫描中读取输入状态时装入的；输出映像表 128Byte 是外设输出存储区（PQ）的首 128Byte 的映像，CPU 在写输出时，可以将数据直接输出到外设输出存储区（PQ），也可以将数据传送到输出映像表，在 CPU 循环扫描更新输出状态时，将输出映像表的值传送到物理输出。

3．CPU 中的寄存器

S7-300 CPU 的寄存器有 32 位累加器、16 位状态字寄存器、32 位地址寄存器、32 位数据块寄存器和诊断缓冲区等。

（1）32 位累加器

32 位的累加器是用来处理字节、字或双字的寄存器。S7-300 PLC 有两个累加器（ACCU1 和 ACCU2），可以把操作数送入累加器并进行运算和处理，保存在 ACCU1 中的运算结果可以传送到系统存储器。数据放在累加器的低位（右对齐）。

（2）16 位状态字寄存器

状态字是一个 16 位的寄存器，用于表示 CPU 执行指令过程中所产生的状态。某些指令可否执行或以何种方式执行可能取决于状态字中的某些位，指令执行时也可能改变状态字中的某些位，可以用位逻辑指令或字逻辑指令访问并检测状态字。状态字的结构如图 3-2 所示。

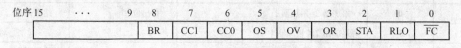

位序 15	...	9	8	7	6	5	4	3	2	1	0
			BR	CC1	CC0	OS	OV	OR	STA	RLO	$\overline{FC}$

图 3-2　状态字的结构

1）首次检测位 $\overline{FC}$：状态字的第 0 位称为首次检测位，CPU 对逻辑串第 1 条指令的检测称为首次检测，如果首次检测位为 0，表明一个梯形逻辑网络的开始，或为逻辑串的第 1 条指令。检测的结果（0 或 1）直接保存在状态字的第 1 位 RLO 中，经过首次检测存放在 RLO 中的 0 或 1 称为首次检测结果。该位在逻辑串的开始时总是 0，在逻辑串执行过程中为 1，输出指令或与逻辑运算有关的转移指令（表示一个逻辑串结束的指令）将该位清 0。

2）逻辑操作结果（RLO）：状态字的第 1 位称为逻辑操作结果，该位存储逻辑操作指令或比较指令的结果。在逻辑串中，RLO 位的状态表示有关信号流的信息，RLO 的状态为"1"，表明有信号流（通），RLO 的状态为"0"，表明无信号流（断）。可用 RLO 触发跳转指令。

3）状态位（STA）：状态字的第 2 位称为状态位，该位不能用于指令检测，它只是在程序测试中被 CPU 解释并使用。当用位逻辑指令读/写存储器时，STA 总是要与该位的值取一致，否则，STA 始终被置"1"。

4）或位（OR）：状态字的第 3 位称为或位（OR），在先逻辑"与"后逻辑"或"的逻辑运算中，OR 位暂存逻辑"与"的操作结果，以便后面进行逻辑"或"运算。其他指令将 OR 位清 0。

5）溢出位（OV）：状态字的第 4 位称为溢出位，当算术运算或浮点数比较指令执行出现错误（溢出、非法操作、不规范格式）时，溢出位被置"1"。如果后面的同类指令执行结果正常，该位被清0。

6）溢出状态保持位（OS）：状态字的第 5 位称为溢出状态保持位（或称为存储溢出位），OV 位被置"1"时 OS 位也被置"1"，OV 位被清0时 OS 位仍保持，故其保存了 OV 状态。可用于指明在先前的一些指令执行过程中是否产生过错误。使 OS 位复位的指令是：JOS（OS=1 时跳转）、块调用指令和块结束指令。

7）条件码1（CC1）和条件码0（CC0）：状态字的第 7 位和第 6 位称为条件码1和条件码 0，这两位结合起来用于表示在累加器 1 中产生的算术运算或逻辑运算的结果与 0 的大小关系，算术运算后的 CC1 和 CC0 见表 3-4。

表 3-4　算术运算后的 CC1 和 CC0

CC1	CC0	算术运算无溢出	整数算术运算有溢出	浮点数运算有溢出
0	0	结果等于0	整数加时产生负范围溢出	平缓下溢
0	1	结果小于0	乘除时负范围溢出，加减取负时溢出	负范围溢出
1	0	结果大于0	乘除时正范围溢出，加减时负范围溢出	正范围溢出
1	1		除数为0	非法操作

移位、比较和字逻辑指令执行后的移出位状态见表 3-5。

表 3-5　移位、比较和字逻辑指令执行后的移出位状态

CC1	CC0	比较指令	移位和循环移位指令	字逻辑指令
0	0	累加器 2=累加器 1	移出位=0	结果为 0
0	1	累加器 2＜累加器 1		
1	0	累加器 2＞累加器 1		结果不为 0
1	1	不规范（只用于浮点数比较）	移出位=1	

8）二进制结果位（BR）：状态字的第 8 位称为二进制结果位，它将字处理程序与位处理联系起来，在一段既有位操作又有字操作的程序中，用于表示字操作结果是否正确。将 BR 位加入程序后，无论字操作结果如何，都不会造成二进制逻辑链中断。在 LAD 的方块指令中，BR 位与 ENO 有对应关系，用于表明方块指令是否被正确执行：如果执行出现了错误，BR 位为"0"，ENO 也为"0"；如果功能被正确执行，BR 位为"1"，ENO 也为"1"。

在用户编写的 FB 或 FC 程序中，必须对 BR 位进行管理，当功能块正确运行后，使 BR 位为"1"，否则使其为"0"；使用 STL 的 SAVE 指令或 LAD 的…（SAVE），可将 RLO 存入 BR 位中，从而达到管理 BR 位的目的。当 FB 或 FC 执行无错误时，使 RLO 位为"1"并存入 BR 位中，否则在 BR 位存入"0"。状态字寄存器的 9～15 位未使用。

（3）32 位地址寄存器

S7-300 PLC 有两个 32 位地址寄存器 AR1 和 AR2，通过地址寄存器可以对各存储区的存储器内容实现寄存器间接寻址，包括直接寻址指令的内部地址区或交叉地址区。可用于使用 STL 语言时的寄存器间接寻址，用方括号内一起被指定的地址寄存器内容加上偏移量形成地址指针，指向操作数所在的存储单元。地址寄存器存储的地址指针有两种格式：区域内寄存器间接寻址和区域间寄存器间接寻址，其长度均为双字。

当 FB、FC 访问 VAR_IN_OUT 区中复杂数据类型的形参元素（字符串、数组、结构或 UTD）时，STEP 7 内部使用地址寄存器 AR1 和 DB 寄存器，将修改两个寄存器中的内容。当调用 FB 时（单个或多重背景），将写入地址寄存器 AR2，如果在 FB 中修改了地址寄存器 AR2，那么将不能保证正确执行 FB。

（4）32 位数据块寄存器

S7-300 PLC 数据块寄存器有 DB 和 DI 寄存器两个，分别用来保存打开的（活动的）共享数据块和背景数据块的编号。DB 寄存器中包含打开的共享数据块的号码，DI 寄存器中包含打开的背景数据块的号码，因此可以同时打开两个数据块。其中一个 DB 使用 DB 寄存器，另一个作为背景 DB 使用 DI 寄存器。打开 DB 时，其长度自动装载到相应的 DB 长度寄存器中。

通过调用不带参数的 FC/SFC 指令，可以调用没有参数的功能（FC）或系统功能（SFC），执行该指令后，就可以保存数据块寄存器了（数据块和背景数据块）。

使用 SFC23 "DEL_DB"（删除数据块）指令，可删除存在于 CPU 的工作存储器以及装载存储器（如果存在）中的数据块。此数据块必须没有在当前或任何更低的优先级中打开，换言之，此数据一定不能是位于两个数据块寄存器中的任意一个或 B 堆栈中。

使用 CDB 指令可以交换共享数据块和背景数据块，可以交换数据块寄存器，一个共享数据块可以转换为一个背景数据块，反之亦然。

3.1.3　指令的构成与寻址方式

指令是组成程序的最小独立单位，用户程序是由若干条顺序排列的指令构成。指令一般由操作码和操作数组成，其中的操作码代表指令所要完成的具体操作（功能），操作数则是该指令操作或运算的对象。

1. 指令操作数

指令操作数（又称为编程元件）一般在用户存储区中，操作数由操作标识符和参数组成。操作标识符由主标识符和辅助标识符组成，主标识符用来指定操作数所使用的存储区类型，辅助标识符则用来指定操作数的单位（如：位、字节、字、双字等）。

主标识符有：I（输入过程映像寄存器）、Q（输出过程映像寄存器）、M（位存储器）、PI（外部输入寄存器）、PQ（外部输出寄存器）、T（定时器）、C（计数器）、DB（数据块寄存器）和 L（本地数据寄存器）。

辅助标识符有：X（位）、B（字节）、W（字）和 D（双字）。

2. 寻址方式

所谓寻址方式就是指令执行时获取操作数的方式，可以用直接或间接方式给出操作数。S7-300 PLC 有 4 种寻址方式：立即寻址、存储器直接寻址、存储器间接寻址和寄存器间接寻址。

（1）立即寻址

立即寻址是对常数或常量的寻址方式，其特点是操作数直接表示在指令中，或以唯一形式隐含在指令中。下面各条指令操作数均采用了立即寻址方式。

```
SET                    //把 RLO 置 1
OW W#16#A320           //将常量 W#16#A320 与累加器 1 "或" 运算
```

L	27	//把整数 27 装入累加器
L	C#0100	//把 BCD 码常数 0100 装入累加器 1

（2）存储器直接寻址

存储器直接寻址简称为直接寻址。该寻址方式在指令中直接给出操作数的存储单元地址。存储单元地址可用符号地址（如 SBl、KM1 等）或绝对地址（如 I0.0、Q4.1 等）。下面各条指令操作数均采用了直接寻址方式。

A	I 0.0	//对输入位 I 0.0 进行逻辑"与"操作
S	L 20.0	//把本地数据位 L 20.0 置 1
=	M 115.4	//使存储区位 M 115.4 的内容等于 RLO 的内容
L	IB 10	//把输入字节 IB 10 的内容装入累加器 1
T	DBD 12	//把累加器 1 中的内容传送给数据双字 DBD 12 中

（3）存储器间接寻址

存储器间接寻址简称为间接寻址。该寻址方式在指令中以存储器的形式给出操作数所在存储器单元的地址，也就是说该存储器的内容是操作数所在存储器单元的地址。该存储器一般称为地址指针，在指令中需写在方括号"[　]"内。地址指针可以是字或双字，对于地址范围小于 65535 的存储器可以用字指针；对于其他存储器则要使用双字指针。存储器间接寻址的双字指针的格式如图 3-3 所示。

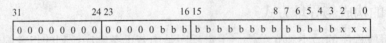

图 3-3　存储器间接寻址的双字指针的格式

下面指令采用了存储器间接寻址的单字格式的指针寻址。

L	2	//将数字 2#0000_0000_0000_0010 装入累加器 1
T	MW 50	//将累加器 1 低字中的内容传给 MW50 作为指针值
OPN DB35		//打开共享数据块 DB 35
L	DBW[MW 50]	//将共享数据块 DBW 2 的内容装入累加器 1

（4）寄存器间接寻址

S7-300 PLC 中有两个地址寄存器 AR1 和 AR2，寄存器间接寻址的特点是通过地址寄存器寻址。地址寄存器的内容加上偏移量形成地址指针，指向操作数所在的存储单元。

寄存器间接寻址有两种形式：区域内寄存器间接寻址和区域间寄存器间接寻址。寄存器间接寻址的双字指针格式如图 3-4 所示，位 0～2（xxx）为被寻址地址中位的编号（0～7），位 3～18（bbbb　bbbb　bbbb　bbbb）为被寻址地址中字节的编号（0～65535），位 24～26（rrr）为被寻址地址的区域标识号，位 31 的 x＝0 为区域内的间接寻址，位 3l 的 x=1 为区域间的间接寻址。

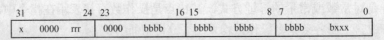

图 3-4　寄存器间接寻址的双字指针格式

下面程序指令采用了区域内间接寻址。

```
L    P#5.0              //将间接寻址的指针装入累加器 1
LAR1                    //将累加器 1 中的内容送到地址寄存器 1
A    M[AR1,P#2.3]       //AR1 中的 P#5.0 加偏移量 P#2.3，实际上是对 M7.3 进行操作
=    Q[AR1,P#0.2]       //逻辑运算结果送 Q5.2
L    DBW[AR1,P#18.0]    //将 DBW 23 装入累加器 1
```

下面程序采用了区域间间接寻址。

```
L    P#M6.0             //将存储器位 M6.0 的双字指针装入累加器 1
LAR1                    //将累加器 1 中的内容送到地址寄存器 1
T    W[AR1,P#50.0]      //将累加器 1 的内容传送到存储器字 MW56
```

3.2 位逻辑指令

位逻辑指令处理的对象为二进制位信号，二进制位信号只有"1"和"0"两种取值。可以使用位逻辑指令扫描布尔操作数的状态，通过"与（AND）""或（OR）""异或（XOR）"及其组合操作实现逻辑操作。所产生的结果（"1"或"0"）称为逻辑运算结果，存储在状态字的"BLO"中。逻辑操作结果（RLO）用于赋值、置位/复位布尔操作数，也用于控制定时器和计数器的运行。

3.2.1 触点与线圈指令

在触点和线圈领域，1 和 0 可代表输入接点（触点）信号的有或无，输出线圈的得电或失电。"1"表示编程元件动作或线圈得电，"0"表示编程元件未动作或线圈失电。

1. 指令类型及功能

在 LAD（梯形图）程序中，通常使用类似继电器控制电路中的触点符号及线圈符号来表示 PLC 的位元件，被扫描的操作数（用绝对地址或符号地址表示）则标注在触点符号的上方，触点符号如图 3-5 所示。

图 3-5 触点符号

a) 常开触点 b) 常闭触点 c) 输出线圈 d) 中间输出

（1）常开触点

常开触点（动合触点）对"1"扫描相应操作数。在 PLC 中规定：若操作数是"1"则常开触点"动作"，即认为是"闭合"的；若操作数是"0"，则常开触点"复位"，即认为是"打开"的。

常开触点所使用的操作数是：I、Q、M、L、D、T、C。

（2）常闭触点

常闭触点（动断触点）则对"0"扫描相应操作数。在 PLC 中规定：若操作数是

"1"则常闭触点"动作",即触点"断开";若操作数是"0",则常闭触点"复位",即触点"闭合"。

常闭触点所使用的操作数是：I、Q、M、L、D、T、C。

（3）输出线圈

输出线圈与继电器控制电路中的线圈一样，如果有电流（信号流）流过线圈（RLO=1），则被驱动的操作数置"1"；如果没有电流流过线圈（RLO=0），则被驱动的操作数复位（置"0"）。输出线圈只能出现在梯形图逻辑串的最右边。

输出线圈等同于 STL 程序中的赋值指令（用等于号"＝"表示）。

输出线圈所使用的操作数是：Q、M、L、D。

（4）中间输出

中间输出是一种中间赋值元件，用该元件指定的地址来保存它左边电路的逻辑运算结果（RLO 位或能流的状态）。中间标有"#"号的中线输出线圈与其他触点串联，就像一个插入的触点一样。

在梯形图设计时，如果一个逻辑串很长不便于编辑时，可以将逻辑串分成几个段，前一段的逻辑运算结果（RLO）可作为中间输出存储在位存储器（I、Q、M、L 或 D）中，该存储位可以当作一个触点出现在其他逻辑串中。中间输出只能放在梯形图逻辑串的中间，而不能出现在最左端或最右端，图 3-6a 所示梯形图为中间输出指令应用的梯形图，图 3-6b 所示为其等效梯形图。

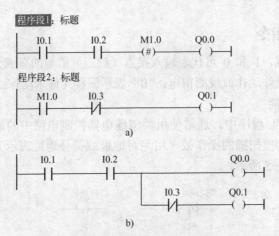

图 3-6　中间输出指令的应用

a）带中间输出的梯形图　b）不带中间输出的等效梯形图

3.2.2　位逻辑运算指令

位逻辑运算指令是对"0"或"1"的布尔操作数进行扫描，经过相应的位逻辑运算将逻辑运算结果"0"或"1"送到状态字的 RLO 位。

1. "与"和"与非"（A，AN）指令

（1）指令说明

逻辑"与"表示串联的常开触点，AN 表示串联的常闭触点。使用"与"或"与非"指令可以检查被寻址位的信号状态是否为"1"或"0"，并将结果与逻辑运算结果（RLO）进行"与"运算。

（2）编程示例

在梯形图里如果串联回路里的所有触点皆闭合，该回路就通"电"了，"与"逻辑指令编程示例如图 3-7 所示。

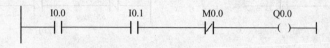

图 3-7 "与"逻辑指令编程示例

触点串联指令也用于串联逻辑行的开始，这与 S7-200 的情况略有不同。如图 3-7 所示，CPU 对逻辑行开始的语句如 I0.0 的扫描称为首次扫描，首次扫描的结果（I0.0 的状态）被直接保存在 RLO 中；扫描下一指令如扫描触点 I0.1 的状态，并将这次扫描的结果和 RLO 中保存的上一次结果相"与"，产生的结果再存入 RLO 中，如此依次进行。扫描 M0.0 并取非，再"与"上一次的 RLO。在逻辑串结束处的 RLO 可作进一步处理，如赋值给 Q0.0（=Q0.0）。

2. "或"和"或非"（O、ON）指令

O："或"指令适用于单个常开触点并联，完成逻辑"或"运算。

ON："或非"指令适用于单个常闭触点并联，完成逻辑"或非"运算。

使用"或"指令可以检查被寻址位的信号状态是否为"1"，使用"或非"指令可以检查被寻址位的信号状态是否为"0"，并将测试结果与 RLO 进行"或"运算。

"或"和"或非"指令编程示例如图 3-8 所示可知，触点并联指令也用于一个并联逻辑行的开始，与 S7-200 的情况也略有不同。CPU 对逻辑行首次扫描的结果（I1.1 的状态）被直接保存在 RLO 中，并和下一条语句的扫描结果（如 M2.0 状态取非）相"或"，产生新的结果再存入 RLO 中，如此依次进行。扫描 Q4.0 再"或"上一次的 RLO。在逻辑串结束处的 RLO 可作进一步处理，如赋值给 Q4.1（=Q4.1）。

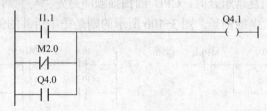

图 3-8 "或"和"或非"指令编程示例

3. "异或"与"异或非"（X、XN）指令

使用"异或"指令可以检查被寻址位的信号状态是否为"1"，并将检查结果与逻辑运算结果（RLO）进行"异或"运算。

使用"异或非"（"同或"）指令可以检查被寻址位的信号状态是否为"0"，并将测试结果（RLO）与逻辑运算结果（RLO）进行"异或"运算。

对于"异或"关系，必须按如图 3-9a 所示创建由常开触点和常闭触点组成的程序段，参数"address1"和"address2"都是 BOOL 数据类型，是扫描内存区域 I、Q、M、L、D、T、C 的位。

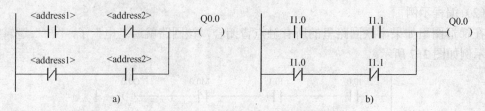

图 3-9 "异或"与"同或"指令

a) 异或指令程序示例　　b) 同或指令程序示例

位地址 1 与位地址 2 进行"异或"时，仅当两个输入触点（例如 I1.0 和 I1.1）的扫描结果不同，即只有一个为"1"时，RLO 才为"1"，并赋值给输出，使 Q0.0 为"1"；若两个信号的扫描结果相同（均为"1"或"0"）则 Q0.0 为"0"。

图 3-19 b 所示的情况是 I1.0 和 I1.1 的状态相同时，RLO 为"1"，反之为"0"。这时实质上是 I1.0（地址 1）和 I1.1（地址 2）的非进行"异或"，也可以称作"同或"。

4. 嵌套指令和先"与"后"或"

"与"运算嵌套开始"A（"、"与非"运算嵌套开始"AN（"、"或"操作嵌套开始"O（"、"或非"运算嵌套开始"ON（"、"异或"运算嵌套开始"X（"和"同或"运算嵌套开始"XN（"可以将 RLO 和 OR 位以及一个函数代码保存到嵌套堆栈中，最多可有 7 个嵌套堆栈输入项。

使用嵌套结束"）"指令，打开括号组"A（"、"AN（"、"O（"、"ON（"、"X（"和"XN（"的语句，可以从嵌套堆栈中删除一个输入项，恢复 OR 位，根据函数代码，将包含在堆栈条目中的 RLO 与当前 RLO 互连，并将结果分配给 RLO。如果函数代码为"AND（与）"或"AND NOT（与非）"，则也包括 OR 位。

"先与后或（O）"指令根据先"与"后"或"规则对"与"运算结果执行"或"运算。

当逻辑串是串并联的复杂组合时，CPU 的扫描顺序是先"与"后"或"，图 3-10a 所示的梯形逻辑是触点先并后串的例子，图 3-10b 所示的则是先串后并的例子。

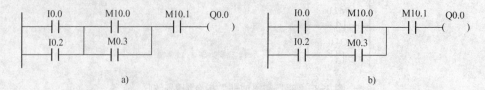

图 3-10　串并联逻辑程序

a) 先并后串逻辑程序　b) 先串后并逻辑程序

3.2.3 置位/复位指令

1. 置位/复位指令

置位和复位指令根据 RLO 的值来确定指定地址位的状态是否需要改变。当 RLO 为

"1"时，置位指令将指定的地址位置"1"（变为"1"状态并保持），复位指令将指定的地址位置"0"（变为"0"状态并保持）；当 RLO 为"0"时，指定地址位的指令保持不变，置位/复位指令说明见表 3-6。

表 3-6　置位/复位指令说明

指令	功能	操作数	数据类型	存储区
---(S.)	置位	<位地址>	BOOL	I、Q、M、L、D
---(R)	复位	<位地址>	BOOL	I、Q、M、L、D、T、C

2．指令说明

1）置位指令：只有在前面指令的 RLO 为"1"（能流通过线圈）时，才会执行---（S）（置位线圈）。如果 RLO 为"1"，将把单元的指定地址置位为"1"。RLO=0 将不起作用，单元的指定地址的当前状态将保持不变。

2）复位指令：只有在前面指令的 RLO 为"1"（能流通过线圈）时，才会执行---（R）（复位线圈）。如果能流通过线圈（RLO 为"1"），将把单元的指定地址复位为"0"。RLO 为"0"（没有能流通过线圈）将不起作用，单元指定地址的状态将保持不变。地址也可以是值复位为"0"的定时器（T 编号）或值复位为"0"的计数器（C 编号）。

3）一般这两条指令配合使用，先使用置位指令对某一地址位进行置位，再利用复位指令对该地址进行复位操作。

3．应用示例

【例 3-1】 置位指令应用示例。

置位指令应用程序示例如图 3-11 所示，在满足下列条件之一时，输出端 Q4.0 的信号状态将是"1"：输入端 I0.0 和 I0.1 的信号状态为"1"时或输入端 I0.2 的信号状态为"0"时。如果 RLO 为"0"，输出端 Q4.0 的信号状态将保持不变。

【例 3-2】 复位指令应用示例。

复位指令应用程序示例如图 3-12 所示，在满足下列条件之一时，将把输出端 Q4.0 的信号状态复位为"0"：输入端 I0.0 和 I0.1 的信号状态为"1"时或输入端 I0.2 的信号状态为"0"时。如果 RLO 为"0"，输出端 Q4.0 的信号状态将保持不变。

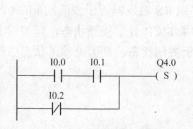

图 3-11　置位指令应用程序示例

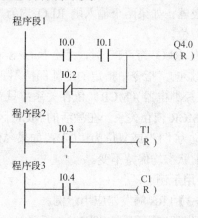

图 3-12　复位指令应用程序示例

满足以下条件时才会复位定时器 T1 的信号状态：输入端 I0.3 的信号状态为 "1" 时。

满足以下条件时才会复位计数器 C1 的信号状态：输入端 I0.4 的信号状态为 "1" 时。

3.2.4 触发器指令

1．触发器指令

如果置位/复位指令用功能框图来表示就构成了触发器。该功能框图有两个输入端，分别是置位输入端 S 和复位输入端 R，有一个输出端 Q（位地址）。触发器可分为两种类型：置位优先型 RS 触发器和复位优先型 SR 触发器。

置位优先型 RS 触发器，当 R 和 S 驱动信号同时为 "1" 时，触发器最终为置位状态。复位优先型 SR 触发器，当 R 和 S 驱动信号同时为 "1" 时，触发器最终为复位状态。触发器指令说明见表 3-7。

表 3-7　触发器指令说明

指令	功能	存储区	操作数
位地址 RS S　Q R	复位优先型 SR 触发器	L、Q、M、D、L	位地址：表示要置位/复位的位 S：置位输入端 D：复位输入端 Q：与位地址对应的存储单元状态
位地址 RS R　Q S	置位优先型 RS 触发器	L、Q、M、D、L	位地址：表示要置位/复位的位 S：置位输入端 D：复位输入端 Q：与位地址对应的存储单元状态

2．指令说明

1）复位优先型 SR 触发器：如果 S 输入端的信号状态为 "1"，R 输入端的信号状态为 "0"，则触发器置位；如果 S 输入端的信号状态为 "0"，R 输入端的信号状态为 "1"，则复位触发器；如果两个输入端 RLO 均为 "1"，复位输入端最终有效，即复位输入优先，触发器被复位。

2）置位优先型 RS 触发器：如果 R 输入端的信号状态为 "1"，S 输入端的信号状态为 "0"，则复位触发器；如果 R 输入端的信号状态为 "0"，S 输入端的信号状态为 "1"，则置位触发器；如果两个输入端 RLO 均为 "1"，置位输入端最终有效，即置位输入优先，触发器被置位。

只有在 RLO 为 "1" 时，才会执行 S（置位）和 R（复位）指令，这些指令不受 RLO 为 "0" 的影响，指令中指定的地址保持不变。

3）主控继电器（MCR）依存关系：只有将 SR 或 RS 触发器置于激活的 MCR 区内时，才会激活 MCR 依存关系。在激活的 MCR 区内，如果 MCR 处于接通状态，则按以上所述将寻址位置位为 "1" 或复位为 "0"；如果 MCR 处于关闭状态，则无论输入状态如何，指定地址的当前状态均保持不变。

3．应用示例

【例 3-3】 RS 触发器应用示例。

RS 触发器应用程序如图 3-13 所示。如果输入端 I0.1 的信号状态为 "1"，I0.2 的信号状态为 "0"，则置位存储器位 M0.0，输出 Q4.0 将是 "0"。否则，如果输入端 I0.1 的信号状态为"0"，I0.2 的信号状态为"1"，则复位存储器位 M0.0，输出 Q4.0 将是"1"。如果两个信号状态均为"0"，则不会发生任何变化。如果两个信号状态均为"1"，将因顺序关系执行置位指令，置位 M0.0，Q4.0 将是"1"。

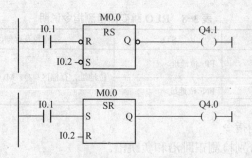

图 3-13 RS 触发器应用程序

【例 3-4】 SR 触发器应用示例。

SR 触发器应用程序如图 3-14 所示。如果输入端 I0.1 的信号状态为"1"，I0.2 的信号状态为"0"，则置位存储器位 M0.0，输出 Q4.0 将是"1"。否则，如果输入端 I0.1 的信号状态为"0"，I0.2 的信号状态为"1"，则复位存储器位 M0.0，输出 Q4.0 将是"0"。如果两个信号状态均为"0"，则不会发生任何变化。如果两个信号状态均为"1"，将因顺序关系执行复位指令，复位 M0.0，Q4.0 将是"0"。

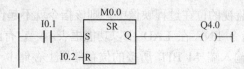

图 3-14 SR 触发器应用程序

3.2.5 边沿检测指令

当信号状态变化时就产生跳变沿：从"0"变到"1"时，产生一个上升沿（也称为正跳沿）；从"1"变到"0"时，产生一个下降沿（也称为负跳变）。跳变沿检测的方法是：在一个扫描周期（OB1 循环扫描一周）内，把当前信号状态和它在前一个扫描周期的状态相比较，若不同，则表明有一个跳变沿。因此，前一个周期里的信号状态必须被存储，以便能和新的信号状态相比较。

1. 指令功能与说明

S7-300 PLC 有两种边沿检测指令：一种是对逻辑串操作结果 RLO 的跳变沿检测的指令；另一种是对单个触点跳变沿检测的指令。

（1）RLO 跳变沿检测指令

RLO 跳变沿检测可分别检测正跳沿和负跳沿。

1）当 RLO 从"0"到"1"时，正跳沿检测指令在当前扫描周期以 RLO＝0 表示其变化，其他扫描周期均为"0"。在执行 RLO 正跳沿检测指令前，RLO 的状态存储在位地址中。

2）当 RLO 从"1"到"0"时，负跳沿检测指令在当前扫描周期以 RLO=1 表示其变化，其他扫描周期均为"0"。在执行 RLO 负跳沿检测指令前，RLO 的状态存储在位地址中。

RLO 跳变沿检测指令说明见表 3-8。

表 3-8　RLO 跳变沿检测指令说明

指令名称	LAD	STL	操作数及存储区	数据类型
RLO 正跳沿检测	位地址 ——(P)——	FP<位地址>	位地址，存储区：Q、M、D	BOOL
RLO 负跳沿检测	位地址 ——(N)——	FN<位地址>		

（2）触点跳变沿检测指令

触点跳变沿检测可分别检测正跳沿和负跳沿。

1）触点正跳沿检测指令 FP：在 LAD 中以功能框表示，它有两个输入端，一个直接连接要检测的触点，另一个输入端 M_BIT 所接的位存储器上存储上一个扫描周期该触点的状态。有一个输出端 Q，当触点状态从"0"到"1"时，输出端 Q 接通一个扫描周期。

使用 RLO 上升沿检测指令（FP<位>）可以在 RLO 从"0"变为"1"时检测到一个上升沿，并以 RLO=1 显示。在每一个程序扫描周期内，RLO 位的信号状态将与上一个周期中获得的 RLO 位信号状态进行比较，看是否有变化，上一个周期的 RLO 信号状态必须保存在沿标志位地址（<位>）中，以便进行比较。如果在当前和先前的 RLO "0"状态之间发生变化（检测到上升沿），则在该指令执行后，RLO 位将为"1"。由于一个块的本地数据只在块运行期间有效，如果想要监视的位在过程映像中，则该指令就不起作用。

2）触点负跳沿检测指令 FN：在 LAD 中以功能框表示，它有两个输入端，一个直接连接要检测的触点，另一个输入端 M_BIT 所接的位存储器上存储上一个扫描周期该触点的状态。有一个输出端 Q，当触点状态从"1"到"0"时，输出端 Q 接通一个扫描周期。

使用 RLO 下降沿检测指令（FN<位>）可以在 RLO 从"1"变为"0"时检测到下降沿，并以 RLO=1 显示。在每一个程序扫描周期内，RLO 位的信号状态将与上一个周期中获得的 RLO 位信号状态进行比较，看是否有变化。上一个周期的 RLO 信号状态必须保存在沿标志位地址（<位>）中，以便进行比较。如果在当前和先前的 RLO "1"状态之间发生变化（检测到下降沿），则在该指令执行后，RLO 位将为"1"。由于一个块的本地数据只在块运行期间有效，如果想要监视的位在过程映像中，则该指令就不起作用。

触点跳变沿检测指令说明见表 3-9。

表 3-9　触点跳变沿检测指令说明

指令名称	LAD	操作数及存储区	数据类型
触点正跳变检测	位地址1　POS 　　　　　　Q 位地址2　M_BIT	位地址 1：被检测的触点地址，存储：I、Q、M、D、L。 位地址 2：存储被检测触点上一个扫描周期的状态，存储区：Q、M、D。 Q：单稳输出，存储区：I、Q、M、D、L。 （Q 只接通一个扫描周期）	BOOL
触点负跳沿检测	位地址1　NEG 　　　　　　Q 位地址2　M_BIT		

72

执行触点正跳沿检测指令时，CPU 将<位地址 1>的当前触点状态与存在<位地址 2>的上次触点状态相比较。若当前为"1"上次为"0"，表明有正跳沿产生，则输出 Q 置"1"；其余情况下，输出 Q 被清"0"。对于触点负跳沿检测指令，若当前为"0"上次为"1"，表明有负跳沿产生，则输出 Q 置"1"，其余情况下，输出 Q 被清"0"。由于不可能在相邻的两个周期中连续检测到正跳沿（或负跳沿），所以输出 Q 只可能在一个扫描周期中保持为"1"（单稳输出）。

2．应用示例

【例 3-5】 边沿检测指令应用示例。

RLO 正跳沿检测如图 3-15 所示，若 CPU 检测到输入 I1.0 有一个正跳沿，将使得输出 Q4.0 的线圈在一个扫描周期内通电。对输入 I1.0 常开触点扫描的 RLO 值存放在存储位 M1.0 中。

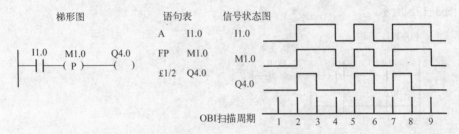

图 3-15　RLO 正跳沿检测

图 3-16 所示是使用触点负跳沿检测指令的例子。图中，由<位地址 1>给出需要检测的触点编号（I0.3），<地址 2>（M 0.0）用于存放该触点在前一个扫描周期的状态。

如果下列条件同时成立，则输出 Q4.0 为"1"：输入 I0.0、I0.1 和 I0.2 的信号状态为"1"，输入 I0.3 有负跳沿，输入 I0.4 的信号状态为"1"。

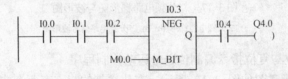

图 3-16　触点负跳沿检测

3.2.6　位逻辑指令的应用实例

【例 3-6】 编写二分频电路的控制程序，实现输出信号频率是输入信号频率的 1/2。

二分频电路是一种具有一个输入端和一个输出端的功能电路，其输出信号频率是输入信号频率的 1/2。设输入信号为 I0.0，输出信号为 Q0.0，这里输入 I0.0 直接控制 Q0.0 不太容易，编程加入一个位存储器 M10.0。二分频电路的梯形图如图 3-17a 所示。

1）当输入信号 I0.0 从"0"变为"1"（第 1 次上升沿）时，在程序段 1 中，由于 M10.0 一开始为"0"，因此 Q0.0 变为"1"状态。随后程序段 1 中的 Q0.0 的常开触点闭合。

在程序段 2 中，第 1 行的 I0.0 的常闭触点是断开的，第 2 行的常闭触点闭合，但 M10.0 还是"0"状态，因此 M10.0 线圈处于断电"0"状态。

2）当输入信号 I0.0 从"1"变为"0"（第 1 次下降沿）时，程序段 1 中的 I0.0 的常闭触点闭合，而 Q0.0 的常开触点此前已经是闭合的，因此，Q0.0 保持通电状态。

程序段 2 中的第 1 行 I0.0 的常闭触点闭合，而 Q0.0 的常开触点此前已经闭合，因此 M10.0 变为通电"1"状态，并使其第 2 行的常开触点闭合，程序段 1 中的常闭触点断开。

3）当输入信号 I0.0 再次从"0"变为"1"（第 2 次上升沿）时，在程序段 1 中，I0.0 的常闭触点将断开，输出线圈 Q0.0 将断电为"0"状态，实现输出状态的翻转。

在程序段 2 中，I0.0 的常开触点将闭合，而 M10.0 的常开触点此前已经闭合，因此 M10.0 仍为通电"1"状态。

4）当输入信号 I0.0 从"1"变为"0"（第 2 次下降沿）时，M10.0 变为断电"0"状态。

后面 Q0.0、M10.0 的变化可以依次类推，它们的变换规律是 Q0.0 在输入信号的上升沿实现输出信号的翻转，M10.0 在输入信号的下降沿实现输出信号的翻转。二分频电路信号波形图如图 3-17b 所示。

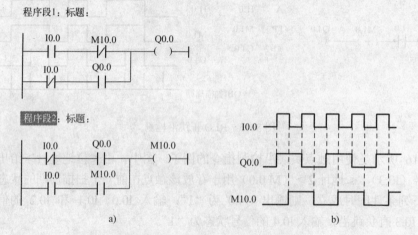

图 3-17 二分频电路梯形图与波形图

a) 二分频电路梯形图 b) 二分频电路信号波形图

【例 3-7】 用置位与复位指令编制传送带运动控制程序。

传送带起停控制示意图如图 3-18 所示，在传送带的起点有两个按钮：用于起动的 SB1 和用于停止的 SB2。在传送带的尾端也有两个按钮：用于起动的 SB3 和用于停止的 SB4。要求能从任一端起动或停止传送带。另外，当传送带上的物件到达末端时，传感器 SQ 使传送带停止。

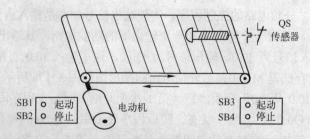

图 3-18 传送带起停控制示意图

在传送带起点的两个按钮开关，起动按钮 SB1 的地址为 I1.1，停止按钮 SB2 的地址为 I1.2，在传送带尾端的两个按钮开关 SB3、SB4 分别为 I1.3、I1.4，电动机地址为 Q4.0，传感器 SQ 的地址为 I1.5，传送带起停控制梯形图如图 3-19 所示。按下任何一个起动按钮接通电动机，按下任何一个停止按钮或闭合传送带尾端传感器的常开触点都可以使传送带停止。

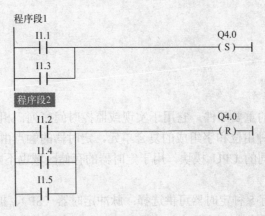

图 3-19　传送带起停控制梯形图

【例 3-8】　设计一个 4 组抢答器，谁先按按钮，谁的指示灯优先亮，且只能亮一盏灯，进行下一个问题时主持人按复位按钮，抢答器重新开始。

抢答器的 4 个输入分别为 I0.0、I0.1、I0.2 和 I0.3，输出分别为 Q2.0、Q2.1、Q2.2 和 Q2.3，复位输入是 I0.5，抢答器程序梯形图如图 3-20 所示。

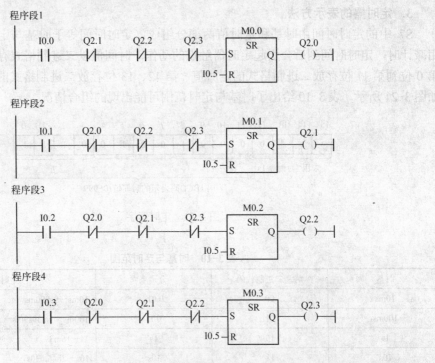

图 3-20　抢答器程序梯形图

抢答器设计中使用的是复位优先型触发器，I0.0、I0.1、I0.2 和 I0.3 分别对 Q2.0、Q2.1、Q2.2 和 Q2.3 进行置位操作，使用 I0.5 对输出信号进行复位操作，程序中将 4 个输出信号 Q2.0、Q2.1、Q2.2 和 Q2.3 进行互锁操作，否则无法保证一盏指示灯亮。中间存储位为 M0.0、M0.1、M0.2 和 M0.3，每个触发器独立工作，保证程序的正常运行。

3.3 定时器

3.3.1 定时器概述

1. 定时器的种类

定时器是 PLC 中的重要部件，它用于实现或监控时间序列，相当于继电器电路中的时间继电器。定时器是一种由位和字组成的复合单元，定时器的触点由位表示，其定时时间值存储在字存储器中。不同的 CPU 模块，用于定时器的存储区域也不同，最多允许使用 64～512 个定时器。

在 S7-300 PLC 中有 5 种定时器可供选择：脉冲定时器（SP）、扩展定时器（SE）、接通延时定时器（SD）、带保持的接通延时定时器（SS）和断电延时定时器（SF）。

2. 定时器的组成

在 CPU 的存储器中留出了定时器区域，用于存储定时器的定时时间值。每个定时器有一个 16 位的字和一个二进制位，定时器的字用来存放它当前的定时时间值，定时器触点的状态由它的位的状态来决定。用定时器地址（T 和定时器号，例如 T6）来存取它的时间值和定时器位，带操作数的指令存取定时器位，带字操作数的指令存取定时器的时间值。

3. 定时器的表示方法

S7 中的定时时间由时基和定时值两部分组成，定时时间等于时基与定时值的乘积。采用减计时，定时时间到后会引起定时器触点的动作。时间值以二进制格式存放，定时器字的第 0 位到第 11 位存放二进制格式的定时值，第 12、13 位存放二进制格式的时基，定时器字如图 3-21 所示。表 3-10 给出了时基与定时范围可能出现的组合情况。

图 3-21　定时器字

表 3-10　时基与定时范围

时基	时基二进制代码	分辨率	定时范围
10ms	00	0.01s	10ms～9s990ms
100ms	01	0.1s	100ms～1m39s900ms
1s	10	1s	1s～16m39s
10s	11	10s	10s～2h46m30s

用户使用的定时器字由 3 位 BCD 码时间值 0～999 和时基组成，如图 3-21 所示，第 0～11 位存放二进制格式的定时值，第 12、13 位存放二进制格式的时基，第 14、15 位未使用。时基是时间基准的简称，定义为一个单位代表的时间间隔，时间值以指定的时基为单位。

设置定时时间，用户需给累加器 1 装入需要的数值，为避免格式错误，用户可以按下列的形式将时间预置值装入累加器的低位字：

1）十六进制数 W#16#wxyz，其中，w＝时间基准，取值为 0，1，2 或 3，分别表示时基为 10ms，100ms，1s 或 10s；xyz 为定时值，取值范围为 1～999。

2）直接使用 S5 中的时间表示法装入定时数值，例如：S5T#aH_bM_cS_dMS，其中，H＝小时，M＝分钟，S＝秒，MS＝毫秒；a、b、c、d 为用户设置的值。可输入的最大时间值为 9990 s 或 2H-46M-30S。例如 S5T#1H_12M_18S 为 1h12min18s；S5T#18S 为 18s。

3.3.2 脉冲定时器（S_PULSE）

1．脉冲定时器指令

脉冲定时器（脉冲 S5 定时器）的指令有两种形式，即块图指令形式和线圈指令形式，脉冲定时器指令形式如图 3-22 所示。

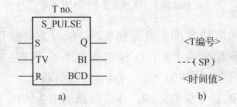

图 3-22　脉冲定时器指令形式

a) 块图指令形式　b) 线圈指令形式

块图指令形式中，S 为脉冲定时器的设置输入端，TV 为预置值输入端，R 为复位输入端；Q 为定时器位输出端，BI 输出 16 进制格式的当前时间值，BCD 输出当前时间值的 BCD 码。

2．功能描述

脉冲定时器的功能类似于数字电路中上升沿触发的单稳态电路。

1）块图指令形式中，如果在起动输入端 S 有一个上升沿，脉冲 S5 定时器（S_PULSE）将起动指定的定时器。定时器在输入端 S 的信号状态为"1"时运行，但最长周期是由输入端 TV 指定的时间值。只要定时器运行，输出端 Q 的信号状态就为"1"。如果在时间间隔结束前，S 输入端从"1"变为"0"，则定时器将停止。这种情况下，输出端 Q 的信号状态为"0"。

如果在定时器运行期间定时器复位输入端 R 从"0"变为"1"时，则定时器将被复位，当前时间和时间基准也被设置为零。如果定时器不是正在运行，则定时器输入端 R 的逻辑"1"没有任何作用。

可在输出端 BI 和 BCD 扫描当前时间值。时间值在 BI 端是二进制编码，在 BCD 端是 BCD 编码。当前时间值为初始 TV 值减去定时器起动后经过的时间。

2）在线圈指令形式中，如果 RLO 状态有一个上升沿，脉冲定时器线圈（---（SP））将以该 <时间值>起动指定的定时器。只要 RLO 保持正值（"1"），定时器就继续运行指定的时间间隔。只要定时器运行，其输出信号状态就为"1"。如果在达到时间值前，RLO 中的信号状态从"1"变为"0"，则定时器将停止。这种情况下，对于"1"的扫描始终产生结果"0"。

3．指令应用示例

【例3-9】 脉冲定时器 SP_PULSE 应用示例。

脉冲定时器 SP_PULSE 指令及时序图如图 3-23 所示。

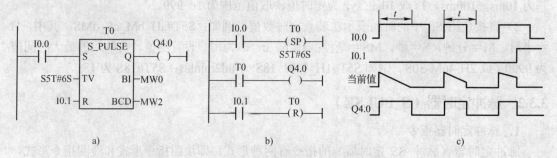

图 3-23　脉冲定时器 SP_PULSE 指令及时序图

a) 块图指令　b) 线圈指令　c) 时序图

当 I0.0 提供的起动输入信号 S 的上升沿到来时，脉冲定时器开始定时，输出 Q4.0 变为"1"。定时时间到，当前时间值变为"0"，Q 输出变为"0"状态。在定时期间，如果 I0.0 的常开触点断开，定时停止，当前值变为"0"，Q4.0 的线圈断电。

t 是定时器的预置值，R 是复位输入端，在定时器输出为"1"时，如果复位输入 I0.1 由"0"为"1"，定时器被复位，复位后输出 Q4.0 变为"0"状态，当前时间值被清 0。

3.3.3　扩展脉冲 S5 定时器

1．指令形式

扩展脉冲定时器（扩展脉冲 S5 定时器）的指令有两种形式，即块图指令形式和线圈指令形式，扩展脉冲 S5 定时器指令形式如图 3-24 所示。

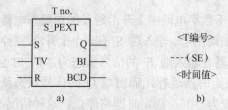

图 3-24　扩展脉冲 S5 定时器指令形式

a) 块图指令形式　b) 线圈指令形式

符号内各端子的含义与脉冲定时器相同。

2．功能描述

1）在块图指令形式中，如果在起动输入端 S 有一个上升沿，扩展脉冲 S5 定时器

（S_PEXT）将起动指定的定时器。信号变化始终是起用定时器的必要条件。定时器以在输入端 TV 指定的预设时间间隔运行，即使在时间间隔结束前，输入端 S 的信号状态变为"0"。只要定时器运行，输出端 Q 的信号状态就为"1"。如果在定时器运行期间输入端 S 的信号状态从"0"变为"1"，则将使用预设的时间值重新起动（重新触发）定时器。

如果在定时器运行期间复位输入端 R 从"0"变为"1"，则定时器复位。当前时间和时间基准被设置为零。

可在输出端 BI 和 BCD 扫描当前时间值。时间值在 BI 端为二进制编码，在 BCD 端为 BCD 编码。当前时间值为初始 TV 值减去定时器起动后经过的时间。

2）在线圈指令形式中，如果 RLO 状态有一个上升沿，扩展脉冲定时器线圈（---（SE））将以指定的<时间值>起动指定的定时器。定时器继续运行指定的时间间隔，即使定时器达到指定时间前 RLO 变为"0"。只要定时器运行，其输出信号状态就为"1"。如果在定时器运行期间 RLO 从"0"变为"1"，则将以指定的时间值重新起动定时器（重新触发）。

3. 指令应用示例

【例 3-10】 扩展脉冲定时器 S_PEXT 指令应用示例

扩展脉冲定时器 S_PEXT 指令及时序图如图 3-25 所示。

当起动输入信号 S 的上升沿到来时，脉冲定时器开始定时，在定时期间，输出端 Q 为"1"状态，直到定时结束。在定时期间即使输入端 S 变为"0"状态，仍继续定时，输出端 Q 为"1"状态，直到定时结束。在定时期间，如果输入端 S 又由"0"变为"1"状态，定时器被重新起动，开始以预置的时间值定时。

当输入端 S 由"0"变为"1"状态时，定时器被复位，停止定时。复位后输出端 Q 变为"0"状态，当前时间被清 0。

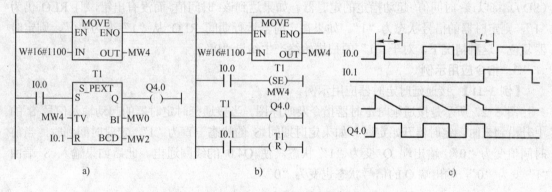

图 3-25　扩展脉冲 S_PEXT 定时器指令及时序图

a) 块图指令　b) 线圈指令　c) 时序图

3.3.4 接通延时 S5 定时器

1. 指令形式

接通延时 S5 定时器（扩展脉冲 S5 定时器）的指令有两种形式，即块图指令形式和线圈指令形式，接通延时 S5 定时器指令形式如图 3-26 所示。符号内各端子的含义与脉冲定时器相同。

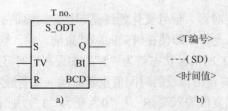

图 3-26　接通延时 S5 定时器指令形式

a) 块图指令形式　b) 线圈指令形式

2．功能描述

1）在块图指令形式中，如果在起动输入端 S 有一个上升沿，接通延时 S5 定时器（S_ODT）将起动指定的定时器。信号变化始终是起用定时器的必要条件。只要输入端 S 的信号状态为正，定时器就以在输入端 TV 指定的时间间隔运行。定时器达到指定时间而没有出错，并且输入端 S 的信号状态仍为"1"时，输出端 Q 的信号状态为"1"。如果定时器运行期间输入端 S 的信号状态从"1"变为"0"，定时器将停止，这种情况下，输出端 Q 的信号状态为"0"。

如果在定时器运行期间复位输入端 R 从"0"变为"1"，则定时器复位。当前时间和时间基准被设置为零。然后，输出端 Q 的信号状态变为"0"。如果在定时器没有运行时输入端 R 有一个逻辑"1"，并且输入端 S 的 RLO 为"1"，则定时器也复位。

可在输出端 BI 和 BCD 扫描当前时间值。时间值在 BI 端为二进制编码，在 BCD 端为 BCD 编码。当前时间值为初始 TV 值减去定时器起动后经过的时间。

2）在线圈指令形式中，如果 RLO 状态有一个上升沿，接通延时定时器线圈（---(SD)）将以该<时间值>起动指定的定时器。如果达到该<时间值>而没有出错，且 RLO 仍为"1"，则定时器的信号状态为"1"。如果在定时器运行期间 RLO 从"1"变为"0"，则定时器复位。这种情况下，对于"1"的扫描始终产生结果"0"。

3．指令应用示例

【例 3-11】　接通延时定时器应用示例。

图 3-27 所示是接通延时定时器指令及时序图。当接通延时定时器的起动输入信号 S 的上升沿到来时，定时器开始定时。如果定时期间 S 的状态一直为"1"，定时时间到时，当前时间值变为"0"，输出端 Q 变为"1"状态，使 Q4.0 的线圈通电。此后如果输入 S 端由"1"变为"0"，输出端 Q 的信号状态也变为"0"。

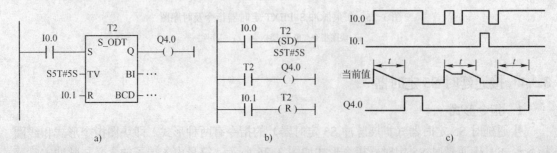

图 3-27　接通延时定时器指令及时序图

a) 块图指令　b) 线圈指令　c) 时序图

在定时期间，如果输入端 S 由"1"变为"0"，则停止定时，当前时间值保持不变，输入端 S 再变为"1"时，又以预置值开始定时。

R 是复位输入信号，当定时器的输入端 S 为"1"时，不管定时时间是否已到，只要复位输入 R 由"0"变为"1"，定时器都要被复位，复位后当前时间被清 0。如果定时时间已到，复位后输出端 Q 将由"1"变为"0"。

接通延时定时器（SD）线圈的功能和 S_ODT 接通延时定时器的功能相同，定时器位为"1"时，定时器的常开触点闭合，常闭触点打开。

3.3.5 保持型接通延时 S5 定时器

1. 指令形式

保持型接通延时 S5 定时器的指令有两种形式，即块图指令形式和线圈指令形式，保持型接通延时 S5 定时器的指令如图 3-28 所示。符号内各端子的含义与脉冲定时器相同。

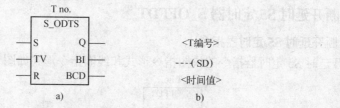

图 3-28　保持型接通延时 S5 定时器的指令

a) 块图指令形式　b) 线圈指令形式

2. 指令功能描述

1）在块图指令中，如果在起动输入端 S 有一个上升沿，保持接通延时 S5 定时器（S_ODTS）将起动指定的定时器。信号变化始终是起用定时器的必要条件。定时器以在输入端 TV 指定的时间间隔运行，即使在时间间隔结束前，输入端 S 的信号状态变为"0"。定时器预定时间结束时，输出端 Q 的信号状态为"1"，而无论输入端 S 的信号状态如何。如果在定时器运行时输入端 S 的信号状态从"0"变为"1"，则定时器将以指定的时间重新起动（重新触发）。

如果复位输入端 R 从"0"变为"1"，则无论输入端 S 的 RLO 如何，定时器都将复位。然后，输出端 Q 的信号状态变为"0"。可在输出端 BI 和 BCD 扫描当前时间值。时间值在 BI 端是二进制编码，在 BCD 端是 BCD 编码。当前时间值为初始 TV 值减去定时器起动后经过的时间。

2）在线圈指令图中，如果 RLO 状态有一个上升沿，接通延时定时器线圈（---（SD））将以该<时间值>起动指定的定时器。如果达到该<时间值>而没有出错，且 RLO 仍为"1"，则定时器的信号状态为"1"。如果在定时器运行期间 RLO 从"1"变为"0"，则定时器复位。这种情况下，对于"1"的扫描始终产生结果"0"。

3. 指令应用示例

【例 3-12】 保持型接通延时 S5 定时器的指令应用。

保持型接通延时定时器 S_ODTS 指令及时序图如图 3-29 所示。

起动输入信号 S 的上升沿到来时，定时器开始定时，定时期间即使输入端 S 变为"0"，仍继续定时，定时时间到时，输出端 Q 变为"1"并保持。在定时期间，如果输入端 S 又由

"0"变为"1",定时器被重新起动,又从预置值开始定时。不管输入端 S 是什么状态,只要复位输入端 R 从"0"变为"1",定时器就会被复位,输出 Q 变为"0"。

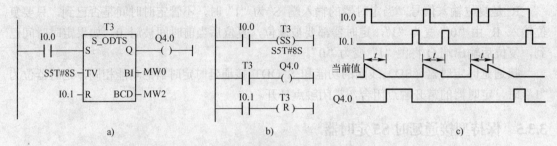

图 3-29 保持型接通延时定时器 S_ODTS 指令及时序图

a) 块图指令 b) 线圈指令 c) 时序图

3.3.6 断开延时 S5 定时器 S_OFFDT

1. 断开延时 S5 定时器指令

断开延时 S5 定时器指令的块图指令形式和线圈指令形式如图 3-30 所示。

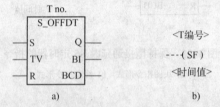

图 3-30 断开延时 S5 定时器指令的块图指令形式和线圈指令形式

a) 块图指令形式 b) 线圈指令形式

2. 功能描述

1) 在块图指令中,如果在起动输入端 S 有一个下降沿,断开延时 S5 定时器(S_OFFDT)将起动指定的定时器。信号变化始终是起用定时器的必要条件。如果输入端 S 的信号状态为"1",或定时器正在运行,则输出端 Q 的信号状态为"1"。如果在定时器运行期间输入端 S 的信号状态从"0"变为"1",定时器将复位。输入端 S 的信号状态再次从"1"变为"0"后,定时器才能重新起动。

如果在定时器运行期间复位输入端 R 从"0"变为"1",定时器将复位。

可在输出端 BI 和 BCD 扫描当前时间值。时间值在 BI 端是二进制编码,在 BCD 端是 BCD 编码。当前时间值为初始 TV 值减去定时器起动后经过的时间。

2) 在线圈指令中,如果 RLO 状态有一个下降沿,断开延时定时器线圈(---(SF))将起动指定的定时器。当 RLO 为"1"时或只要定时器在<时间值>时间间隔内运行,定时器就为"1"。如果在定时器运行期间 RLO 从"0"变为"1",则定时器复位。只要 RLO 从"1"变为"0",定时器就会重新起动。

3. 指令应用示例

【例 3-13】 断开延时 S5 定时器指令应用示例。

断开延时 S_OFFDT 定时器指令及时序图如图 3-31 所示。

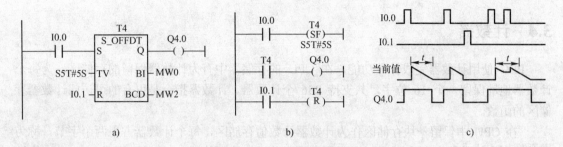

图 3-31　断开延时 S_OFFDT 定时器指令及时序图

a) 块图指令　b) 线圈指令　c) 时序图

起动输入信号 S 的上升沿到来时，定时器的输出信号 Q 变为"1"状态，当前时间值为"0"。在输入端 S 下降沿到来时，定时器开始定时，到定时时间时，输出端 Q 变为"0"状态。

定时过程中，如果输入信号 S 由"0"变为"1"，定时器的时间值保持不变，停止定时。如果输入信号 S 重新变为"0"，定时器将从预置值开始重新起动定时。

复位输入 I0.1 为"1"状态时，定时器被复位，时间值被清 0，输出端 Q 变为"0"状态。

3.3.7　定时器指令应用实例

【例 3-14】　用定时器设计周期和占空比可调的振荡电路。

振荡电路如图 3-32 所示，I0.0 的常开触点接通后，T6 的线圈通电，开始定时；2s 后定时时间到，T6 的常开触点接通，使 Q4.7 变为"1"状态，同时 T7 开始定时；3s 后 T7 的定时时间到，它的常闭触点断开，使 T6 的线圈断电，T6 的常开触点断开，从而 Q4.7 和 T7 的线圈断电。下一个扫描周期因 T7 的常闭触点接通，T6 又从预置值 2s 开始定时，以后 Q4.7 的线圈这样周期性地通电 3s 和断电 2s，直到 I0.0 变为"0"状态。Q4.7 线圈通电和断电的时间分别等于 T7 和 T6 的预置值，可以修改，以变化占空比。振荡电路实际上是一个有正反馈的电路，T6 和 T7 通过它们的触点分别控制对方的线圈，形成了正反馈。

【例 3-15】　电动机延时自动关闭控制。

控制要求：按动起动按钮 S1（I0.0），电动机 M（Q4.0）立即起动，延时 5min 以后自动关闭。起动后按动停止按钮 S2（I0.1），电动机立即停机。

可用扩展脉冲定时器实现要求的控制功能，电动机延时自动关闭控制程序如图 3-33 所示。

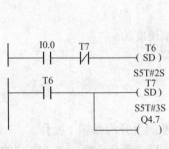

图 3-32　振荡电路

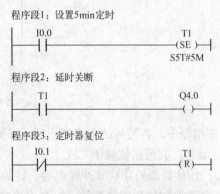

图 3-33　电动机延时自动关闭控制程序

3.4 计数器

PLC 使用计数器完成计数功能,在 CPU 的存储器中有为计数器保留的存储区,为每个计数器地址保留一个 16 位字,共支持 256 个计数器。计数器指令是仅有的可访问计数器存储区的函数。

在 CPU 中保留一块存储区作为计数器计数值存储区,每个计数器占用两个字节,称为计数器字。计数器字中的第 0~11 位表示计数值(二进制格式),计数范围是 0~999。当计数值达到上限 999 时,累加停止,计数值到达下限时,将不再减小。对计数器进行置数(设置初始值)操作时,累加器 1 低字中的内容被装入计数器字,计数器的计数值将以此为初值增加或减小。可以用多种方式为累加器 1 置数,但要确保累加器 1 低字符合规定的格式,计数器字如图 3-34 所示。

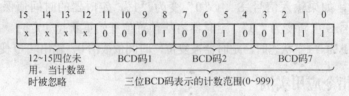

图 3-34 计数器字

在 S7-300/400 中,有 3 种计数器可供选择:加计数器(CU)、减计数器(CD)和加减计数器(CUD)。与定时器指令一样,计数器指令在梯形图中也有两种表示形式:计数器线圈指令和计数器块图指令。两者可实现相同的功能。用户可根据实际需要选择使用。

3.4.1 加计数器 S_CU

1. 加计数器指令

加计数器的块图指令和线圈指令如图 3-35 所示。

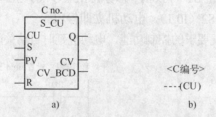

图 3-35 加计数器的块图指令和线圈指令

a) 块图指令 b) 线圈指令

块图指令中,各符号的含义如下所述。

C:编号,其范围依赖于 CPU。

CU:加计数器的计数脉冲输入端,计数器在计数脉冲的上升沿做加 1 操作。

S:计数器初值预置使能端,S 端由 "0" 变为 "1"(即正跳沿)时,将 PV 端的计数器初值装载到计数器字中。

PV：计数器初值输入端，在 S 端上升沿时初值输入，在以后的计数过程中以此为计数的起始数据。

R：计数器的复位端，R 端信号由 "0" 变 "1" 时计数器复位，即将计数器清零，计数器的输出也变为 "0"。

CV： 计数器当前值的十六进制表示。

CV_BCD：计数器当前值的 BCD 码显示。

Q：计数器状态，计数器开始计数则输出高电平，在加计数器计数值达到 999 时，保持输出 "1" 不变。

2．指令说明

1）加计数器块图指令：对于加计数器（升值计数器），如果输入端 S 有上升沿到来时，则 S_CU（升值计数器）预置为输入端 PV 的值。如果输入端 R 为 "1"，则计数器复位，并将计数值设置为零。如果输入端 CU 的信号状态从 "0" 切换为 "1"，并且计数器的值小于 "999"，则计数器的值增 1。 如果已设置计数器并且输入端 CU 为 RLO = 1，则即使没有从上升沿到下降沿或下降沿到上升沿的变化，计数器也会在下一个扫描周期进行相应的计数。如果计数值大于等于零（"0"），则输出端 Q 的信号状态为 "1"。

2）加计数器线圈指令：如果 RLO 中有上升沿到来，并且计数器的值小于 "999" 时，则升值计数器线圈（---(CU)）将指定计数器的值加 1。如果 RLO 中没有上升沿到来，或者计数器的值已经是 "999" 时，则计数器值不变。

3．指令示例

【例 3-16】加计数器块图指令示例。

加计数器块图指令示例如图 3-36 所示，如果 I0.2 从 "0" 改变为 "1"，则计数器预置为 MW10 的值。如果 I0.0 的信号状态从 "0" 改变为 "1"，则计数器 C10 的值将增加 1，但当 C10 的值等于 "999" 时除外。如果 C10 不等于零，则 Q4.0 为 "1"。

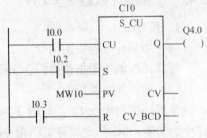

图 3-36　加计数器块图指令示例

3.4.2　减计数器 S_CD

1．减计数器指令

减计数器的块图指令和线圈指令如图 3-37 所示。

2．指令说明

1）减计数器块图指令：对于减计数器（降值计数器），如果输入端 S 有上升沿，则 S_CD（降值计数器）设置为输入端 PV 的值。如果输入端 R 为 "1"，则计数器复位，并将计数值设置为零。如果输入端 CD 的信号状态从 "0" 切换为 "1"，并且计数器的值大于零，则计数器的值减 1。如果已设置计数器并且输入端 CD 为 RLO = 1，则即使没有从上升沿到下降沿或下降沿到上升沿的变化，计数器也会在下一个扫描周期进行相应的计数。如果计数值大于等于零（"0"），则输出 Q 的信号状态为 "1"。

2）减计数器线圈指令：如果 RLO 中有上升沿到来，并且计数器的值大于 0，则减值计数器线圈（---（CD））将指定计数器的值减 1。如果 RLO 中没有上升沿到来，或者计数器的值已经是 0，则计数器值不变。

3．应用示例

【例 3-17】 减计数器块图指令示例。

减计数器块图指令示例如图 3-38 所示，如果 I0.2 从"0"改变为"1"，则计数器预置为 MW10 的值。如果 I0.0 的信号状态从"0"改变为"1"，则计数器 C10 的值将减 1，但当 C10 的值等于"0"时除外。如果 C10 不等于零，则 Q4.0 为"1"。

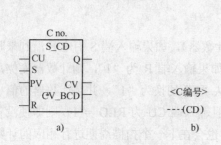

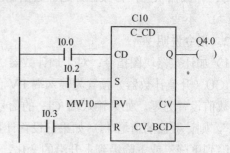

图 3-37　减计数器指令的块图指令和线圈指令

a) 块图指令　b) 线圈指令

图 3-38　减计数器块图指令示例

3.4.3　加减计数器 S_CUD

1．指令

（1）加减计数器块图指令

加减计数器块图指令如图 3-39 所示。

（2）预置计数器指令

预置计数器指令 SC，如图 3-40 所示。预置计数器指令如与 CU 指令配合可实现 S_CU 指令的功能，SC 指令如与 CD 指令配合可实现 S_CD 指令的功能，SC 如与 CU 和 CD 配合可实现 S_CUD 指令的功能。

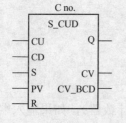

图 3-39　加减计数器块图指令

<C编号>

---（SC）

<预设值>

图 3-40　预置计数器指令 SC

2．指令说明

1）加减计数器块图指令：如果输入端 S 有上升沿，S_CUD（双向计数器）预置为输入 PV 的值。如果输入端 R 为"1"，则计数器复位，并将计数值设置为零。如果输入端 CU 的信号状态从"0"切换为"1"，并且计数器的值小于"999"时，则计数器的值增加 1。如果输入端 CD 有上升沿，并且计数器的值大于"0"时，则计数器的值减 1。

如果两个计数输入端都有上升沿，则执行两个指令，并且计数值保持不变。如果已设置计数器并且输入端 CU/CD 为 RLO = 1，则即使没有从上升沿到下降沿或下降沿到上升沿的变化，计数器也会在下一个扫描周期进行相应的计数。如果计数值大于等于零（"0"），则输出 Q 的信号状态为"1"。

2）计数器预置指令 SC，仅在 RLO 中有上升沿时，设置计数器值（---(SC)）才会执行。此时，预设值被传送至指定的计数器。

3. 应用示例

【例 3-18】 加减计数器块图指令示例。

加减计数器块图指令示例如图 3-41 所示，如果 I0.2 从"0"改变为"1"，则计数器预置为 MW10 的值。如果 I0.0 的信号状态从"0"改变为"1"，则计数器 C10 的值将增加 1，但当 C10 的值等于"999"时除外。如果 I0.1 的信号状态从"0"改变为"1"，则 C10 的值减少 1，但当 C10 的值为"0"时除外。如果 C10 不等于零，则 Q4.0 为"1"。

【例 3-19】 预置计数器指令示例。

预置计数器指令示例如图 3-42 所示，如果 I0.0 有上升沿（从"0"改变为"1"），则计数器 C5 预置为 100。如果没有上升沿，则计数器 C5 的值保持不变。

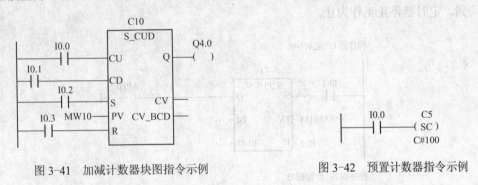

图 3-41　加减计数器块图指令示例　　　　图 3-42　预置计数器指令示例

【例 3-20】 加计数器线圈指令示例。

加计数器线圈指令示例如图 3-43 所示，如果输入 I0.0 的信号状态从"0"改变为"1"（在 RLO 中有上升沿），则将预设值 100 载入计数器 C10。如果输入 I0.1 的信号状态从"0"改变为"1"（在 RLO 中有上升沿），则计数器 C10 的计数值将增加 1，但当 C10 的值等于"999"时除外。如果 RLO 中没有上升沿，则 C10 的值保持不变。如果 I0.2 的信号状态为"1"，则计数器 C10 复位为"0"。

【例 3-21】 减计数器线圈指令示例。

减计数器线圈指令示例如图 3-44 所示，如果输入 I0.0 的信号状态从"0"改变为"1"（在 RLO 中有上升沿），则将预设值 100 载入计数器 C10。如果输入 I0.1 的信号状态从"0"改变为"1"（在 RLO 中有上升沿），则计数器 C10 的计数值将减少 1，但当 C10 的值等于"0"时除外。如果 RLO 中没有上升沿，则 C10 的值保持不变。如果 I0.2 的信号状态为"1"，则计数器 C10 复位为"0"。

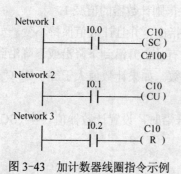

图 3-43 加计数器线圈指令示例

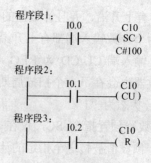

图 3-44 减计数器线圈指令示例

3.4.4 计数器应用实例

【例 3-22】 设计一段 PLC 控制程序对传送机上某点进行计数控制。要求记录该点在 1min 内经过多少个工件。该点有一个传感器可以在工件经过此处时发出一个脉冲信号。I0.0 为工件计数脉冲的输入；I0.1 为系统起动信号；I0.2 为系统复位信号；Q0.0 为计数结束输出。

程序分析：对传送机上某点计数控制程序如图 3-45 所示，在系统起动前可以使用 I0.2 为系统复位，该复位信号将定时器的当前定时时间以及计数器的当前计数值全部清零，同时计数结束输出信号也清零。I0.1 起动系统定时器开始定时，同时计数器也开始计数直至定时时间到、定时器停止工作为止。

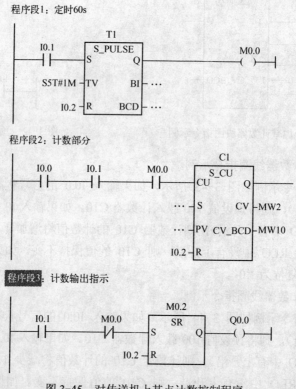

图 3-45 对传送机上某点计数控制程序

【例 3-23】 用计数器扩展定时器的定时范围。

在 S7-300/400 中的定时器的定时范围最大为 9990s，如果这个定时时间不能满足控制要求可以使用计数器对定时器进行定时范围扩展，即实现多次定时达到扩展的目的。

要求将定时时间扩展为 24h。I1.0 为系统起动按钮，定时时间到输出信号为 Q1.0，梯形图程序如图 3-46 所示。

程序段1：标题：

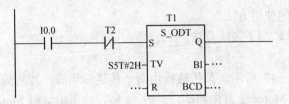

程序段2：标题：

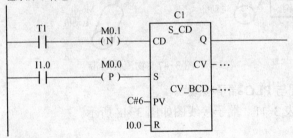

程序段3：标题：

程序段4：标题：

图 3-46　梯形图程序

程序分析：程序段 1 和程序段 2 构成振荡电路，振荡时间为 4h。这个振荡器与前文的脉冲定时器设计的振荡电路相比，在程序段 2 中是定时器 T1 的常开触点，而不是前面的常闭触点。在接通延时定时器的定时时间到时，T1 工作结束，输出高电平，其上跳沿起动定时器 T2，这样 T1 和 T2 就可以互相起振。而脉冲定时器的 T1 是常开触点，在 T1 不工作期间，输出为低电平，常闭触点接通，此时，T2 开始定时。

在程序段 3 中，S 前加正跳沿触发指令，保证计数器初值只赋值一次。而在程序段 3 中，用 T1 的负跳沿触发指令来起动计数器，因为在开始 2h 内，T1 的输出为 "0"，2h 后，延时时间到，T1 的输出为 "1"，这样经过 4h，T1 才能出现负跳沿。如果用 T1 的正跳沿指令，当减计数器计数值为 0 时，定时时间已经到 24h。在程序段 4 中，以 C1 的常闭触点和 I1.0 起动按钮的并联控制输出 Q1.0。

3.5 技能训练

3.5.1 技能训练1 电动机顺序起、停控制

1. 训练目的

1）掌握 S7-300 PLC 编程软件的使用。

2）掌握基本指令的使用方法。

3）熟悉 S7-300 PLC 端子接线方法。

2. 控制要求

物流传送带如图 3-47 所示，某传输线由两个传送带组成，按物流要求，当按动起动按钮 S1 时，皮带电动机 Motor_2 首先起动，延时 5s 后，皮带电动机 Motor_1 自动起动；如果按动停止按钮 S2，则 Motor_1 立即停机，延时 10s 后，Motor_2 自动停机。

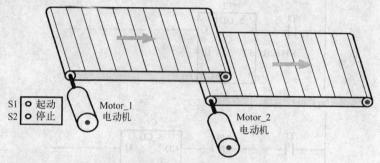

图 3-47 物流传送带

3. I/O 地址分配与 PLC 端子接线

I/O 地址分配见表 3-11，端子接线图如图 3-48 所示。

表 3-11 I/O 地址分配表

元 件	符 号	地 址	说 明
起动按钮 1	S1	I0.1	起动按钮
常开按钮 2	S2	I0.2	停止按钮
接触器 1	KM1	Q4.1	电动机 1 起停按钮
接触器 2	KM2	Q4.2	电动机 2 起停按钮

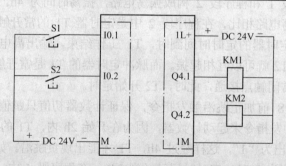

图 3-48 端子接线图

4. 控制程序设计

物流传送带控制程序，可采用接通延时定时器和接通延时保持定时器梯形图程序实现，如图 3-49a 所示。也可以采用接通延时定时器和保持型接通延时定时器的线圈指令 SD 和 SS 程序实现，如图 3-49b 所示。

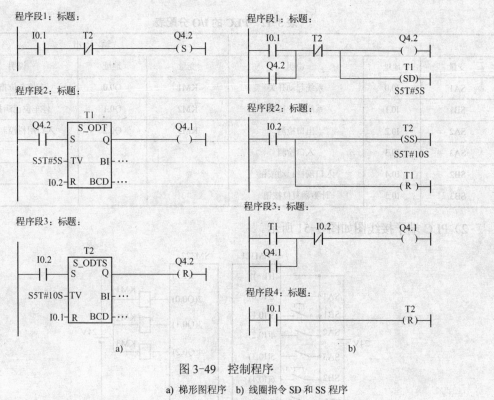

图 3-49 控制程序

a) 梯形图程序 b) 线圈指令 SD 和 SS 程序

3.5.2 技能训练 2 停车场车位计数 PLC 控制

1. 训练目的

1）掌握 S7-300 PLC 编程软件的使用。

2）掌握计数器指令的使用方法。

3）熟悉 S7-300 PLC 端子接线方法。

2. 控制要求

对停车场的车位进行计数，如停车场共有 100 个车位，在停车场入口处有一个接近开关，当有车经过入口时，接近开关输出脉冲。在出口处有同样的接近开关，车辆出去的时候，接近开关产生一个脉冲。要求当停车场尚有停车位时，入口处的闸栏才可以开启，车辆可以进入停车场停放，并使用指示灯表示尚有车位。如车位已满时，则有一个指示灯显示车位已满，且入口的闸栏不能开起让车辆进入。

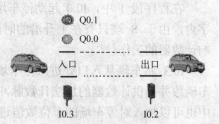

图 3-50 停车场示意图

3. I/O 地址分配与 PLC 端子接线

1）I/O 分配：停车场示意图如图 3-50 所示，I0.0

为停车场系统起动开关；I0.1 为系统停止按钮；I0.2 为停车场出口接近开关；I0.3 为入口接近开关；I0.4 为入口闸栏起动按钮，输入减法计数脉冲；I0.5 为计数器复位按钮；Q0.0 为尚有停车位指示灯；Q0.1 为停车位已满指示灯；Q0.2 为入口闸栏控制信号。

PLC 的 I/O 分配表如表 3-12 所示。

表 3-12　PLC 的 I/O 分配表

输 入			输 出		
变量	地址	说明	变量	地址	说明
SA1	I0.0	系统起动开关	KM1	Q0.0	有停车位指示
SB1	I0.1	系统停止按钮	KM2	Q0.1	停车位已满指示
SA2	I0.2	出口检测	KM3	Q0.2	入口闸栏控制信号
SA3	I0.3	入口检测			
SB2	I0.4	入口闸栏起动按钮			
SB3	I0.5	计数器复位按钮			

2）PLC 端子接线图如图 3-51 所示。

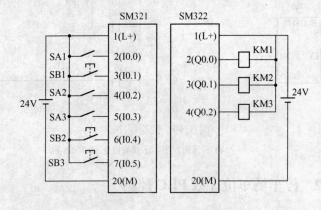

图 3-51　PLC 端子接线图

4. 程序设计

程序分析：在程序中使用的是加减可逆计数器。预置停车场的车位为 100 个，每次有车辆进入的时候对输入的脉冲进行减 1 计数，如有车辆从出口出来，则对输入的脉冲进行加 1 计数，计数器的当前值就是停车场的车位数。停车场的车位进行计数程序如图 3-52 所示。

在程序段 1 中，I0.0 起动停车场车位控制系统的同时将计数器的计数初值装载到计数器字内，由于 S 端只有在上升沿的时候进行操作，所以在控制过程中该信号保持为"1"不影响计数器的工作。

I0.3 将车辆从入口处进入停车场产生的脉冲信号用于减法计数，I0.2 检测离开停车场的车辆数并提供计数器的加法计数脉冲。MW10 和 MW12 中显示的为当前的计数值，在程序中也可以加入对停车场的车位数值进行实时显示的数据处理程序。

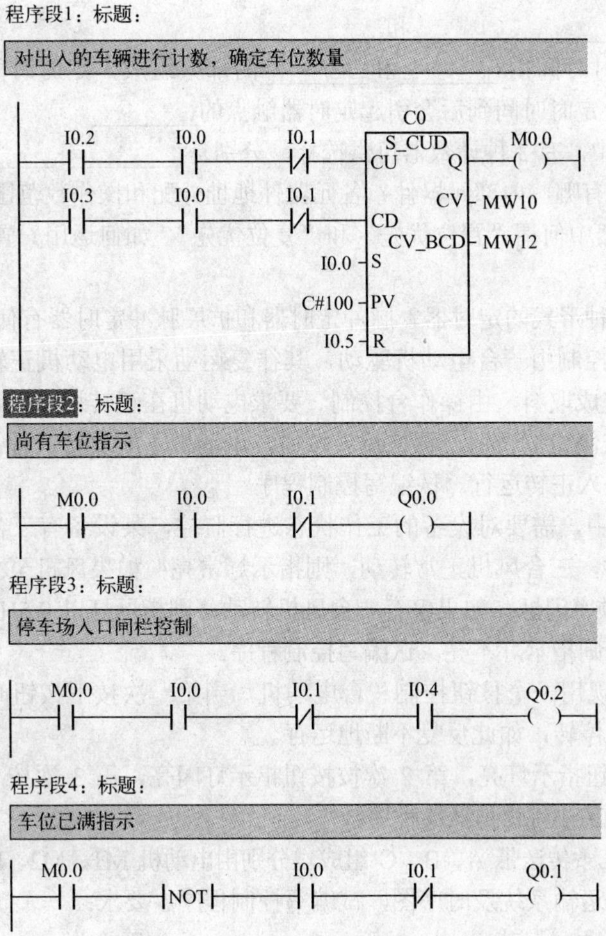

程序段1：标题：

对出入的车辆进行计数，确定车位数量

程序段2：标题：

尚有车位指示

程序段3：标题：

停车场入口闸栏控制

程序段4：标题：

车位已满指示

图 3-52　停车场的车位进行计数程序

3.6　习题

1. 填空题

1）PLC 的数据类型决定了用户用什么方式或格式_____的数据。编程所用的数据要指定_____，确定_____和_____。

2）S7-300 PLC 有 3 种数据类型，分别为_____、_____和_____。

3）基本数据类型定义_____，可以装入_____，利用 STEP 7 的基本指令处理。

4）复杂数据类型用来定义_____，它是由_____，用于_____存储多种类型数据。

5）S7-300 CPU 有 3 个基本存储区，分别是_____、_____和_____。

6）S7-300 CPU 的寄存器有_____、_____、_____、_____等。

7）指令是程序的_____，用户程序是由_____构成。指令一般由_____组成。

8）寻址方式就是_____的方式，可以_____操作数。S7-300 有 4 种寻址方式，分别是_____、_____、_____和_____。

9）S7 中的定时时间由_____和_____两部分组成，定时时间等于_____的乘积。采用_____，定时时间到后会引起定时器触点的_____。

10）在 S7-300 中，有 3 种计数器可供选择，分别是_____、_____和_____。

2. S7-300 PLC 有哪些内部元器件？各元器件地址分配和操作数范围怎么确定？

3. 在 RS 触发器中何谓"置位优先"和"复位优先"，如何运用？置位、复位指令与 RS 触发器指令有何区别？

4. S7-300 有几种形式的定时器？脉冲定时器和扩展脉冲定时器有何区别？

5. 某送料机的控制由一台电动机驱动，其往复运动采用电动机正转和反转来完成，正转完成送料，反转完成取料，由操作台控制。要求电动机在正转运行时，按反转按钮，电动机不能反转；只有按停止按钮后，再按反转按钮，电动机才能反转运行。同理，在电动机反转时，也不能直接进入正转运行。试编写控制程序。

6. 在实际工作中，需要对设备的工作状态进行监控，某设备有三台风机散热降温，当设备处于运行状态时，三台风机正常转动，则指示灯常亮；如果风机至少有两台以上转动，则指示灯以 2Hz 的频率闪烁；如果仅有一台风机转动，则指示灯以 0.5Hz 的频率闪烁；如果没有任何风机转动，则指示灯不亮。试编写控制程序。

7. 编写程序实现用一个按钮控制一台电动机。当第一次按下按钮时电动机起动，第二次按下按钮时电动机停转，如此反复不断地运行。

8. 第 1 次按按钮指示灯亮，第 2 次按按钮指示灯闪亮，第 3 次按下按钮指示灯灭，如此循环，试编写其 PLC 控制的 LAD 程序。

9. 某传输线由三条传送带 A、B、C 组成，分别由电动机 M1、M2、M3 拖动，如图 3-53 所示为三条传送带的运输系统及时序图，试编写控制程序。要求：

1）按 A→B→C 顺序起动。

2）停止时按 C→B→A 逆序停止。

3）若某传送带的电动机出现故障，该传送带电动机前面的皮带电动机立即停止，后面的传送带电动机依次延时 5s 后停止。

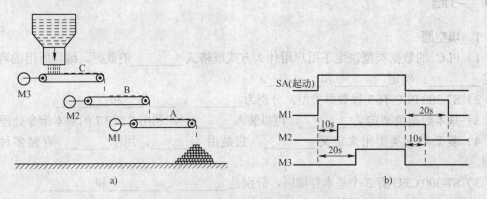

图 3-53 三条传送带的运输系统及时序图

a) 多级皮带运输示意图 b) 时序图

第 4 章　数据处理、运算指令及应用

4.1　数据处理指令

数据处理指令主要涉及对数据的非数值运算操作，它主要包括装入与传送指令、比较指令、转换指令、移位和循环移位指令等。

4.1.1　装入指令与传送指令

S7-300 PLC 的 32 位累加器用于处理字节、字或双字。几乎所有的语句表的操作都是在累加器中进行的，因此需要装入指令把操作数送入累加器，在累加器中进行运算和数据处理后，用传送指令将累加器 1 中运算结果传送到某个地址。

S7-300 PLC 有两个累加器（ACCU1 和 ACCU2），处理 8 位或 16 位数据时，数据存放在累加器的低 8 位或低 16 位，梯形图程序不使用累加器。

装入（Load，L）指令将源操作数装入累加器 1，而累加器 1 原有的数据移入累加器 2。装入指令可以对字节（8 位）、字（16 位）、双字（32 位）数据进行操作。

传送（Transfer，T）指令将累加器 1 中的内容写入目标存储区中，累加器 1 的内容不变。

L 和 T 指令可以对字节（8 位）、字（16 位）、双字（32 位）数据进行操作，当数据长度小于 32 位时，数据在累加器 1 中右对齐（低位对齐），其余各位填 0。

在语句表程序中，存储区之间或存储区与过程映像输入/输出之间不能直接进行数据交换。累加器相当于上述数据交换的中转站。CPU 在每次扫描中无条件执行数据装入与传送指令，而不受 RLO 的影响。

数据装入指令（L）和数据传送指令（T）可以完成下列区域的数据交换：

1）输入/输出存储区（I/O）与位存储区（M）、过程输入存储区（PI）、过程输出存储区（PQ）、定时器（T）、计数器（C）及数据区（D）之间的数据交换。

2）过程输入/输出存储区（PI/PQ）与位存储区（M）、定时器（T）、计数器（C）和数据区（D）之间的数据交换。

3）定时器（T）/计数器（C）与过程输入/输出存储区、位存储区和数据区之间的数据交换。

数据装入指令（L）和数据传送指令（T）通过累加器进行数据交换。累加器是 CPU 中的一种专用寄存器，可以作为"缓冲器"。数据的传送和变换一般是通过累加器进行的，而不是在存储区直接进行。

1. 对累加器 1 的装入指令和传送指令

L 指令可以将被寻址操作数的内容（字节、字或双字）送入累加器 1 中，未用到的位清零。指令的格式为：

L　<操作数>

其中，操作数可以是立即数、直接或间接寻址的存储区。

1）立即寻址：L 指令对常数的寻址方式称为立即寻址。L 指令示例见表 4-1。

表 4-1　L 指令示例

示　例	说　明
L　+4	将一个 16 位整型常数立即装入累加器 1 中
L　L#+8	将一个 32 位整型常数立即装入累加器 1 中
L　B#16#AF	将一个 8 位十六进制常数立即装入累加器 1 中
L　W#16#F3E	将一个 16 位十六进制常数立即装入累加器 1 中
L　DW#16#ABC5_01AC	将一个 32 位十六进制常数立即装入累加器 1 中
L　2#0000_1111_1010_1100	将一个 16 位二进制常数立即装入累加器 1 中
L　'ABCD'	将 4 个字符 ABCD 立即装入累加器 1 中
L　C#100	将 16 位计数型常数立即装入累加器 1 中
L　S 5T#10S	将 16 位 S5 定时器时间常数立即装入累加器 1 中
L　1.0E+2	将 32 位 IEEE 实数立即装入累加器 1 中
L　P#I 1.0	将 32 位指向 I1.0 的指针立即装入累加器 1 中
L　P#Start	将 32 位指向局部变量（Start）的指针立即装入累加器 1 中
L　D#2014_5_18	将 16 位日期值立即装入累加器 1 中
L　T#0D_2H_3M_5S_0MS	将 32 位时间值立即装入累加器 1 中
L　TOD#1:10:33	将 16 位每天时间值立即装入累加器 1 中

2）直接寻址和间接寻址：L 和 T 指令可以对各存储区内的字节、字、双字进行直接寻址或间接寻址。直接寻址和间接寻址示例见表 4-2。

表 4-2　直接寻址和间接寻址示例

示　例	说　明
L　IB10	将输入字节 IB10 装入累加器 1 中
T　QB10	将累加器 1 的内容传送给输出 QB10
L　DIW15	将背景数据字 DIW15 的内容装入累加器 1 中
T　MW 14	将累加器 1 的内容传送给存储字 MWl4
L　IB[DBD 10]	将数据双字 DBD10 所指的输入字节装入累加器 1 中
T　DBD 2	将累加器 1 的内容传送给数据双字 DBD 2

2. 状态字与累加器 1 之间的装入指令和传送指令

（1）将状态字装入累加器 1（L　STW）

将状态字内容装载入累加器 1 中，该指令的执行与状态位无关，对状态字也没有影响。对于 S7-300 系列 CPU，L　STW 语句不装入状态字的 FC、STA 和 OR 位，只有第 1、4、5、6、7 和 8 位才能装入累加器 1 低字的相应位中，其他未用到的位清零。指令格式如下：

　　　L　　STW　　//将状态字内容装入累加器 1 中

（2）将累加器 1 的内容传送到状态字（T　STW）

将累加器 1 的位 0～8 传送到状态字的相应位，指令的执行与状态位无关。指令格式如下：

T　　STW　　//将 ACCU 1 的 0 至 8 位传送给状态字

3. 与地址寄存器有关的装入指令和传送指令

S7-300 PLC 系统有两个地址寄存器：AR1 和 AR2。对于地址寄存器可以不经过累加器 1 而直接对操作数装入和传送，或直接交换两个地址寄存器的内容。

（1）LAR1 指令

LAR1 指令将累加器 1 的内容（32 位指针）装入地址寄存器 AR1 中，执行后累加器 1 和累加器 2 的内容保持不变。该指令的执行与状态位无关，对状态字也没有影响。

（2）LAR2 指令

LAR2 指令将累加器 1 的内容（32 位指针）装入地址寄存器 AR2 中，执行后累加器 1 和累加器 2 的内容保持不变。该指令的执行与状态位无关，对状态字也没有影响。

（3）TAR1 指令

TAR1 指令将 AR1 的内容传送给存储区或 AR2。若指令中没有给出操作数则传送给累加器 1。该指令的执行与状态位无关，对状态位也没有影响。

（4）TAR2 指令

TAR2 指令将 AR2 的内容传送给存储区。若指令中没有给出操作数则传送给累加器 1。该指令的执行与状态位无关，对状态位也没有影响。

（5）CAR 指令

CAR 指令可以交换 ARl 和 AR2 的内容，指令不需要指定操作数。该指令的执行与状态位无关，对状态位也没有影响。

地址寄存器有关的装入指令和传送指令的示例见表 4-3。

表 4-3　地址寄存器有关的装入指令和传送指令的示例

示　　例	说　　明
LAR1　DID 30	将数据双字指针 DID 30 的内容装入 AR1 中
LAR2　DBD 20	将数据双字指针 DBD 20 的内容装入 AR2 中
LAR1　P#I0.0	将输入位 I0.0 的地址指针装入 AR1 中
LAR1　P#MI0.0	将带存储区标识符的 32 位指针常数装入 AR1 中
LAR2　LD180	将局域数据双字 LD 180 中的指针装入 AR2 中
LAR2　P#24.0	将不带存储区标识符的 32 位指针常数装入 AR2 中
TAR1　DBD20	将 AR1 中的内容传送到数据双字 DBD20
TAR2　MD24	将 AR2 中的内容传送到存储器双字 MD24
CAR	交换 AR1 和 AR2 的内容

4. 梯形图中方块传送指令

在梯形图中，用 MOVE 功能框图表示装入指令和传送指令，指令框的输入端在左边，输出端在右边。能传送数据长度为 8 位、16 位或 32 位的所有基本数据类型。如果允许输入端 EN 为"1"，则允许执行传送操作，使输出 OUT 等于输入 IN，并使允许输出端 ENO 为"1"。如果允许输入端 EN 为"0"，则不进行传送操作，并使允许输出端 ENO 为"0"。梯形图方块传送指令及说明见表 4-4。

表 4-4　梯形图方块传送指令及说明

LAD 指令	参　数	数据类型	存　储　区	说　明
MOVE EN　ENO IN　OUT	EN	BOOL	I、Q、M、D、L	允许输入
	ENO	BOOL	Q、M、D、L	允许输出
	IN	8、16、32 位长的所有数据类型	I、Q、M、D、L	源数据（可为常数）
	OUT	8、16、32 位长的所有数据类型	Q、M、D、L	目的操作数

5. 应用示例

【例 4-1】　传送指令的应用示例。

当输入 I0.2 为"1"时，执行传送操作，将 MW20 的内容传送到 DBW20，且使输出 Q4.0 为"1"。传送指令梯形图控制程序如图 4-1 所示。

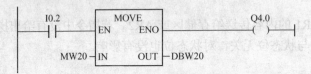

图 4-1　传送指令梯形图控制程序

4.1.2　数据转换指令

数据转换指令是将累加器 1 中的数据进行数据类型转换，转换的结果仍存放在累加器 1 中。STEP 7 能够实现的转换操作有 BCD 码和整数到其他类型转换指令、整数和实数的变换指令、实数取整指令和累加器 1 调整指令。

1. BCD 码与整数间的转换

在 STEP 7 中整数和长整数是以补码形式表示的。BCD 码的数值表示方法有两种，一种是 16 位（即字）格式的 BCD 码，另一种是 32 位（即双字）格式的 BCD 码。

在 STEP 7 中，3 位 BCD 码为 16 位二进制格式，数值范围为 -999～+999；7 位 BCD 码为 32 位二进制格式，数值范围为 - 9999999～+9999999。

16 位格式的 BCD 码的第 0～11 位用来表示 3 位 BCD 码，每 4 位（0～3、4～7、8～11）二进制数表示 1 位 BCD 码，每位的数值范围为 2#0000～2#1001（对应于十进制数的 0～9）；第 15 位用来表示 BCD 码的符号，正数为 0，负数为 1；第 12、13、14 位未用，一般取与符号位相同的数。

32 位格式的 BCD 码的第 0～27 位用来表示 7 位 BCD 码，每 4 位（0～3、4～7、8～11、12～15、16～19、20～23、24～27）二进制数表示 1 位 BCD 码；第 31 位是 BCD 码的符号位，整数为 0，负数为 1；第 28、29、30 位未用，一般取与符号位相同的数。

BCD 码与整数间的转换指令及说明见表 4-5。

表 4-5　BCD 码与整数间的转换指令及说明

指　令	功　能	说　明
BCD_I EN　ENO IN　OUT	将参数 IN 的内容以 3 位 BCD 码数字（+/- 999）读取，并将其转换为整型值（16 位）。整型值的结果通过参数 OUT 输出	EN：使能输入 ENO：使能输出 IN：BCD 码数字 OUT：BCD 码数字的整型值
I_BCD EN　ENO IN　OUT	将参数 IN 的内容以整型值（16 位）读取，并将其转换为 3 位 BCD 码数字（+/- 999）。结果由参数 OUT 输出。如果产生溢出，ENO 的状态为"0"	EN：使能输入 ENO：使能输出 IN：整数 OUT：整数的 BCD 码值
I_DINT EN　ENO IN　OUT	将参数 IN 的内容以整型值（16 位）读取，并将其转换为长整型（32 位）。结果由参数 OUT 输出。ENO 始终与 EN 的信号状态相同	EN：使能输入 ENO：使能输出 IN：要转换的整型值 OUT：长整型结果
BCD_DI EN　ENO IN　OUT	将 BCD 码转换为长整型，将参数 IN 的内容以 7 位 BCD 码（+/-9999999）数字读取，并将其转换为长整型值（32 位）。长整型值的结果通过参数 OUT 输出。ENO 始终与 EN 的信号状态相同	EN：使能输入 ENO：使能输出 IN：BCD 码数字 OUT：BCD 码数字的长整型值
DI_BCD EN　ENO IN　OUT	长整型转换为 BCD 码，将参数 IN 的内容以长整型值（32 位）读取，并将其转换为 7 位 BCD 码数字（+/-9999999）。结果由参数 OUT 输出。如果产生溢出，ENO 的状态为"0"	EN：使能输入 ENO：使能输出 IN：长整型值 OUT：长整型值的 BCD 码值
DI_REAL EN　ENO IN　OUT	长整型转换为浮点型，将参数 IN 的内容以长整型读取，并将其转换为浮点数。结果由参数 OUT 输出。ENO 始终与 EN 的信号状态相同	EN：使能输入 ENO：输出使能 IN：要转换的长整型值 OUT：浮点数结果

2. 取反、取负指令

表 4-6 中给出了取整、取反和取负指令及说明。

表 4-6　取整、取反和取负指令及说明

指　令	功　能	说　明
INV_I EN　ENO IN　OUT	INV_I（对整数求反码）读取 IN 参数的内容，并使用十六进制掩码 W#16#FFFF 执行布尔"异或"运算。此指令将每一位变成相反状态。ENO 始终与 EN 的信号状态相同	EN：BOOL　　使能输入 ENO：BOOL　使能输出 IN：INT　　整型输入值 OUT：INT　　整型 IN 的二进制反码 存储区：I、Q、M、L、D
INV_DI EN　ENO IN　OUT	INV_DI（对长整数求反码）读取 IN 参数的内容，并使用十六进制掩码 W#16#FFFF FFFF 执行布尔"异或"运算。此指令将每一位转换为相反状态。ENO 始终与 EN 的信号状态相同	EN：BOOL　　使能输入 ENO：BOOL　使能输出 IN：DINT　　长整型输入值 OUT：DINT　长整型 IN 的二进制反码 存储区：I、Q、M、L、D
NEG_I EN　ENO IN　OUT	NEG_I（对整数求补码）读取 IN 参数的内容并执行求二进制补码指令。二进制补码指令等同于乘以（-1）后改变符号（例如：从正值变为负值）。ENO 始终与 EN 的信号状态相同，以下情况例外：如果 EN 的信号状态为"1"并产生溢出，则 ENO 的信号状态为"0"	EN：BOOL　　使能输入 ENO：BOOL　使能输出 IN：INT　　整型输入值 OUT：INT　　整型 IN 的二进制补码 存储区：I、Q、M、L、D
NEG_DI EN　ENO IN　OUT	NEG_DI（对长整数求补码）读取参数 IN 的内容并执行二进制补码指令。二进制补码指令等同于乘以（-1）后改变符号（例如：从正值变为负值）。ENO 始终与 EN 的信号状态相同，以下情况例外：如果 EN 的信号状态为"1"并产生溢出，则 ENO 的信号状态为"0"。	EN：BOOL　　使能输入 ENO：BOOL　使能输出 IN：DINT　　长整型输入值 OUT：DINT　IN 值的二进制补码 存储区：I、Q、M、L、D

3. 对累加器 1 调整指令

累加器调整指令可对累加器 1 的内容进行调整，指令格式、累加器 1 的调整指令及说明见表 4-7。

表 4-7 累加器 1 的调整指令及说明

指　令	功　能	说　明
NEG_R EN　ENO IN　OUT	NEG_R（取反浮点）读取参数 IN 的内容并改变符号。指令等同于乘以（-1）后改变符号（例如：从正值变为负值）。ENO 始终与 EN 的信号状态相同	EN：BOOL　使能输入 ENO：BOOL　使能输出 IN：REAL浮点数输入值 OUT：REAL　浮点数 IN，带负号 存储区：I、Q、M、L、D
ROUND EN　ENO IN　OUT	ROUND（取整为长整型）将参数 IN 的内容以浮点数读取，并将其转换为长整型（32 位）。结果为最接近的整数（取整到最接近值）。如果浮点数介于两个整数之间，则返回偶数。结果由参数 OUT 输出。如果产生溢出，ENO 的状态为"0"	EN：BOOL　使能输入 ENO：BOOL　使能输出 IN：REAL要取整的值 OUT：DINT　将 IN 取整至最接近的整数 存储区：I、Q、M、L、D
TRUNC EN　ENO IN　OUT	TRUNC（截断长整型）将参数 IN 的内容以浮点数读取，并将其转换为长整型（32 位）（向零取整模式）。长整型结果由参数 OUT 输出。如果产生溢出，ENO 的状态为"0"	EN：BOOL　使能输入 ENO：BOOL　使能输出 IN：REAL　要转换的浮点值 OUT：DINT　IN 值的所有数字部分 存储区：I、Q、M、L、D
CEIL EN　ENO IN　OUT	CEIL（上取整）将参数 IN 的内容以浮点数读取，并将其转换为长整型（32 位）。结果为大于该浮点数的最小整数（取整到"+"无穷大）。如果产生溢出，ENO 的状态为"0"	EN：BOOL　使能输入 ENO：BOOL　输出使能 IN：REAL 要转换的浮点型数值 OUT：DINT　大于长整型的最小值 存储区：I、Q、M、L、D
FLOOR EN　ENO IN　OUT	FLOOR（下取整）将参数 IN 的内容以浮点数读取，并将其转换为长整型（32 位）。结果为小于该浮点数的最大整数部分（取整为"-"无穷大）。如果产生溢出，ENO 的状态为"0"	EN：BOOL　使能输入 ENO：BOOL　使能输出 IN：REAL要转换的浮点型数值 OUT：DINT　小于长整型的最大值 存储区：I、Q、M、L、D

4. 应用示例

【例 4-2】 将 101 英寸转换成以厘米为单位的整数。

　　程序分析：英寸与厘米间的单位转换比率是乘以 2.54，在相乘的过程中需要确定相乘的两个数据类型是否一致，结果是否会溢出。本例在程序设计时，先将数据转换成双整型，再将双整型转换为实数，最后将乘法指令相乘后的结果四舍五入。英寸转换成以厘米为单位的整数程序如图 4-2 所示。

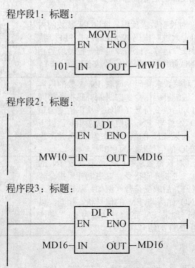

程序段4：标题：

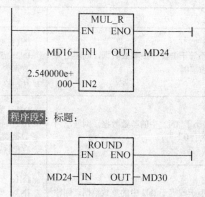

程序段5：标题：

图4-2 英寸转换成以厘米为单位的整数程序（续）

4.1.3 比较指令

比较指令用于对累加器2和累加器1中的数据进行比较。数据类型可以是整数、双整数或实数，但是要确保进行比较的两个数据的类型相同。如果比较条件满足，则RLO为"1"，否则为"0"。

比较指令可以比较整数（I）、双整数（D）和实数（R），比较关系包括大于、等于、小于、大于或等于以及小于或等于共6种关系，根据用户选择的比较类型比较IN1和IN2：

== IN1 等于 IN2

<> IN1 不等于 IN2

> IN1 大于 IN2

< IN1 小于 IN2

>= IN1 大于或等于 IN2

<= IN1 小于或等于 IN2

1. 整数比较指令

整数比较指令的格式及功能见表4-8。

表4-8 整数比较指令的格式及功能

指　令	功　能	说　明
CMP ==I IN1 IN2	比较IN1与IN2中的整数数据，如果相等，则输出为"1"，否则为"0"	IN1：要比较的第一个值 IN2：要比较的第二个值 数据类型：整数 存储区：I、Q、M、L、D 或常数
CMP >I IN1 IN2	如果IN1大于IN2中的整数数据，则输出为"1"，否则为"0"	IN1：要比较的第一个值 IN2：要比较的第二个值 数据类型：整数 存储区：I、Q、M、L、D 或常数
CMP >=I IN1 IN2	如果IN1大于或等于IN2中的整数数据，则输出为"1"，否则为"0"	IN1：要比较的第一个值 IN2：要比较的第二个值 数据类型：整数 存储区：I、Q、M、L、D 或常数

指 令	功 能	说 明
CMP <>I IN1 IN2	如果 IN1 不等于 IN2 中的整数数据，则输出为"1"，否则为"0"	IN1：要比较的第一个值 IN2：要比较的第二个值 数据类型：整数 存储区：I、Q、M、L、D 或常数
CMP <I IN1 IN2	如果 IN1 小于 IN2 中的整数数据，则输出为"1"，否则为"0"	IN1：要比较的第一个值 IN2：要比较的第二个值 数据类型：整数 存储区：I、Q、M、L、D 或常数
CMP <=I IN1 IN2	如果 IN1 小于或等于 IN2 中的整数数据，则输出为"1"，否则为"0"	IN1：要比较的第一个值 IN2：要比较的第二个值 数据类型：整数 存储区：I、Q、M、L、D 或常数

2．双整数比较指令

双整数比较指令的格式及功能见表 4-9。

表 4-9　双整数比较指令的格式及功能

指 令	功 能	说 明
CMP ==D IN1 IN2	如果 IN1 等于 IN2 中的双整数数据，则输出为"1"，否则为"0"	IN1：要比较的第一个值 IN2：要比较的第二个值 数据类型：双整数 存储区：I、Q、M、L、D 或常数
CMP >D IN1 IN2	如果 IN1 大于 IN2 中的双整数数据，则输出为"1"，否则为"0"	IN1：要比较的第一个值 IN2：要比较的第二个值 数据类型：双整数 存储区：I、Q、M、L、D 或常数
CMP >=D IN1 IN2	如果 IN1 大于或等于 IN2 中的双整数数据，则输出为"1"，否则为"0"	IN1：要比较的第一个值 IN2：要比较的第二个值 数据类型：双整数 存储区：I、Q、M、L、D 或常数
CMP <>D IN1 IN2	如果 IN1 不等于 IN2 中的双整数数据，则输出为"1"，否则为"0"	IN1：要比较的第一个值 IN2：要比较的第二个值 数据类型：双整数 存储区：I、Q、M、L、D 或常数
CMP <D IN1 IN2	如果 IN1 小于 IN2 中的双整数数据，则输出为"1"，否则为"0"	IN1：要比较的第一个值 IN2：要比较的第二个值 数据类型：双整数 存储区：I、Q、M、L、D 或常数
CMP <=D IN1 IN2	如果 IN1 小于或等于 IN2 中的双整数数据，则输出为"1"，否则为"0"	IN1：要比较的第一个值 IN2：要比较的第二个值 数据类型：双整数 存储区：I、Q、M、L、D 或常数

3. 实数比较指令

实数比较指令的格式及功能见表 4-10。

表 4-10　实数比较指令的格式及功能

指　　令	功　　能	说　　明
CMP ==R IN1 IN2	如果 IN1 等于 IN2 中的实数数据，则输出为"1"，否则为"0"	IN1：要比较的第一个值 IN2：要比较的第二个值 数据类型：实数 存储区：I、Q、M、L、D 或常数
CMP >R IN1 IN2	如果 IN1 大于 IN2 中的实数数据，则输出为"1"，否则为"0"	IN1：要比较的第一个值 IN2：要比较的第二个值 数据类型：实数 存储区：I、Q、M、L、D 或常数
CMP >=R IN1 IN2	如果 IN1 大于或等于 IN2 中的实数数据，则输出为"1"，否则为"0"	IN1：要比较的第一个值 IN2：要比较的第二个值 数据类型：实数 存储区：I、Q、M、L、D 或常数
CMP <>R IN1 IN2	如果 IN1 不等于 IN2 中的实数数据，则输出为"1"，否则为"0"	IN1：要比较的第一个值 IN2：要比较的第二个值 数据类型：实数 存储区：I、Q、M、L、D 或常数
CMP <R IN1 IN2	如果 IN1 小于 IN2 中的实数数据，则输出为"1"，否则为"0"	IN1：要比较的第一个值 IN2：要比较的第二个值 数据类型：实数 存储区：I、Q、M、L、D 或常数
CMP <=R IN1 IN2	如果 IN1 小于或等于 IN2 中的实数数据，则输出为"1"，否则为"0"	IN1：要比较的第一个值 IN2：要比较的第二个值 数据类型：实数 存储区：I、Q、M、L、D 或常数

4. 应用示例

【例 4-3】 用比较指令完成要求功能。

控制要求：一个生产系统生产的产品具有三种颜色：红、白或蓝，每天限制生产蓝色产品的数量是 348 个，利用色敏检测器对该颜色的产品进行计量。在低于 348 时指示灯亮，否则指示灯熄灭。

程序设计：用 I0.1 表示色敏检测器的输出脉冲，Q0.0 为蓝色产品尚可生产的指示灯，例 4-3 梯形图程序如图 4-3 所示。程序段 1 中 I0.1 给出计数脉冲，计数器开始计数。程序段 2 中将计数器的计数值与 347 比较，小于 347 比较指令输出有效信号。当计数器增加到 348 时比较指令输出关闭，如果计数器的计数值继续增加，输出信号仍然关闭，指示蓝色产品已经达到规定数量。

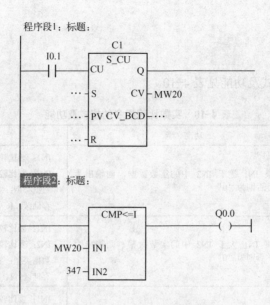

图 4-3 例 4-3 梯形图程序

4.1.4 移位指令与循环移位指令

在 PLC 的应用中经常用到移位指令，STEP 7 中的移位指令包括有符号整数和长整数（双整数）的右移指令、无符号字型数据的左移和右移指令、无符号双字型数据的左移和右移指令以及双字的循环左移和循环右移指令。

移位指令是对累加器 1 中的数据操作，将累加器 1 中的数据或者累加器 1 低字中的数据逐位左移或逐位右移，结果在累加器 1 中。左移相当于累加器的内容乘以 2^n，右移相当于累加器的内容除以 2^n（n 为指定的移动位数或移位次数）。

累加器 1 中移位后空出的位填 0 或符号位（正填 0，负填 1）。被移动的最后 1 位保存在状态字的 CC 1 中，可使用条件跳转指令对 CC1 进行判断，CC 0 和 0V 被复位到 0。

循环移位指令与一般移位指令的差别是：移出的空位填以从累加器中移出的位。

1. 移位指令

（1）移位指令的格式及功能见表 4-11。

表 4-11 移位指令的格式及功能

指　令	功　能	说　明
SHL_W EN　ENO IN　OUT N	无符号字型数据左移：当 EN 为 "1" 时，将 IN 中的字型数据向左逐位移动 N 位，送 OUT。左移后空出的位补 0	EN: BOOL　　使能输入 ENO: BOOL　　使能输出 IN:　　WORD　　要移位的值 N: WORD　　要移动的位数 OUT: WORD　　移位指令的结果 存储区: I、Q、M、L、D
SHR_W EN　ENO IN　OUT N	无符号字型数据右移：当 EN 为 "1" 时，将 IN 中的字型数据向右逐位移动 N 位，送 OUT。右移后空出的位补 0	EN: BOOL　　使能输入 ENO: BOOL　　使能输出 IN:　　WORD　　要移位的值 N: WORD　　要移动的位数 OUT: WORD　　移位指令的结果 存储区: I、Q、M、L、D

指　　令	功　　能	说　　明
SHL_DW — EN ENO — — IN OUT — — N	无符号双字型数据左移：当 EN 为"1"时，将 IN 中的双字型数据向左逐位移动 N 位，送 OUT。左移后空出的位补 0	EN: BOOL　　使能输入 ENO: BOOL　　使能输出 IN: DWORD　　要移位的值 N: WORD　　要移动的位数 OUT: DWORD 移位指令的结果 存储区：I、Q、M、L、D
SHR_DW — EN ENO — — IN OUT — — N	无符号双字型数据右移：当 EN 为"1"时，将 IN 中的双字型数据向右逐位移动 N 位，送 OUT。右移后空出的位补 0	EN: BOOL　　使能输入 ENO: BOOL　　使能输出 IN: DWORD　　要移位的值 N: WORD　　要移动的位数 OUT: DWORD 移位指令的结果 存储区：I、Q、M、L、D
SHR_I — EN ENO — — IN OUT — — N	有符号整数右移：当 EN 为"1"时，将 IN 中的整数数据向右逐位移动 N 位，送 OUT，右移后空出的位补。（正数）或 1（负数）	EN: BOOL　　使能输入 ENO: BOOL　　使能输出 IN: INT　　要移位的值 N: WORD　　要移动的位数 OUT: INT移位指令的结果 存储区：I、Q、M、L、D
SHR_DI — EN ENO — — IN OUT — — N	有符号双整数右移：当 EN 为"1"时，将 IN 中的双整数数据向右逐位移动 N 位，送 OUT，右移后空出的位补 0（正数）或 1（负数）	EN: BOOL　　使能输入 ENO: BOOL　　使能输出 IN: DINT　　要移位的值 N: WORD　　要移动的位数 OUT: DINT　　移位指令的结果 存储区：I、Q、M、L、D

（2）指令说明

1）无符号移位指令的工作方式：字左移、字右移的工作方式如图 4-4 和图 4-5 所示。双字左移、双字右移只是移动的内容增到 32 位，其余规则相同。

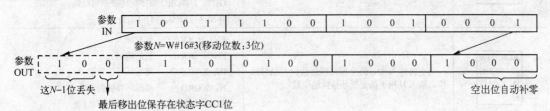

图 4-4　字左移指令的工作方式

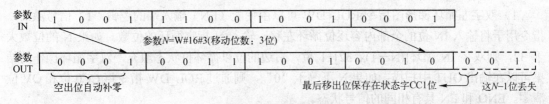

图 4-5　字右移指令的工作方式

2）有符号移位指令工作方式：整数右移指令与字移位指令不同，整数只有右移位指令，移位时按照低位丢失，高位补符号位状态的原则，也就是正数高位补 0，负数高位补 1 的原则。整数右移指令的工作方式如图 4-6 所示。双整数右移指令与整数右移指令类似，只不过双整数移位对象为 32 位，其余规则相同。

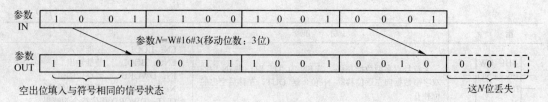

图 4-6　整数右移指令的工作方式

2．循环移位指令

可使用循环移位指令将输入端 IN 的全部内容逐位向左或向右循环移动，移空的位将用从输入端 IN 移出的位的信号状态填补，为输入参数 N 指定的值即是要循环移位的位数。

根据指令不同，循环移位将使状态字的 CC1 位、状态字的 CC0 位被复位为 0。

（1）循环移位指令的格式及功能

循环移位指令有：双字左循环 ROL_DW 和双字右循环 ROR_DW，循环移位指令的格式及功能如表 4-12 所示。

表 4-12　循环移位指令的格式及功能

指　　令	功　　能	说　　明
ROL_DW — EN ENO — — IN OUT — — N	用于将输入 IN 的全部内容逐位向左循环移位。输入 N 用于指定循环移位的位数	EN：BOOL　　使能输入 ENO：BOOL　　使能输出 IN：DWORD　　要循环移位的值 N：WORD　　要循环移位的位数 OUT：DWORD 双字循环指令的结果 存储区：I、Q、M、L、D
ROR_DW — EN ENO — — IN OUT — — N	用于将输入 IN 的全部内容逐位向右循环移位。输入 N 用于指定循环移位的位数	EN：BOOL　　使能输入 ENO：BOOL　　使能输出 IN：DWORD　　要循环移位的值 N：WORD　　要循环移位的位数 OUT：DWORD 双字循环指令的结果 存储区：I、Q、M、L、D

（2）指令说明

1）双字左循环梯形图指令 ROL_DW 可以由使能（EN）输入端的逻辑"1"信号激活。指令用于将输入 IN 位的全部内容逐位循环左移，输入 N 指定循环的位数。如果 N 的位数大于 32，则双字 IN 循环[(N−1)x 32]+1 位，右边的位以循环位状态填充，双字循环操作的结果可以在输出 OUT 中扫描；如果 N 不等于"0"，则通过 ROL_DW 指令将 CC0 位和 OV 位清零。ENO 和 EN 具有相同的信号状态。

双字左循环指令的工作方式如图 4-7 所示。

2）双字右循环梯形图指令 ROR_DW 可以由使能（EN）输入端的逻辑"1"信号激活。指令用于将输入 IN 位的全部内容逐位循环右移，输入 N 指定循环的位数。如果 N 的位数大于 32，则双字 IN 循环[(N−1)x 32]+1 位，左边的位以循环位状态填充，双字循环操作的结果可以在输出 OUT 中扫描。如果 N 不等于"0"，则通过 ROR_DW 指令将 CC0 位和 OV 位清零。ENO 和 EN 具有相同的信号状态。

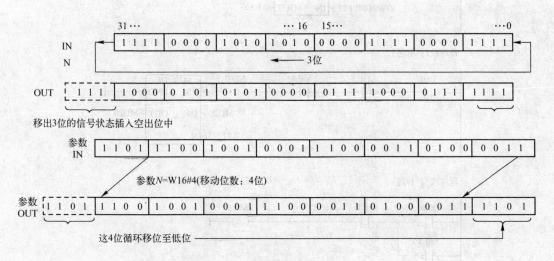

图 4-7　双字左循环指令的工作方式

双字右循环指令的工作方式如图 4-8 所示。

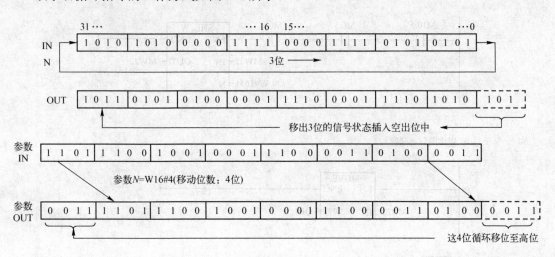

图 4-8　双字右循环指令的工作方式

3. 指令应用

【例 4-4】　移位指令应用示例。

要求：运用移位指令实现彩灯的正序亮至全亮，反序灭至全部熄灭，彩灯变化时间是 1s，系统中共 16 个彩灯分别接在 Q0.0～Q1.7，I0.0 为系统的启动按钮。

程序设计：由于右移指令中要使灯顺序全亮，必须在移位过程中移出的空位中填 1，这里选择有符号的右移指令，灯在最后一个亮过之后顺序灭掉，使用的是左移指令，1s 的变换时间是由 M10.5 提供。移位指令应用示例梯形图如图 4-9 所示。

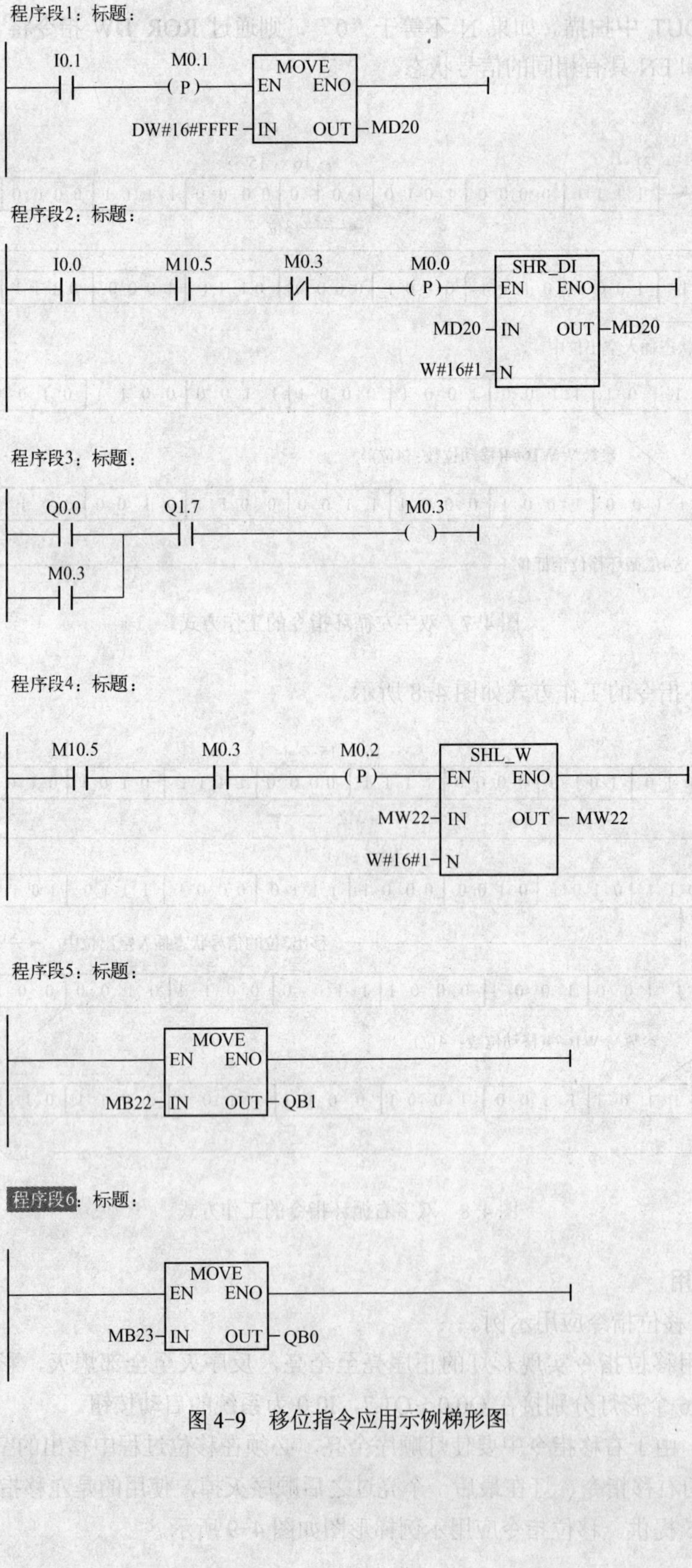

程序段1: 标题:

```
  I0.1           M0.1          MOVE
──┤ ├──────────( P )────────EN   ENO───────────┤
                                         
              DW#16#FFFF ──IN    OUT──MD20
```

程序段2: 标题:

```
  I0.0      M10.5     M0.3      M0.0         SHR_DI
──┤ ├──────┤ ├──────┤/├──────( P )────────EN   ENO───────┤
                                         
                              MD20 ──IN    OUT──MD20
                                         
                             W#16#1 ──N
```

程序段3: 标题:

```
  Q0.0            Q1.7                    M0.3
──┤ ├──────┬──────┤ ├─────────────────────( )───────┤
           │
  M0.3     │
──┤ ├──────┘
```

程序段4: 标题:

```
  M10.5          M0.3          M0.2         SHL_W
──┤ ├──────────┤ ├──────────( P )────────EN   ENO───────┤
                                         
                              MW22 ──IN    OUT──MW22
                                         
                             W#16#1 ──N
```

程序段5: 标题:

```
                MOVE
──────────────EN   ENO──────────────────────────────┤
                    
          MB22 ──IN    OUT──QB1
```

程序段6: 标题:

```
                MOVE
──────────────EN   ENO──────────────────────────────┤
                    
          MB23 ──IN    OUT──QB0
```

图 4-9　移位指令应用示例梯形图

108

4.2 运算指令

4.2.1 整数与双整数算术运算指令

算术运算指令主要是加、减、乘、除四则运算，数据类型为整型 INT、双整型 DINT 和实数 REAL。

算术运算指令是在累加器 1、2 中进行的，累加器 1 是主累加器，累加器 2 是辅助累加器，与主累加器进行运算的数据存储在累加器 2 中。在执行算术运算指令时，累加器 2 中的值作为被减数和被除数，而算术运算的结果则保存在累加器 1 中，累加器 1 中原有的数据被运算结果所覆盖，累加器 2 中的值保持不变。对于有 4 个累加器的 CPU，累加器 3 的内容复制到累加器 2，累加器 4 的内容传送到累加器 3，累加器 4 原有内容保持不变。

CPU 在执行算术运算指令时：对状态字中的逻辑操作结果（RLO、1）位不产生影响，但是对状态字中的条件码 1（CC1、7）、条件码 0（CC0、6）、溢出（OV、5）和溢出状态保持（OS、4）位产生影响，可以用位操作指令或条件跳转指令对状态字中的这些标志位进行判断操作。

例如运算结果分别为 0、负数、正数时，状态字中的 CC1、CC 0、OV、OS 位分别为（0、0、0、无影响）、（0、1、0、无影响）、（1、0、0、无影响）；运算结果无效时，OS 位一律置 1，CC1、CC0、OV 位描述溢出的不同类型或除数为 0 等。

整数运算指令包括整数和双整数（又称为长整数）运算指令。

1. 整数算术运算指令

整数运算指令包括整数型的加、减、乘、除运算，整数运算指令的功能及说明见表 4-13。

表 4-13 整数运算指令的功能及说明

指 令	功 能	说 明
ADD_I EN ENO IN1 IN2 OUT	将累加器 1、2 中的低字（低 16 位）整数相加，16 位运算结果保存在累加器 1 的低字中	EN: BOOL 使能输入 ENO: BOOL 使能输出 IN1: INT 被加数 IN2: INT 加数 OUT: INT加法结果
SUB_I EN ENO IN1 IN2 OUT	将累加器 2 低字中的 16 位整数减去累加器 1 低字中 16 位整数，16 位运算结果保存在累加器 1 的低字中	EN: BOOL 使能输入 ENO: BOOL 使能输出 IN1: INT 被减数 IN2: INT 减数 OUT: INT减法结果
MUL_I EN ENO IN1 IN2 OUT	将累加器 1、2 中的低字（低 16 位）整数相乘，16 位运算结果保存在累加器 1 的低字中	EN: BOOL 使能输入 ENO: BOOL 使能输出 IN1: INT 被乘数 IN2: INT 乘数 OUT: INT乘法结果
DIV_I EN ENO IN1 IN2 OUT	将累加器 2 低字中的 16 位整数除以累加器 1 低字中的 16 位整数，16 位的商存在累加器 1 的低字中，余数存在累加器 1 的高字中	EN: BOOL 使能输入 ENO: BOOL 使能输出 IN1: INT 被除数 IN2: INT 除数 OUT: INT除法结果

2. 双整数算术运算指令

双整数运算指令包括整数型的加、减、乘、除运算，双整数运算指令的功能及说明见表 4-14。

表 4-14 双整数运算指令的功能及说明

指　令	功　能	说　明
ADD_DI — EN　ENO — — IN1 — IN2　OUT —	将累加器 1、2 中的 32 位整数相加，32 位运算结果保存在累加器 1 中	EN：BOOL　　使能输入 ENO：BOOL　　使能输出 IN1：INT　被加数 IN2：INT　　加数 OUT：INT相加结果
SUB_DI — EN　ENO — — IN1 — IN2　OUT —	将累加器 2 中的 32 位整数减去累加器 1 中 32 位整数，32 位运算结果保存在累加器 1 中	EN：BOOL　　使能输入 ENO：BOOL　　使能输出 IN1：INT　被减数 IN2：INT　减数 OUT：INT相减结果
MUL_DI — EN　ENO — — IN1 — IN2　OUT —	将累加器 1、2 中的 32 位整数相乘，32 位运算结果保存在累加器 1 中	EN：BOOL　　使能输入 ENO：BOOL　　使能输出 IN1：INT　被乘数 IN2：INT　乘数 OUT：INT相乘结果
DIV_DI — EN　ENO — — IN1 — IN2　OUT —	将累加器 2 中的 32 位整数除以累加器 1 中的 32 位整数，32 位的商存在累加器 1 中，余数被忽略	EN：BOOL　　使能输入 ENO：BOOL　　使能输出 IN1：INT　被除数 IN2：INT　除数 OUT：INT相除的整数结果
MOD_DI — EN　ENO — — IN1 — IN2　OUT —	将累加器 2 中的 32 位整数除以累加器 1 中的 32 位整数，32 位的余数存在累加器 1 中，商被忽略	EN：BOOL　　使能输入 ENO：BOOL　　使能输出 IN1：INT　被除数 IN2：INT　除数 OUT：INT相除的整数余数

3．应用示例

【例 4-5】 整数算术运算指令应用。

图 4-10 所示为整数运算指令的梯形图程序，在图 4-10a 中，如果 I0.0 =1，则激活 ADD_I 框。MW0 和 MW2 相加的结果输出到 MW10。如果结果超出整数的允许范围，则 Q4.0 置位。在图 4-10b 中，如果 I0.0 =1，则激活 SUB_I 框。MW0 与 MW2 相减的结果输出到 MW10。如果结果超出整数允许范围，或者 I0.0 信号状态为 "0"，则 Q4.0 置位。

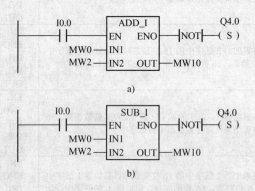

图 4-10　整数运算指令的梯形图程序

a) 整数加指令程序　b) 整数减指令程序

【例 4-6】 运用算术指令完成下面的运算：MW4=[(IW0+DBW3)×15]/MW0。

例 4-6 梯形图程序如图 4-11 所示。ADD_I 指令完成 "IW0+DBW3"，结果输出到 MW100，MUL_I 指令将 MW100 与 15 相乘，结果输出到 MW102，DIV_I 指令完成 MW102 除以 MW0，将结果输出到 MW4。

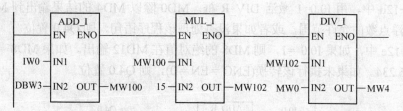

图 4-11 例 4-6 梯形图程序

4.2.2 浮点数算术运算指令

1. 浮点数运算指令功能及说明

浮点数操作指令与上述指令形式基本一致，只是指令的操作数为浮点数。浮点数经过浮点算术指令运算后的结果还是浮点数。浮点数运算指令的功能及说明见表 4-15。

表 4-15 浮点数运算指令的功能及说明

指　令	功　　能	说　　明
ADD_R EN ENO IN1 IN2 OUT	将累加器 1、2 中的 32 位实数相加，32 位的结果（和）保存在累加器 1 中	EN：BOOL　　使能输入 ENO：BOOL　　使能输出 IN1：INT　　被加数 IN2：INT　　加数 OUT：INT相加结果
SUB_R EN ENO IN1 IN2 OUT	将累加器 2 中的 32 位实数减去累加器 1 中的实数，结果保存在累加器 1 中	EN：BOOL　　使能输入 ENO：BOOL　　使能输出 IN1：INT　　被减数 IN2：INT　　减数 OUT：INT相减结果
MUL_R EN ENO IN1 IN2 OUT	将累加器 1、2 中的 32 位实数相乘，32 位的乘积保存在累加器 1 中	EN：BOOL　　使能输入 ENO：BOOL　　使能输出 IN1：INT　　被乘数 IN2：INT　　乘数 OUT：INT相乘结果
DIV_R EN ENO IN1 IN2 OUT	将累加器 2 中的 32 位实数除以累加器 1 中的实数，32 位的商保存在累加器 1 中	EN：BOOL　　使能输入 ENO：BOOL　　使能输出 IN1：INT　　被除数 IN2：INT　　除数 OUT：INT相除的结果
ABS EN ENO IN OUT	将累加器 1 中的 32 位实数取绝对值	EN：BOOL　　使能输入 ENO：BOOL　　使能输出 IN：INT　　输入浮点数 OUT：INT输出浮点数

2. 指令应用示例

【例 4-7】 浮点数运算指令示例。

图 4-12 所示为浮点数运算指令示例的梯形图程序，在图 4-12a 中，由 I0.0=1 激活 ADD_R 框。MD0 与 MD4 相加的结果输出到 MD10。如果结果超出了浮点数的允许范围，或者如果没有处理该程序语句(I0.0 = 0)，则 Q4.0 置位。

在图 4-12b 中，由 I0.0=1 激活 SUB_R 框。MD0 与 MD4 相减的结果输出到 MD10。如

果结果超出了浮点数的允许范围，或者如果没有处理该程序语句，则 Q4.0 置位。

在图 4-12c 中，由 I0.0=1 激活 MUL_R 框。MD0 与 MD4 相乘的结果输出到 MD0。如果结果超出了浮点数的允许范围，或者如果没有处理该程序语句，则 Q4.0 置位。

在图 4-12d 中，由 I0.0=1 激活 DIV_R 框。MD0 除以 MD4 的结果输出到 MD10。如果结果超出了浮点数的允许范围，或者如果没有处理该程序语句，则 Q4.0 置位。

在图 4-12e 中，如果 I0.0 =1，则 MD8 的绝对值在 MD12 输出。如果 MD8 = + 6.234 得到 MD12 = 6.234。如果未执行该转换(ENO = EN = 0)，则 Q4.0 置位。

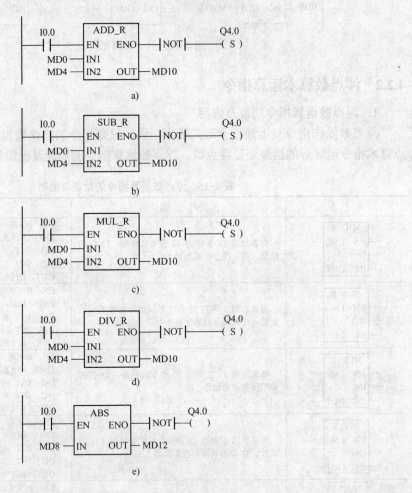

图 4-12 浮点数运算指令示例的梯形图程序

a) 浮点数加指令程序 b) 浮点数减指令程序 c) 浮点数乘指令程序 d) 浮点数除指令程序 e) 浮点数取绝对值指令程序

4.2.3 扩展的实数（浮点数）运算指令

1. 运算指令功能及说明

实数（浮点数）运算指令对累加器 1 和累加器 2 中的 32 位 IEEE 格式的浮点数（数据类型 REAL）进行运算，结果保存在累加器 1 中。双累加器的 CPU 中，浮点数学运算不会改变累加器 2 的值。除了表 4-15 中的几条常规浮点数运算指令外，还有一些扩展的实数（浮点数）运算指令的功能及说明，如表4-16所示。

表4-16　扩展的实数（浮点数）运算指令的功能及说明

指　令	功　能	说　明
SQR EN ENO IN OUT	求一个浮点数的平方	EN：BOOL　使能输入 ENO：BOOL　使能输出 IN：REAL输入浮点 OUT：REAL　输出浮点数的平方
SQRT EN ENO IN OUT	求一个浮点数的平方根	EN：BOOL　使能输入 ENO：BOOL　使能输出 IN：REAL输入浮点 OUT：REAL　输出浮点数的平方根
EXP EN ENO IN OUT	求浮点数的以 e(=2,71828...)为底的指数值	EN：BOOL　使能输入 ENO：BOOL　使能输出 IN：REAL输入浮点 OUT：REAL　输出浮点数的指数值
LN EN ENO IN OUT	求浮点数的自然对数	EN：BOOL　使能输入 ENO：BOOL　使能输出 IN：REAL输入浮点 OUT：REAL　输出浮点数的自然对数
SIN EN ENO IN OUT	求浮点数的正弦值	EN：BOOL　使能输入 ENO：BOOL　使能输出 IN：REAL输入浮点 OUT：REAL　输出浮点数的正弦值
COS EN ENO IN OUT	求浮点数的余弦值	EN：BOOL　使能输入 ENO：BOOL　使能输出 IN：REAL输入浮点 OUT：REAL　输出浮点数的余弦值
TAN EN ENO IN OUT	求浮点数的正切值	EN：BOOL　使能输入 ENO：BOOL　使能输出 IN：REAL输入浮点 OUT：REAL　输出浮点数的正切值
ASIN EN ENO IN OUT	求一个浮点数的反正弦函数	EN：BOOL　使能输入 ENO：BOOL　使能输出 IN：REAL输入浮点 OUT：REAL　输出浮点数的反正弦
ACOS EN ENO IN OUT	求一个浮点数的反余弦函数	EN：BOOL　使能输入 ENO：BOOL　使能输出 IN：REAL输入浮点 OUT：REAL　输出浮点数的反余弦
ATAN EN ENO IN OUT	求一个浮点数的反正切函数	EN：BOOL　使能输入 ENO：BOOL　使能输出 IN：REAL输入浮点 OUT：REAL　输出浮点数的反正切

2．应用示例

【例4-8】　编程求取5的3次方。

分析：$5^3=e^{3\times\ln5}$，先求 5 的对数，再乘以 3，再求以 e 为底的指数值，即可得到 5 的 3 次方的值。取 5 的 3 次方如图4-13所示。

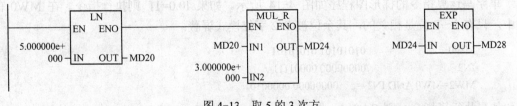

图4-13　取5的3次方

4.2.4 字逻辑运算指令

1. 字逻辑运算功能及说明

字逻辑运算指令是将两个字（16 位字和 32 位双字）逐位进行逻辑运算。如果输出 OUT 的结果不等于 0，将把状态字的 CC1 位设置为"1"。如果输出 OUT 的结果等于 0，将把状态字的 CC 1 位设置为"0"。

字逻辑运算指令在功能上包括逻辑与、逻辑或、逻辑异或运算。功能实现方式主要是对操作数进行按位操作。操作数的类型包括整形和双整形两种。在操作时，两种数据类型是相似的，只是各自的数据长度不同。字逻辑运算指令及功能如表 4-17 所示。

表 4-17　字逻辑运算指令及功能

指　令	功　能	说　明
WAND W EN　ENO IN1　OUT IN2	使能（EN）输入的信号状态为"1"时将激活 WAND_W（字与运算），并逐位对 IN1 和 IN2 处的两个字值进行与运算。按纯位模式来解释这些值。可以在输出 OUT 扫描结果。ENO 与 EN 的逻辑状态相同	EN：启用输入 ENO：启用输出 IN1：逻辑运算的第一个值 IN2：逻辑运算的第二个值 OUT：逻辑运算的结果字
WOR W EN　ENO IN1　OUT IN2	使能（EN）输入的信号状态为"1"时将激活 WOR_W（单字或运算），并逐位对 IN1 和 IN2 处的两个字值进行或运算。按纯位模式来解释这些值。可以在输出 OUT 扫描结果。ENO 与 EN 的逻辑状态相同	EN：启用输入 ENO：启用输出 IN1：逻辑运算的第一个值 IN2：逻辑运算的第二个值 OUT：逻辑运算的结果字
WAND DW EN　ENO IN1　OUT IN2	使能（EN）输入的信号状态为"1"时将激活 WAND_DW（双字与运算），并逐位对 IN1 和 IN2 处的两个字值进行与运算。按纯位模式来解释这些值。可以在输出 OUT 扫描结果。ENO 与 EN 的逻辑状态相同	EN：启用输入 ENO：启用输出 IN1：逻辑运算的第一个值 IN2：逻辑运算的第二个值 OUT：逻辑运算的结果双字
WOR DW EN　ENO IN1　OUT IN2	使能（EN）输入的信号状态为"1"时将激活 WOR_DW（双字或运算），并逐位对 IN1 和 IN2 处的两个字值进行或运算。按纯位模式来解释这些值。可以在输出 OUT 扫描结果。ENO 与 EN 的逻辑状态相同	EN：启用输入 ENO：启用输出 IN1：逻辑运算的第一个值 IN2：逻辑运算的第二个值 OUT：逻辑运算的结果双字
WXOR W EN　ENO IN1　OUT IN2	使能（EN）输入的信号状态为"1"时将激活 WXOR_W（单字异或运算），并逐位对 IN1 和 IN2 处的两个字值进行异或运算。按纯位模式来解释这些值。可以在输出 OUT 扫描结果。ENO 与 EN 的逻辑状态相同	EN：启用输入 ENO：启用输出 IN1：逻辑运算的第一个值 IN2：逻辑运算的第二个值 OUT：逻辑运算的结果字
WXOR DW EN　ENO IN1　OUT IN2	使能（EN）输入的信号状态为"1"时将激活 WXOR_DW（双字异或运算），并逐位对 IN1 和 IN2 处的两个字值进行异或运算。按纯位模式来解释这些值。可以在输出 OUT 扫描结果。ENO 与 EN 的逻辑状态相同	EN：启用输入 ENO：启用输出 IN1：逻辑运算的第一个值 IN2：逻辑运算的第二个值 OUT：逻辑运算的结果双字

2. 指令应用示例

【例 4-9】 单字与运算指令应用示例。

单字与运算指令的梯形图程序如图 4-14 所示。如果 I0.0=1，则执行指令。在 MW0 的位中，只有 0~3 位是相关的，其余位被 IN2 字位模式屏蔽：

MW0　　　　　　　=　　01010101 01010101

IN2　　　　　　　 =　　00000000 00001111

MW2=MW0 AND IN2 =　　00000000 00000101

如果执行了指令，则 Q4.0=1。

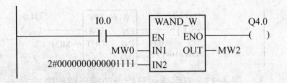

图 4-14　单字与运算指令的梯形图程序

【例 4-10】　单字或运算指令应用示例。

单字或运算指令的梯形图程序如图 4-15 所示。如果 I0.0=1，则执行指令。将位 0～3 设置为"1"，不改变 MW0 的其他位。

MW0	=	01010101 01010101
IN2	=	00000000 00001111
MW2	=MW0 OR IN2=	01010101 01011111

如果执行了指令，则 Q4.0 为"1"。

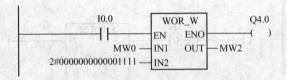

图 4-15　单字或运算指令的梯形图程序

【例 4-11】　双字与运算指令应用示例。

双字与运算指令的梯形图程序如图 4-16 所示。如果 I0.0=1，则执行指令。在 MD0 的位中，只有 0 和 11 位是相关的，其余位被 IN2 位模式屏蔽：

MD0	=	01010101 01010101 01010101 01010101
IN2	=	00000000 00000000 00001111 11111111
MD4	=MD0 AND IN2 =	00000000 00000000 00000101 01010101

如果执行了指令，则 Q4.0=1。

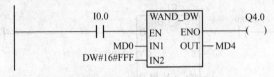

图 4-16　双字与运算指令的梯形图程序

【例 4-12】　双字或运算应用示例。

双字或运算指令的梯形图程序如图 4-17 所示。如果 I0.0=1，则执行指令。将位 0～11 设置为"1"，不改变 MD0 的其余位：

MD0	=	01010101 01010101 01010101 01010101
IN2	=	00000000 00000000 00001111 11111111
MD4	=MD0 OR IN2 =	01010101 01010101 01011111 11111111

如果执行了指令，则 Q4.0=1。

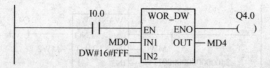

图 4-17　双字或运算指令的梯形图程序

4.2.5　运算指令综合应用

【例 4-13】 使用 PLC 编程进行四则运算，在一个生产线上有 6 包、8 包和 12 包的听装汽水进入一个输送带。每一包装经过输送带都会有相应的传感器分辨出它的尺寸并给相应的计数脉冲，也就是有三个计数器分别对三种包装进行计数。设计程序计算传送带上有多少听汽水，并且每 15s 刷新一次。

程序设计：I0.0、I0.1 和 I0.2 分别为三种包装的计数脉冲输入，I0.4 为启动定时器信号，计算传送带上的汽水数量的梯形图程序如图 4-18 所示。

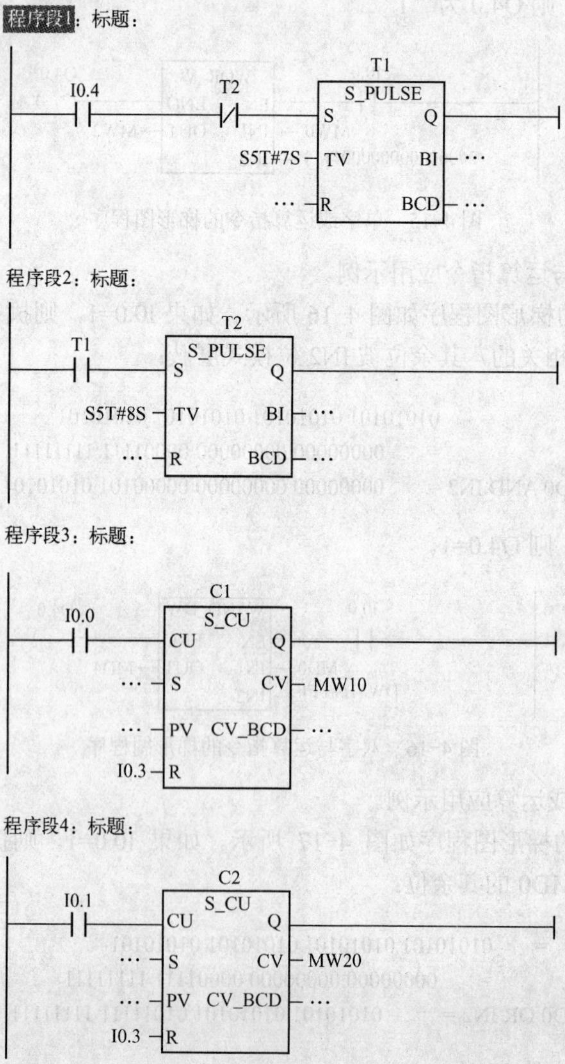

图 4-18　计算传送带上的汽水数量的梯形图程序

程序段5：标题：

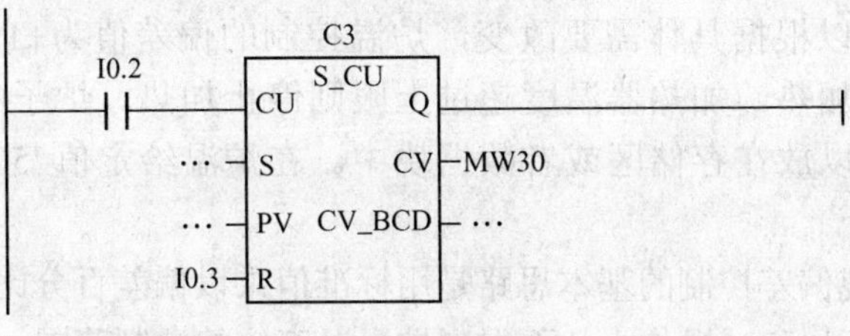

```
              C3
   I0.2     S_CU
──┤├──────CU      Q────────────────────
    ···────S      CV──MW30
    ···────PV  CV_BCD──···
   I0.3────R
```

程序段6：标题：

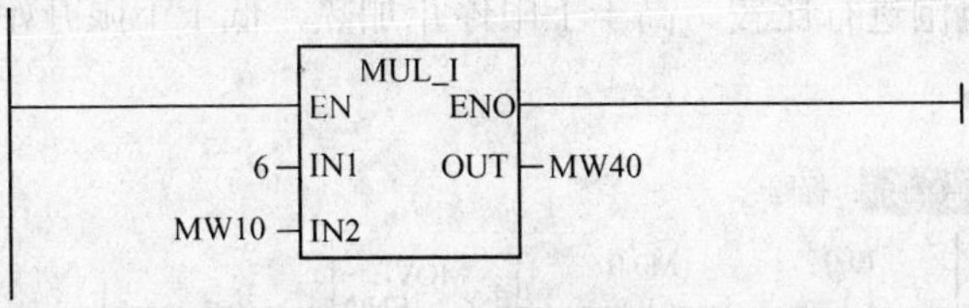

```
             MUL_I
            EN   ENO──────────────────
      6────IN1   OUT──MW40
   MW10────IN2
```

程序段7：标题：

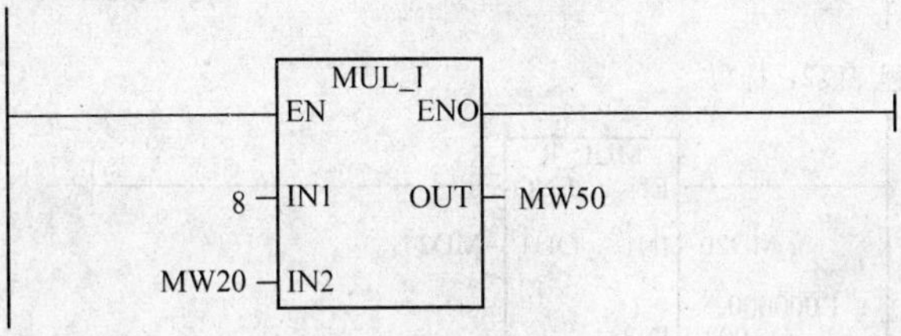

```
             MUL_I
            EN   ENO──────────────────
      8────IN1   OUT──MW50
   MW20────IN2
```

程序段8：标题：

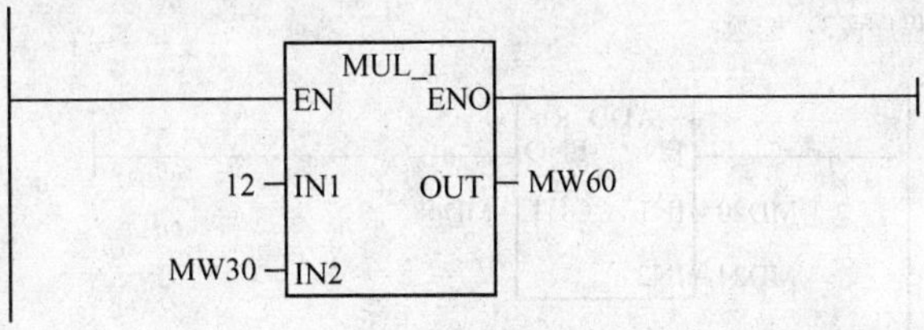

```
             MUL_I
            EN   ENO──────────────────
     12────IN1   OUT──MW60
   MW30────IN2
```

程序段9：标题：

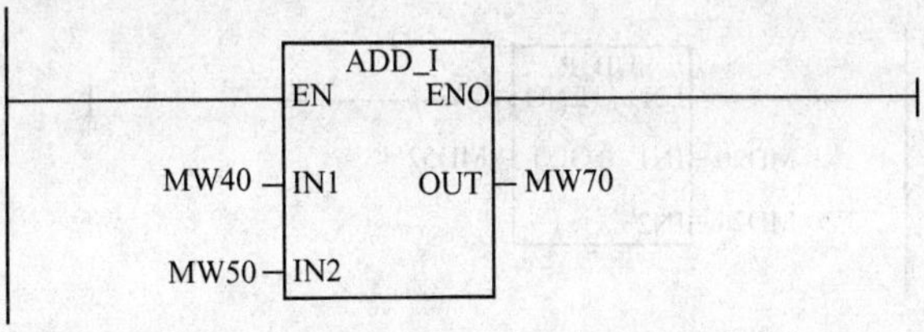

```
             ADD_I
            EN   ENO──────────────────
   MW40────IN1   OUT──MW70
   MW50────IN2
```

程序段10：标题：

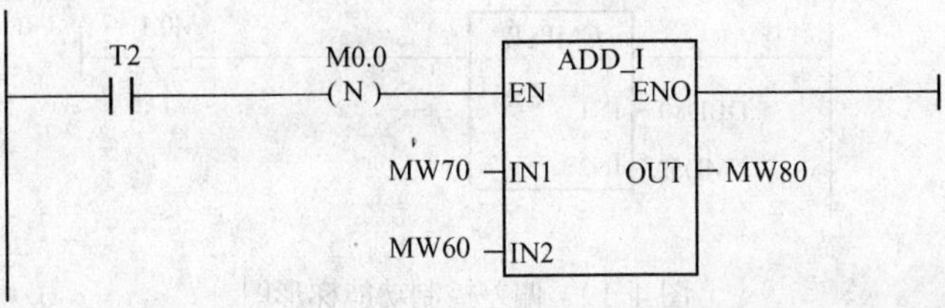

```
   T2      M0.0      ADD_I
──┤├──────( N )─────EN   ENO──────────
                 MW70────IN1   OUT──MW80
                 MW60────IN2
```

图4-18　计算传送带上的汽水数量的梯形图程序（续）

117

【例4-14】 利用乘法指令完成工业生产中的偏差控制功能。实现炉温控制，炉温给定值在某一存储区内可以根据具体需要改变，炉温控制的偏差值为±1%。当温度低于下限时，加热器启动开始加热，加热器温度超过上限则停止加热。炉子的当前温度由温度传感器提供，该数据可以放在存储区或者数据块中。在炉温给定值 500℃的情况下编程实现。

编程分析：程序实现偏差控制的基本思路是用标准值乘以偏差百分比，得到偏差范围。用标准值对偏差范围进行加和减操作，从而得到炉温温度值的控制范围。再将传感器输入的实际温度值和炉温控制范围进行比较，高于上限停止加热，低于下限开始加热。偏差控制功能梯形图如图 4-19 所示。

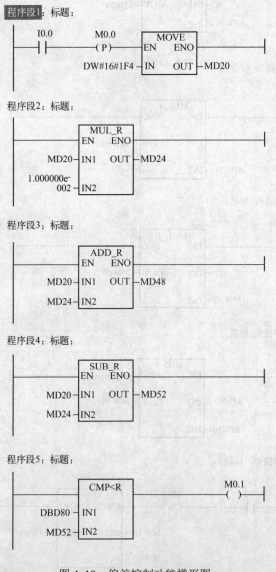

图 4-19　偏差控制功能梯形图

程序段6: 标题:

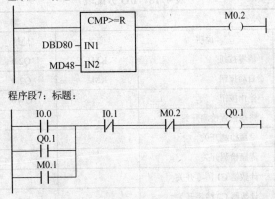

程序段7: 标题:

图 4-19　偏差控制功能梯形图（续）

在程序段 1 中将系统控制目标值输入到存储区 MD20 中。在程序段 2 中用炉温控制目标值乘以偏差百分比得到偏差最大值。在程序段 3 和程序段 4 中将偏差值进行加减得到炉温控制的范围。程序段 5 和程序段 6 将采集的实际炉温（存放在 DB 块中）与温度控制的上限值和温度控制的下限值进行比较，超过上限值程序段 6 中输出高电平，低于下限值程序段 5 中输出高电平。在程序段 7 中，系统启动信号和下限输出信号都能够启动加热输出，系统停止信号和上限输出信号都能够停止加热输出。

4.3　技能训练　灌装生产线包装的 PLC 控制

1. 控制要求

在灌装生产线中，需要对瓶数作统计，瓶以 12 个为单位打一个包装，包装数需要计算并显示。空瓶数减去满瓶数得到废瓶数，废瓶数除以空瓶数乘以 100 得到百分数的废品率。当废品率超过 2% 时，传送带终端指示灯亮，灌装生产线工作示意图如图 4-20 所示。编写控制程序实现这个功能。

物料灌装自动生产线示意图

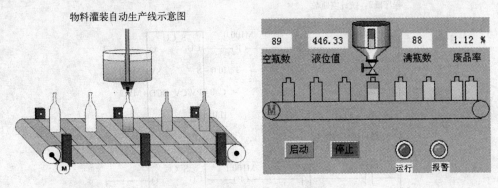

图 4-20　灌装生产线工作示意图

2. 程序设计

（1）I/O 分配表

由控制要求分析可知，该设计需要 8 个输入和 3 个输出，其 I/O 分配表如表 4-18 所示。

表 4-18   I/O 分配表

输 入			输 出		
变量	地址	说明	变量	地址	说明
SB0	I0.0	清零按钮	KM1	Q2.0	生产线运动指示器
SB1	I0.1	启动按钮	KM2	Q2.1	终端指示灯
SB2	I0.2	停止按钮		QW0	包装箱数显示
SQ1	I0.3	终端位置检测开关			
SQ2	I0.4	空瓶检测开关			
SQ3	I0.5	满瓶检测开关			
K1	I0.6	计数器 C1 清零开关			
K2	I0.7	计数器 C2 清零开关			

（2）PLC 程序编写

数学运算功能不能用 BCD 格式执行，所以必须先转换格式。计数器统计的空瓶数 MW2 （BCD 码）和满瓶数 MW6（BCD 码）要转换成整数的空瓶数 MW10 和满瓶数 MW20；计算 废品率，空瓶数减去满瓶数得到废瓶数，废瓶数除以空瓶数乘以 100 得到百分数的废品率。 由于废品率是实数，因此，要先将废瓶数和空瓶数转换成实数，再做除法运算。废品率保存 在 MD64 中。当废品率超过 2% 时，传送带终端指示灯亮。

计算包装箱数（1 箱 12 瓶），保存在 MW22 中，将包装箱数显示在数码管上。数据显示 要用 BCD 码，故要进行整数转 BCD 码。

按下清零按钮 I0.0，使空瓶数 MW10、满瓶数 MW20、废品率 MD30 和数码显示值 QW0 清零。PLC 梯形图如图 4-21 所示。

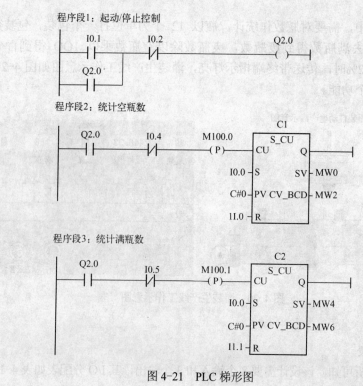

图 4-21   PLC 梯形图

程序段4：将统计的空瓶数BCD码转化为整数

```
        BCD_I
      EN    ENO
MW2 ─ IN    OUT ─ MW10
```

程序段5：将统计的满瓶数BCD码转化为整数

```
        BCD_I
      EN    ENO
MW6 ─ IN    OUT ─ MW20
```

程序段6：计算废品数

```
         SUB_I
       EN    ENO
MW10 ─ IN1   OUT ─ MW30
MW20 ─ IN2
```

程序段7：将废品数转换成实数

```
         I_DI                        DI_R
       EN    ENO                   EN    ENO
MW30 ─ IN    OUT ─ MD40    MD40 ─ IN    OUT ─ MD44
```

程序段8：将空瓶数转换成实数

```
         I_DI                        DI_R
       EN    ENO                   EN    ENO
MW10 ─ IN    OUT ─ MD50    MD50 ─ IN    OUT ─ MD54
```

程序段9：计算废品率

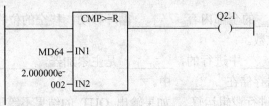

```
         DIV_R                              MUL_R
       EN    ENO                          EN    ENO
MD44 ─ IN1   OUT ─ MD60          MD60 ─ IN1   OUT ─ MD64
MD54 ─ IN2                1.000000e+002 ─ IN2
```

程序段10：废品率超过2%时报警

```
         CMP>=R                         Q2.1
       IN1                             ─( )─
MD64 ─ IN1
2.000000e-002 ─ IN2
```

程序段11：计算包装箱数，显示在数码管上(BCD码)

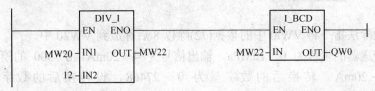

```
         DIV_I                        I_BCD
       EN    ENO                   EN    ENO
MW20 ─ IN1   OUT ─ MW22    MW22 ─ IN    OUT ─ QW0
  12 ─ IN2
```

图 4-21　PLC 梯形图

程序段12：空瓶、满瓶数和废品率进行清0

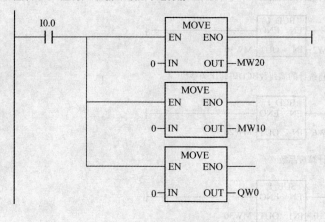

图4-21 PLC梯形图（续）

4.4 习题

1. 填空题

1）S7-300 PLC 有_____累加器（ACCU1 和 ACCU2），处理_____数据时，数据存放在累加器的_____，_____不使用累加器。

2）装入(L)指令将源操作数装入_____，而_____原有的数据移入_____。装入指令可以对_____数据进行操作。

3）传输(T)指令将_____中的内容写入目的存储区中，_____的内容不变。

4）转换指令是将_____中的数据进行_____转换，转换的结果仍存放在_____中。

5）比较指令用于对_____中的数据进行比较。数据类型可以是_____，但是要确保进行比较的两个数据的_____相同。

6）移位指令是对_____中的数据操作，将_____的数据逐位_____，结果放在_____中。

7）循环移位指令将_____的全部内容_____循环移动，移空的位将用_____填补，_____是要循环移位的位数。

8）算术运算指令是在_____中进行的，_____是主累加器，_____是辅助累加器，与主累加器进行运算的数据存储在_____中。

9）字逻辑指令将_____进行逻辑运算。如果输出 OUT 的结果不等于 0，将把状态字的 CC1 位设置为_____。如果输出 OUT 的结果等于 0，将把状态字的 CC 1 位设置为_____。

2. 用整数除法指令将 VW10 中的数据(72)除以 8 后存放到 VW20 中。

3. 压力变送器的量程为 0~10MPa，输出信号为 4~20mA，S7-300 的模拟量输入模块的量程为 4~20mA，转换后的数字量为 0~27468，设转换后的数字为 N，压力 $P=(10000*N)/27468 \mathrm{kPa}$，试计算压力值。

4. 某仓库区装有两台传送带的系统，在两台传送带之间有一个临时仓库区，如图 4-22

所示，传送带 1 将包裹运送到临时仓库区。传送带 1 靠近仓库区一端安装的光电传感器确定已有多少包裹运送至仓库区。传送带 2 将临时库区中的包裹运送至装袋场，在这里货物由卡车运送至目的地。传送带 2 靠近库区一端安装的光电传感器确定已有多少包裹从库区运送至装袋场。用 5 个指示灯的显示盘表示临时仓库区的占用程度，试编写启动显示盘上指示灯的控制程序。

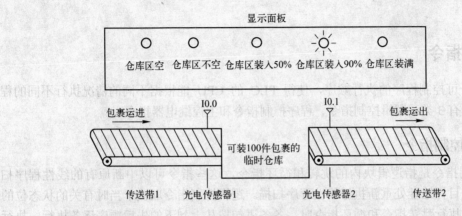

图 4-22　第 4 题图

5. 用 PLC 控制两盏彩灯，要求如下：按下启动按钮时，彩灯 L1、L2 同时亮；过 1s 后，L1 熄灭，L2 保持亮；再过 1s 后，L1、L2 同时灭；再过 1s 后，L1 亮，L2 保持灭；再过 1s 后，L1、L2 又同时亮，如此循环闪烁，直到按下停止按钮，两彩灯停止工作。

第5章 控制指令与顺序控制

5.1 控制指令

控制指令可控制程序的执行顺序，使得 PLC 的 CPU 能根据不同的情况执行不同的程序。控制指令有 3 类：逻辑控制指令、程序控制指令和主控继电器指令。

5.1.1 逻辑控制指令

逻辑控制指令是指逻辑块内的跳转和循环指令，这些指令可以中断原有的线性程序扫描，并跳转到目标地址处重新执行线性程序扫描。逻辑控制指令取决于当时有关的状态位的状态。在没有执行跳转指令和循环指令时，各条语句按从上到下的先后顺序逐条执行。执行逻辑控制指令时，根据状态字中有关位的状态，决定是否跳转到指令中的地址标号所在的目的地址，跳转到目的地址后，程序继续顺序执行。

目标地址由跳转指令后面的标号指定，该地址标号指出程序要跳往何处，可向前跳转，也可以向后跳转，最大跳转距离为-32768 或 32767 字。标号最多由 4 个字符组成，第一个字符必须是字母，其余字符可为字母或数字。与它相同的标号还必须写在程序跳转指令的目的地址前面，称为目标地址标号。目标地址标号与跳转指令必须在同一块内，在同一块中的目标地址标号不能重名，在不同逻辑块中的目标地址标号可以重名。

在 STL 程序中，目标地址标号与目标指令用冒号分隔；在 LAD 和 FBD 程序中，目标地址标号必须放在同一网络的开始。

1. 无条件跳转指令

无条件跳转指令 JU 执行时，将直接中断当前的线性程序扫描，并跳转到由指令后面的标号所指定的目标地址处重新执行线性程序扫描。

STL 形式的无条件跳转指令格式：JU<跳转标号>

LAD 形式的无条件跳转指令格式：——(JMP)—|

注意：LAD 形式的无条件跳转指令直接连接到最左边母线，否则将变成条件跳转指令。

2. 多分支跳转指令

多分支跳转指令 JL 的指令格式如下：

    JL   <标号>

多分支跳转指令 JL 必须与无条件跳转指令 JU 配合使用，可根据累加器 1 低字中低字节的内容及 JL 所指定的标号实现最多 255 个分支（目的地）的跳转。跳转分支（目的地）列表必须位于 JL 指令和由 JL 指令所指定的标号之间,每个跳转分支(目的地)都由一个无条件跳转指令 JU 组成。

如果累加器 1 低字中低字节的内容小于 JL 指令和由 JL 指令所指定的标号之间的 JU 指令的数量,JL 指令就会跳转到其中一条 JU 处执行,并由 JU 指令进一步跳转到目标地址;如果累加器 1 低字中低字节的内容为 0,则直接执行 JL 指令下面的第一条 JU 指令;如果累加器 1 低字中低字节的内容为 1,则直接执行 JL 指令下面的第二条 JU 指令;如果跳转的目的地的数量太大,则 JL 指令跳转到目的地列表中最后一个 JU 指令之后的第一个指令。

3. 条件跳转指令

条件跳转指令是根据状态位或前一条指令的执行结果与 0 的关系来决定是否跳转。条件跳转指令的格式及说明见表 5-1。

表 5-1　条件跳转指令的格式及说明

指　令	说　明	指　令	说　明
JC	当 RLO=1 时,跳转	JZ	累加器 1 中计算结果为 0 时跳转
JCN	当 RLO=0 时,跳转	JN	累加器 1 中计算结果非 0 时跳转
JCB	当 RLO=1 且 BR=1 时跳转	JP	累加器 1 中计算结果为正时跳转
JNB	当 RLO=0 且 BR=1 时跳转	JM	累加器 1 中计算结果为负时跳转
JBI	BR=1 时跳转	JMZ	累加器 1 中计算结果≤0 时跳转
JNBI	BR=0 时跳转	JPZ	累加器 1 中计算结果≥0 时跳转
JO	OV=1 时跳转	JUO	浮点数溢出跳转
JOS	OS=1 时跳转	LOOP	循环跳转

判断运算结果是"正"还是"负"的依据是状态字中的条件码(CC1 和 CC0),条件跳转指令与条件码的关系见表 5-2。

表 5-2　条件跳转指令与条件码的关系

条　件　码		计算结果	触发的跳转指令
CC1	CC0		
0	0	=0	JZ
1 或 0	0 或 1	<>0	JN
1	0	>0	JP
0	1	<0	JM
0 或 1	0	<=0	JMZ
0	1 或 0	>=0	JPZ
1	1	UO(溢出)	JUO

在 STEP 7 中,还可以利用状态位指令(各状态标志位的触点信号),配合条件跳转"JC"和"JCN"指令实现"JCB/JNB""JBI/JNBI""JO""JOS""JZ/JNZ""JP/JM""JMZ""JPZ"和"JUO"等条件跳转指令的功能。状态位指令格式及说明见表 5-3。

表 5-3　状态位指令的格式及说明

LAD		STL 等效指令	说　明
常开触点	常闭触点		
OV ─┤├─	OV ─┤/├─	A OV	溢出标志，当运算结果超出允许的正数或负数范围时，OV=1，否则，OV=0
OS ─┤├─	OS ─┤/├─	A OS	溢出异常标志，当运算结果超出允许的正数或负数范围时，OS=1，否则，OS=0。OS 具有保持功能，直到离开当前块
UO ─┤├─	UO ─┤/├─	A UO	无序异常标志，当浮点运算结果无序（是否出现无效的浮点数）时，UO=1，否则，UO=0
BR ─┤├─	BR ─┤/├─	A BR	二进制异常标志，当二进制结果出现无效数字时，BR=1，否则，BR=0
==0 ─┤├─	==0 ─┤/├─	A ==0	判断算术运算的结果是否等于 0
<>0 ─┤├─	<>0 ─┤/├─	A <>0	判断算术运算的结果是否不等于 0
>0 ─┤├─	>0 ─┤/├─	A >0	判断算术运算的结果是否大于 0
<0 ─┤├─	<0 ─┤/├─	A <0	判断算术运算的结果是否小于 0
>=0 ─┤├─	>=0 ─┤/├─	A >=0	判断算术运算的结果是否大于等于 0
<=0 ─┤├─	<=0 ─┤/├─	A <=0	判断算术运算的结果是否小于等于 0

4. 循环指令

循环指令的格式如下：

　　　LOOP　<标号>

使用循环指令（LOOP）可以多次重复执行特定的程序段，由累加器 1 确定重复执行的次数，即以累加器 1 的低字为循环计数器。LOOP 指令执行时，将累加器 1 低字中的值减 1，如果不为 0，则继续循环过程，否则执行 LOOP 指令后面的指令。循环体是指循环标号和 LOOP 指令间的程序段。

由于循环次数不能是负数，所以程序应保证循环计数器中的数为正整数或字型数据。

5. 指令应用示例

【例 5-1】 无条件跳转指令的使用。

当程序执行到无条件跳转指令时，将直接跳转到 L1 处执行，无条件跳转指令如图 5-1 所示。

【例 5-2】 条件跳转指令的使用。

条件跳转指令的使用如图 5-2 所示。当 I0.0 与 I0.1 同时为 "1" 时，则跳转到 L2 处执行；否则，到 L1 处执行（顺序执行）。

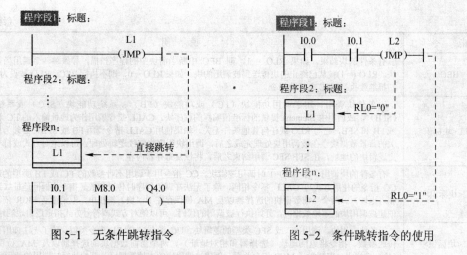

图 5-1　无条件跳转指令　　　　图 5-2　条件跳转指令的使用

【例 5-3】 利用循环指令求阶乘 "8!"。

利用循环指令可以完成有规律的重复计算过程，下面是求阶乘 "8!" 的程序：

```
        L       L#1             //将整型常数(32 位)装入到累加器 1 中
        T       MD20            //将累加器 1 的内容传送给 MD20(初始化)
        L       8               //将循环周期的数目装入到累加器 1 的低字中
NEXT: MW10                     //循环开始，将累加器 1 的低字内容传送给循环计数器
        L       MD20            //取部分积
        *       D               //MD20 的当前内容乘以 MB10 的当前内容
        T       MD20            //将相乘结果传送给 MD20
        L       MW10            //将循环计数器的内容装入到累加器 1 中
        LOOP    NEXT            //当累加器 1 低字内容不为 0 时，跳转到 NEXT 继续循环执行，对累
加器 1 的内容进行减 1 操作
        …                       //完成循环后，在此继续执行程序扫描
```

5.1.2　程序控制指令

程序控制指令是指功能块（FB、FC、SFB、SFC）调用指令和逻辑块（OB，FB，FC）结束指令。调用块或结束块可以是有条件的也可以是无条件的。

CALL 指令可以调用用户编写的功能块或操作系统提供的功能块，CALL 指令的操作数是功能块类型及其编号，当调用的功能块是 FB 块时还要提供相应的背景数据块 DB。使用 CALL 指令可以为被调用功能块中的形参赋予实际参数，调用时应保证实参与形参的数据类型一致。

STL 形式的程序控制指令的格式及说明见表 5-4。

表 5-4　程序控制指令的格式及说明

指　　令	说　　明
BE	块结束。终止当前块中的程序扫描，并导致跳转到调用当前块的那个块中。 BE 指令对于 S5 软件有所不同。在 S7 硬件中，该指令使用时与 BEU 的功能相同
BEU	无条件的块结束。终止当前块中的程序扫描，并导致跳转到调用当前块的那个块中。程序扫描继续执行块调用之后的第一条指令

指　　令	说　　明
BEC	有条件的块结束。如果 RLO = 1，则 BEC 中断当前块中的程序扫描，导致跳转至调用当前的那个块。RLO (=1)被从已终止的块传送到被调用的块。如果 RLO = 0，则不执行 BEC。RLO 被设为 1，程序扫描继续执行 BEC 之后的指令
CALL<块标识>	无条件块调用。用于调用功能块（FC）或功能块（FB）、系统功能块（SFC）或系统功能块（SFB），或调用由 Siemens 提供的标准预编程的程序块。CALL 指令调用作为地址输入的 FC 和 SFC，或 FB 和 SFB，它与 RLO 或任何其他条件无关。如果使用 CALL 指令调用 FB 或 SFB，必须为块提供相关的背景数据块。在被调用块处理完成之后，调用块程序将继续逻辑处理。可以绝对方式或符号方式指定逻辑块的地址。在 SFB/SFC 调用结束之后，将恢复寄存器内容
CC<块标识>	有条件的块调用。在 RLO=1 时调用逻辑块。CC 指令用于调用不带参数的 FC 或 FB 类型的逻辑块。CC 指令的使用方式与 CALL 指令相同，除了无法在调用程序时传送参数。指令将返回地址（选择器和相对地址）、两个当前数据块的选择器以及 MA 位保存在 B（块）堆栈中，取消激活 MCR 依存关系，创建被调用块的本地数据区，开始执行被调用的代码。可以绝对方式或符号方式指定逻辑块的地址
UC <块标识>	无条件调用块。调用 FC 或 SFC 类型的逻辑块。UC 指令与 CALL 指令类似，除了无法使用被调用块传送参数。指令将返回地址（选择器和相对地址）、两个当前数据块的选择器以及 MA 位保存在 B（块）堆栈中，取消激活 MCR 依存关系，创建被调用块的本地数据区，开始执行被调用的代码

5.1.3　主控继电器指令

主控继电器（MCR）是一种继电器梯形图逻辑的主开关，用于控制电流（能流）的通断。

主控继电器指令及说明见表 5-5。

表 5-5　主控继电器指令及说明

STL 指令	LAD 指令	说　　明
MCRA	—(MCRA)—	激活 MCR 区
MCRD	—(MCRD)—	结束 MCR 区
MCR(	—(MCR<)—	打开主控继电器区
)MCR	—(MCR>)—	关闭主控继电器区

（1）激活 MCR 区指令(MCRA)与取消 MCR 区指令(MCRD)

激活 MCR 区梯形图指令——(MCRA)具有激活主控制继电器 MCR 的功能。在该命令后，可以使用命令——(MCR<)和——(MCR>)编程 MCR 区域。

取消 MCR 区梯形图指令——(MCRD)具有取消激活主控制继电器 MCR 的功能。在该命令后，不能编程 MCR 区域。

语句表使用主控继电器激活指令 MCRA 可以激活其后指令的 MCR 相关性，表明按 MCR 方式操作的区域的开始。使用主控继电器去活指令 MCRD 可以取消激活其后指令的 MCR 相关性，表明按 MCR 方式操作的区域的结束。

MCRA 指令和 MCRD 指令应成对出现，MCRA 和 MCRD 之间的程序执行将根据 MCR 位的信号状态进行操作，MCR 区之外的程序不受 MCR 位的影响。若在其间有 BEU 指令，则 CPU 执行此指令，并结束 MCR 区域；若在其间有块调用指令，则激活状态不能继承至被调用的块中去，所以必须在被调用的块中重新激活 MCR 区域。注意不能使用 MCR 指令代替硬件的机械主控继电器来实现紧急停车功能。

指令的执行与状态位无关，而且对状态位没有影响。

（2）开始 MCR 指令与结束 MCR 指令

梯形图指令"——(MCR<)"为打开主控继电器区，在 MCR 堆栈中保存该指令之前的 RLO 值(即 MCR 位)。"——(MCR>)"为关闭主控继电器区，在 MCR 堆栈中取出保存在其中的 RLO 值。"MCR<"和"MCR>"指令必须成对出现，以表示受控临时"电源线"的形成与终止。

语句表中使用打开一个 MCR 程序段指令 MCR（可以将 RLO 保存在 MCR 堆栈中，同时打开一个 MCR 程序段；使用结束 MCR 程序段指令）MCR，可以从 MCR 堆栈中删除一个输入项，并结束 MCR 程序段，MCR 程序段是指 MCR（和）MCR 之间的指令。MCR（和）McR 必须组合使用。

如果 RLO＝1，则 MCR 激活，并执行 MCR 程序段中的指令；如果 RLO=0，则 MCR 去活。

MCR 指令可以嵌套使用，即一个 MCR 区可以在另一个 MCR 区之内，允许的最大嵌套数为 8 级。因为 CPU 个有一个深度为 8 级的 MCR 堆栈，它后进先出。堆栈装满后执行"McR（"和堆栈取空后执行"McR)"都会产生"MCRF"（MCR 堆栈故障）信息。

5.2 顺序控制

顺序控制是指按照生产工艺预先规定的顺序，在各种输入信号的作用下，根据时间顺序，执行机构自动有序地进行操作。顺序控制在各种生产流水线上应用非常广泛。

5.2.1 顺序控制系统的结构

一个完整的顺序控制系统包括 4 个部分：方式选择、顺控器、命令输出、故障信号和运行信号。顺序控制系统的结构如图 5-3 所示。

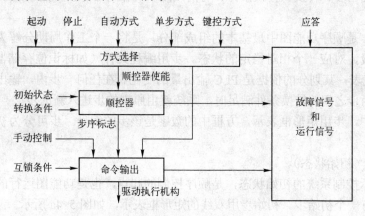

图 5-3 顺序控制系统的结构

（1）方式选择

在方式选择部分主要处理各种运行方式的条件和封锁信号。运行方式在操作台上通过选择开关或按钮进行设置和显示。设置的结果形成使能信号或封锁信号，并影响"顺控器"和"命令输出"部分的工作。通常基本运行方式如下所述。

自动方式：在该方式下，系统将按照顺控器中确定的控制程序，自动执行各控制环节的功能，一旦系统起动后就不再需要操作人员干预，但可以响应停止和急停操作。

单步方式：在该方式下，系统依据控制按钮，在操作人员的控制下，一步一步地完成整个系统的功能，但并不是每一步都需要操作人员确认。

键控方式：在该方式下，各执行机构（输出端）动作需要由手动控制实现，不需要 PLC 程序。

（2）顺控器

顺控器是顺序控制的核心，是实现按时间、顺序控制工业生产过程的一个控制装置。这里所讲的顺控器专指用 S7 GRAPH 语言编写的一段 PLC 控制程序，使用顺序功能图描述控制系统的控制过程、功能和特性。

（3）命令输出

命令输出部分主要实现控制系统各控制步骤的具体功能，如驱动执行机构。

（4）故障信号和运行信号

故障信号和运行信号部分主要处理控制系统运行过程中的故障及运行状态，如当前系统工作于哪种方式，已经执行到哪一步，工作是否正常等。

5.2.2　顺序功能图

顺序功能图又称为功能流程图或状态转移图，它是一种描述顺序控制系统的图形表示方法，是专用于工业顺序控制程序设计的一种功能性说明语言。它能完整地描述控制系统的工作过程、功能和特性，是分析、设计电气控制系统控制程序的重要工具。

顺序功能图是用约定的几何图形、有向线段和简单的文字来说明和描述 PLC 的处理过程及程序的执行步骤。

顺序功能图由步、转换、转换条件、有向线段和动作（命令）等元素组成。

1. 步

步（状态）是顺序功能图中最基本的组成部分，是将一个工作周期分解为若干个顺序相连而清晰的阶段，对应一个相对稳定的状态。步用编程元件（如标识位存储器 M 或顺序控制继电器 S）代表，其划分的依据是 PLC 输出量的变化。在任何一步内，输出量的状态应保持不变，但当两步之间的转换条件满足时，系统就由原来的步进入新的步。

在功能图中，步用矩形框表示，方框中的数字是该步的编号。步可分为初始步和工作步两种。

1）初始步（初始状态）。

初始步表示控制系统的初始状态，是顺序控制的起点，也是功能图运行的起点，一个控制系统至少要有一个初始步。初始步用双线的矩形框表示，如图 5-4a 所示。

2）工作步（工作状态）。

工作步是控制系统正常运行时的状态（也即除初始状态以外的各个稳定阶段）。工作步用单线矩形框表示，如图 5-4b 所示。

3）活动步与非活动步。

根据控制系统是否运行，步又可分为活动步和非活动步两种。当系统正运行于某个阶段（步）时，该阶段（步）处于活动状态，则称该阶段（步）为活动步。其前一步称为"前级步"，后一步称

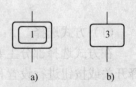

图 5-4　初始步与工作步

a）初始步　b）工作步

130

为"后续步"，除"活动步"以外的其他各步则称为"非活动步"。

4）与状态（步）对应的动作或命令。

在功能图中，与状态步对应的动作，用该步右边的一个带文字或符号说明的矩形框表示，一个步可以同时与多个动作或命令相连，步的动作可以水平布置或垂直布置，如图 5-5 所示。这些动作或命令是同时执行的，没有先后之分。

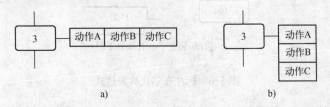

图 5-5　步的动作可以水平布置或垂直布置

a) 水平布置　b) 垂直布置

动作或命令的类型有很多种，如定时、延时、脉冲、存储型和非存储型等。

当某步为活动步时，与其相连的动作或命令被执行；而当该步为非活动步时，此动作或命令返回到该步活动前的状态，此动作或命令类型是非存储型。

若某动作在与之相连的步成为非活动步时依然保持它在该步为活动步时的状态，则此动作或命令类型为存储型。存储型动作或命令被后续的步激励并复位，仅能返回它的原始状态。动作或命令说明语句应正确选用，以明确表明该动作或命令是存储型还是非存储型，且正确的说明语句还可区分动作与命令之间的差别。

2．有向线段

在画顺序功能图时，将代表各步的矩形框按它们成为活动步的先后顺序排列，并用带有箭头的有向线段将它们连接起来。带有箭头的有向线段则表示状态转移的路线，该路线表明步转移的方向。从上到下，从左向右转移时，通常可省略有向线段的箭头。

在画图时，如果有向线段必须中断时，或用几个图来表示一个顺序功能图时，应在中断点处指明下一步的标号或来自上一步的编号和所在的页号，如"步23、8页"。

有向线段可分为选择和并行两种。选择线段间的关系是逻辑"或"的关系，哪条线段转换条件最先得到满足，这条线段就被选中，程序就沿着这条线往下执行。选择线段的分支与合并一般用单横线表示。并行线段间的逻辑关系是"与"的关系，只要转换条件满足，下面所有连线必须同时执行。并行线段的分支与合并一般用双横线表示。

3．转换

转换是结束某一步的操作而起动下一步操作的条件，步的活动状态的进展由转换的实现来完成，并与控制过程的发展相对应。转换在功能图中用与有向线段垂直的短划线表示，将相邻的两步分开。转换也称为变迁或过渡。

（1）转换条件

使系统由当前步进入下一步的信号称为转换条件，转换条件可以是外部的输入信号，例如按钮、指令开关、限位开关的接通和断开等；也可以是 PLC 内部产生的信号，例如定时器、计数器常开触点的接通等；转换条件还可以是若干个信号的"与""或""非"逻辑的组合。

转换条件的表达形式有文字符号、布尔代数表达式、梯形图符号和二进制逻辑图符号 4 种，使用最多的是布尔代数表达式，它们标注在转换的短线旁边，标注布尔代数表达式如图 5-6 所示。

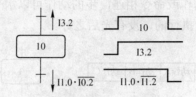

图 5-6　标注布尔代数表达式

图中，转换条件↑I3.2 表示当 I3.2 状态从"0"变为"1"时实现转换。即使不加"↑"符号，转换也是在 I3.2 的上升沿实现的，所以"↑"符号可以不用画出来。

转换条件↓I1.0·$\overline{I0.2}$ 表示 I1.0 的常开触点和 I0.2 的常闭触点串联且 I1.0 的常开触点闭合和 I0.2 的常闭触点断开后转换发生。即↓I1.0·$\overline{I0.2}$ 的状态从"1"变为"0"时转换实现。

步、有向线段、转换的关系为：步经有向线段连接到转换，转换经有向线段连接到步。为了能在全部操作完成后返回初始状态，步和有向线段应构成一个封闭的环状结构。当工作方式为连续循环时，最后一步应该能够回到下一个流程的初始步，也就是循环不能够在某步被终止。

（2）转换的实现

在顺序功能图中，步的活动状态的变化是根据转换的实现来完成的，转换的实现必须同时满足两个条件：

1）该转换所有的前级步都是活动步。

2）相应的转换条件得到满足。

（3）转换实现应完成的操作

步与步的转换实现后将完成以下两个操作：

1）使后续步变为活动步。

2）使前级步变为非活动步。

很显然，在顺序功能图中，当某一步的前级步是活动步时，该步才有可能变为活动步。

5.2.3　顺序功能图的结构形式

描述顺序功能图的基本结构形式有 3 种，即单流程、选择性分支流程和并进分支流程。其他结构（如多流程）都是这 3 种结构的复合。

1. 单流程

如果一个流程中各步依次变为活动步，此流程称为单流程。在此结构中，每一步后面仅有一个转换，而每个转换后面也仅有一个步，如图 5-7a 所示。单流程的特点是没有下述的分支与合并。

2. 选择性分支流程

选择性分支流程是指在某一步后有若干个单流程等待选择，一次只能选择一个流程进入。

1）选择性分支的选择。如图 5-7b 所示，S2 所在的分支和 S5 所在的分支为一对选择性分支。在步 S1 处，其转移条件（T1、T5）分散在各分支中，在 S1 被激活的状态下，如 T1 先定时到，则执行 S2 所在分支，此后即使 T5 定时到也不再执行 S5 分支；如 T5 先定时到，则执行 S5 所在分支，此后即使 T1 定时到也不再执行 S2 分支。

2）选择性分支的汇合。如图 5-7 b 所示，对于选择性分支，被选择的分支（假设为 S2 所在分支）的最后一个步（S2）被激活后，只要其转移条件满足（T2 定时到），就从汇合处跳出进入下一步（S3），而不再考虑其他分支是否被执行。

3．并进分支流程

下半部分如图 5-7b 所示，流程中有多条路径，且必须同时执行，这种分支方式称为并进分支流程。在各个分支都执行完后，才会继续往下执行，这种有等待功能的汇合方式称为并进汇合。需要同时完成两种或两种以上工艺过程的顺序控制任务，必须采用并进分支流程。

1）并进分支的执行。如图 5-7b 所示，S4 所在的分支和 S6 所在的分支为一对并进分支。在步 S3 处，转移条件汇集于分支之前，在 S3 被激活的状态下，如转移条件满足（T3 定时到），则两个分支同时被执行。

2）并进分支的汇合。以图 5-7b 为例，只有当 S4 所在的分支和 S6 所在的分支全部执行完毕后，才进行汇合，执行分支外部的状态步。

4．多流程

如图 5-7c 所示，一个顺序控制任务，如果存在多个相互独立的工艺流程，则需要采用多流程设计，这种结构主要用于处理复杂的顺序控制任务。

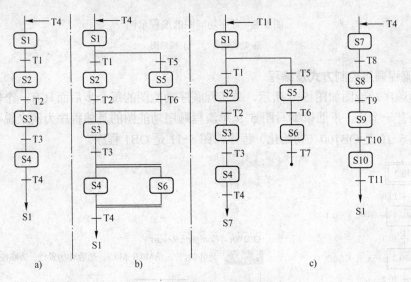

图 5-7　顺序功能图的结构类型

a) 单流程　b) 选择性分支流程　c) 多流程

5.2.4　顺序功能图的编程

顺序控制有单序列、选择序列和并行序列三种方式，这三种顺序控制既可以用置位、复位指令编程,也可以使用 S7-Graph 工具来编程,下面主要介绍用置位、复位指令编程的方法。

顺序功能图的每一步用梯形图编程时都需要用两个程序段来表示,第 1 个程序段实现从当前步到下一步的转换,第 2 个程序段实现转换以后的步的功能。

一般用一系列的位存储器(如 M0.0、M0.1 …)分别表示顺序功能图的各步(如 S1、S2…)。要实现步的转换,就要用当前步及其转换条件的逻辑输出去置位下一步,同时复位当前步。顺序功能图的编程示例如图 5-8 所示,图 5-8a 为顺序功能流程图,图 5-8b 为其对应的梯形图。

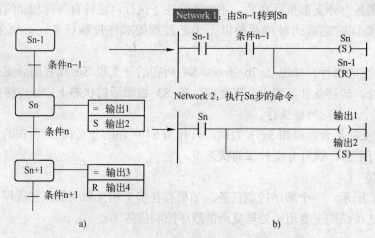

图 5-8 顺序功能图的编程示例

a) 功能流程图 b) 梯形图

1. 单流程顺序控制方式及编程

单流程顺序功能图如图 5-9 所示,单流程顺序功能图的每个步后面只有一个转换,每个转换后面只有一个步。下面以编写图 5-9 单流程顺序功能图的具体程序为例来说明其常规编程方法,图 5-10 是 OB100(初始化)程序,图 5-11 是 OB1 程序。

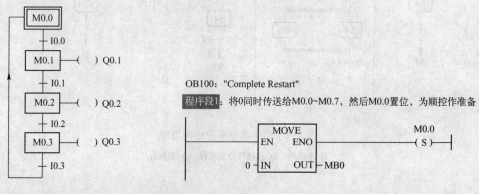

图 5-9 单流程顺序功能图

图 5-10 0B100 程序

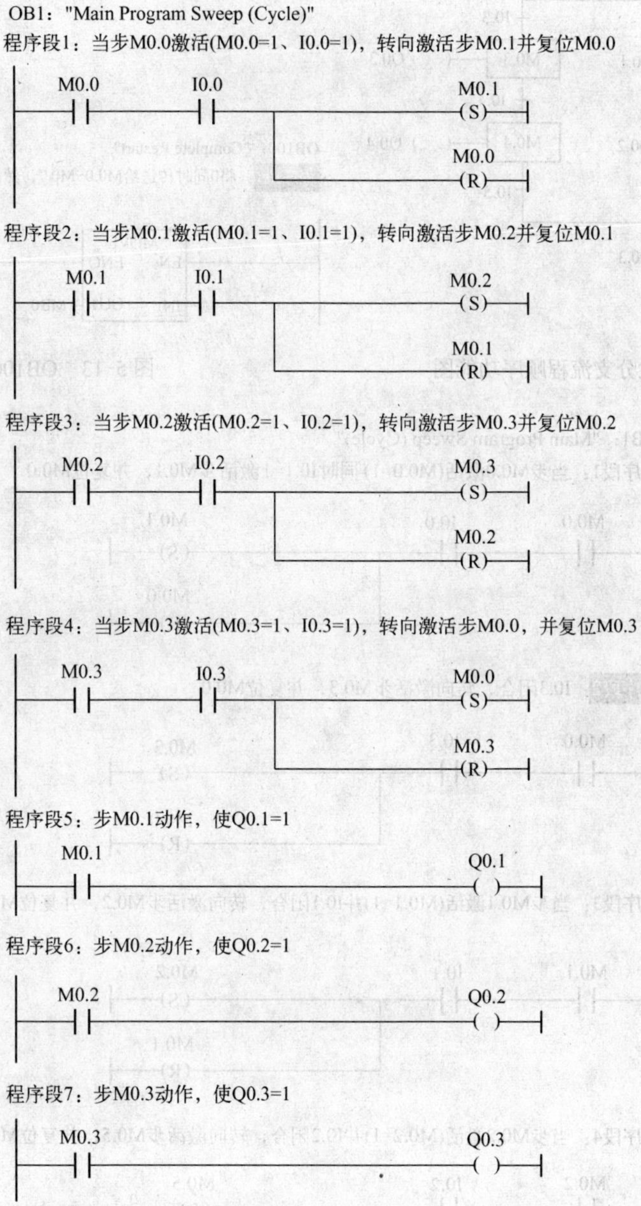

OB1："Main Program Sweep (Cycle)"

程序段1：当步M0.0激活(M0.0=1、I0.0=1)，转向激活步M0.1并复位M0.0

```
     M0.0        I0.0                         M0.1
 ├────┤├─────────┤├───────────────────────────(S)──────┤
 │                                            M0.0
 │                                            (R)──────┤
```

程序段2：当步M0.1激活(M0.1=1、I0.1=1)，转向激活步M0.2并复位M0.1

```
     M0.1        I0.1                         M0.2
 ├────┤├─────────┤├───────────────────────────(S)──────┤
 │                                            M0.1
 │                                            (R)──────┤
```

程序段3：当步M0.2激活(M0.2=1、I0.2=1)，转向激活步M0.3并复位M0.2

```
     M0.2        I0.2                         M0.3
 ├────┤├─────────┤├───────────────────────────(S)──────┤
 │                                            M0.2
 │                                            (R)──────┤
```

程序段4：当步M0.3激活(M0.3=1、I0.3=1)，转向激活步M0.0，并复位M0.3

```
     M0.3        I0.3                         M0.0
 ├────┤├─────────┤├───────────────────────────(S)──────┤
 │                                            M0.3
 │                                            (R)──────┤
```

程序段5：步M0.1动作，使Q0.1=1

```
     M0.1                                     Q0.1
 ├────┤├───────────────────────────────────────( )──────┤
```

程序段6：步M0.2动作，使Q0.2=1

```
     M0.2                                     Q0.2
 ├────┤├───────────────────────────────────────( )──────┤
```

程序段7：步M0.3动作，使Q0.3=1

```
     M0.3                                     Q0.3
 ├────┤├───────────────────────────────────────( )──────┤
```

图 5-11　OB1 程序

2. 选择性分支流程顺序控制方式及编程

选择性分支流程顺序功能图如图 5-12 所示，在 M0.0 步后面有两个可选择的分支，当 I0.0 触点闭合时，执行 M0.1 步所在分支；当 I0.3 触点闭合时，执行 M0.3 步所在分支，两个分支不能同时进行。下面以编写图 5-12 选择性分支流程顺序功能图的具体程序为例来说明其常规编程方法，图 5-13 是 OB100（初始化）程序，图 5-14 是 OB1 程序。

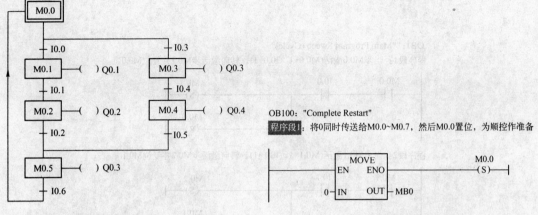

图 5-12 选择性分支流程顺序功能图　　　　　　图 5-13　OB100 程序

OB100："Complete Restart"

程序段1：将0同时传送给M0.0~M0.7，然后M0.0置位，为顺控作准备

OB1："Main Program Sweep (Cycle)"

程序段1：当步M0.0激活(M0.0=1)同时I0.1=1激活步M0.1，并复位M0.0

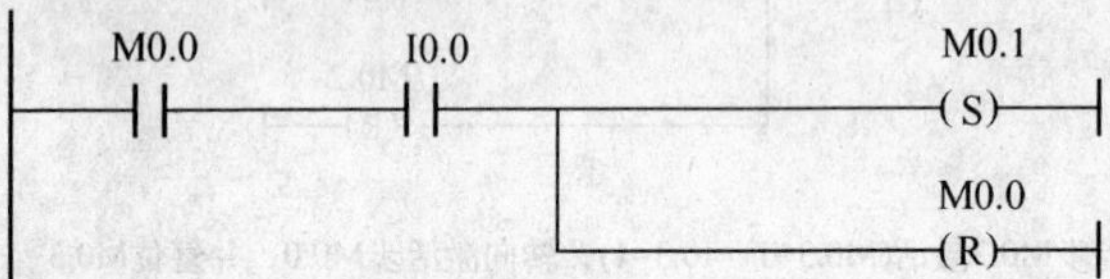

```
M0.0      I0.0              M0.1
─┤├───────┤├──────────────( S )─

                          M0.0
                         ─( R )─
```

程序段2：I0.3闭合，转向激活步M0.3，并复位M0.0

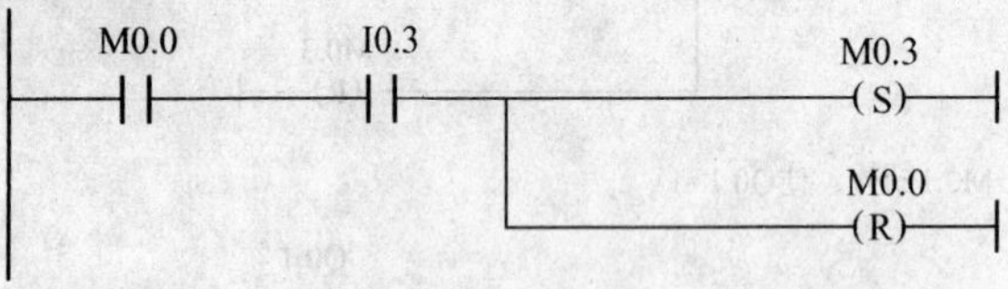

```
M0.0      I0.3              M0.3
─┤├───────┤├──────────────( S )─

                          M0.0
                         ─( R )─
```

程序段3：当步M0.1激活(M0.1=1)并I0.1闭合，转向激活步M0.2，并复位M0.1

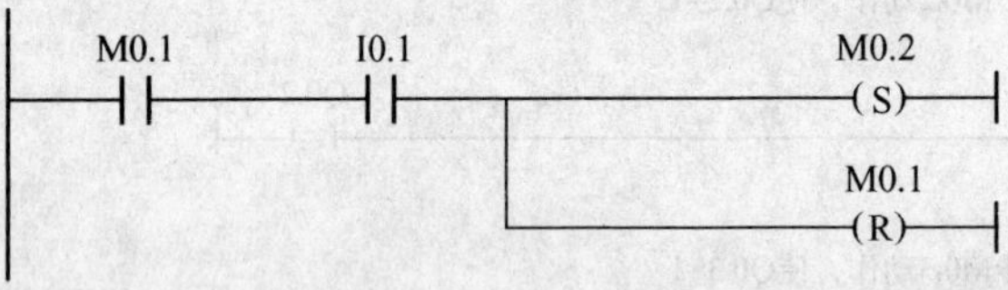

```
M0.1      I0.1              M0.2
─┤├───────┤├──────────────( S )─

                          M0.1
                         ─( R )─
```

程序段4：当步M0.2激活(M0.2=1)并I0.2闭合，转向激活步M0.5，并复位M0.2

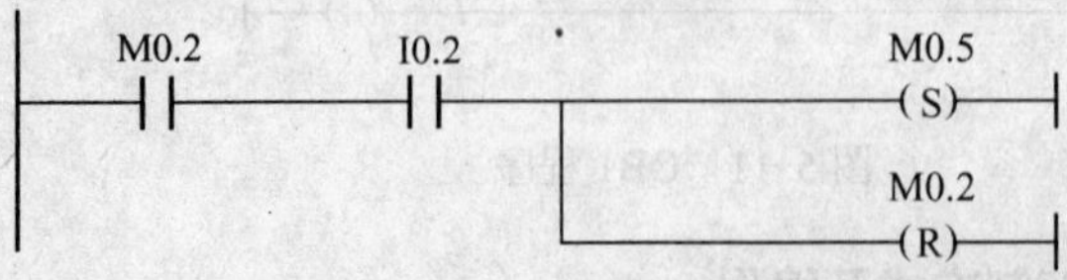

```
M0.2      I0.2              M0.5
─┤├───────┤├──────────────( S )─

                          M0.2
                         ─( R )─
```

程序段5：当步M0.3激活(M0.3=1)并I0.4闭合，转向激活步M0.4，并复位M0.3

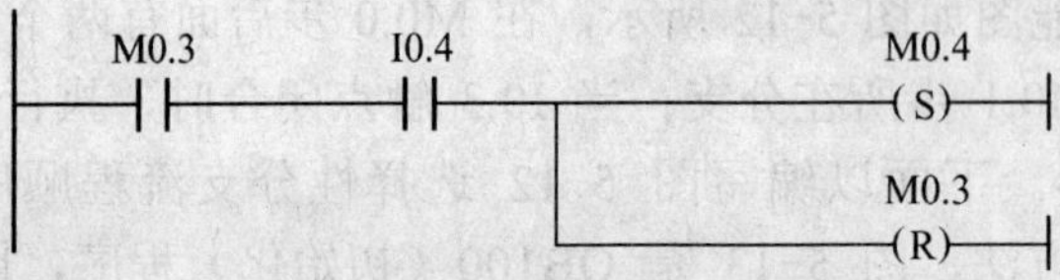

```
M0.3      I0.4              M0.4
─┤├───────┤├──────────────( S )─

                          M0.3
                         ─( R )─
```

图 5-14　OB1 程序

程序段6：当步M0.4激活(M0.4=1)并I0.5闭合，转向激活步M0.5，并复位M0.4

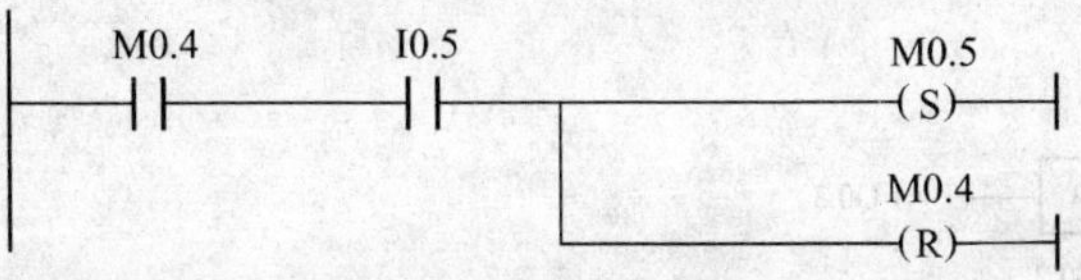

```
    M0.4        I0.5                    M0.5
  ──┤├────────┤├───────┬──────────────( S )──
                       │                M0.4
                       └──────────────( R )──
```

程序段7：当步M0.5激活(M0.5=1)并I0.6闭合，转向激活步M0.0，并复位S5

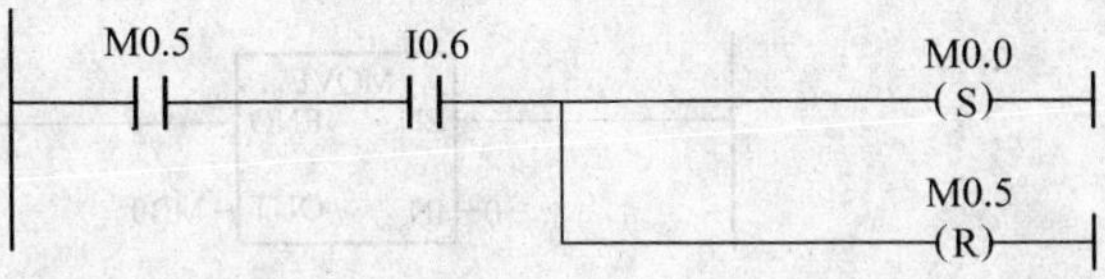

```
    M0.5        I0.6                    M0.0
  ──┤├────────┤├───────┬──────────────( S )──
                       │                M0.5
                       └──────────────( R )──
```

程序段8：步M0.1动作

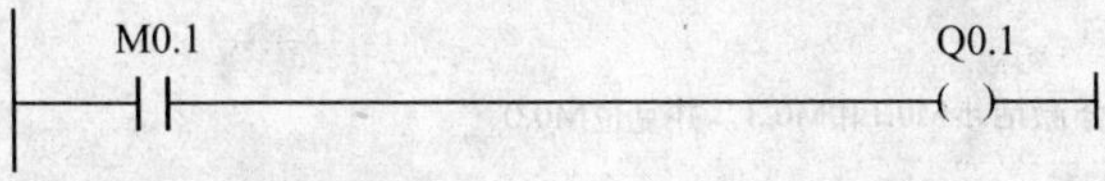

```
    M0.1                                Q0.1
  ──┤├──────────────────────────────────( )──
```

程序段9：步M0.2动作

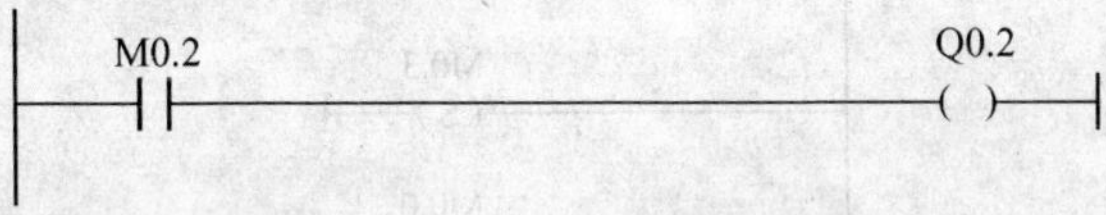

```
    M0.2                                Q0.2
  ──┤├──────────────────────────────────( )──
```

程序段10：步M0.3动作

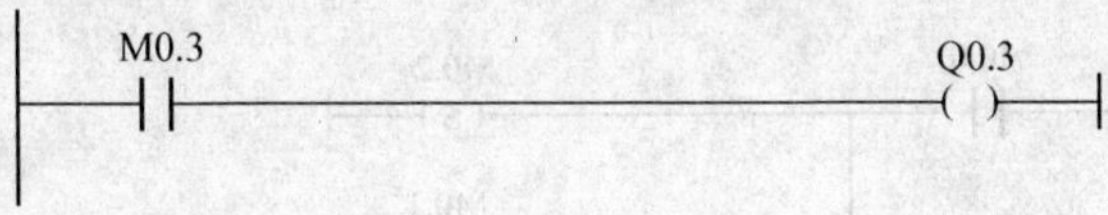

```
    M0.3                                Q0.3
  ──┤├──────────────────────────────────( )──
```

程序段11：步M0.4动作

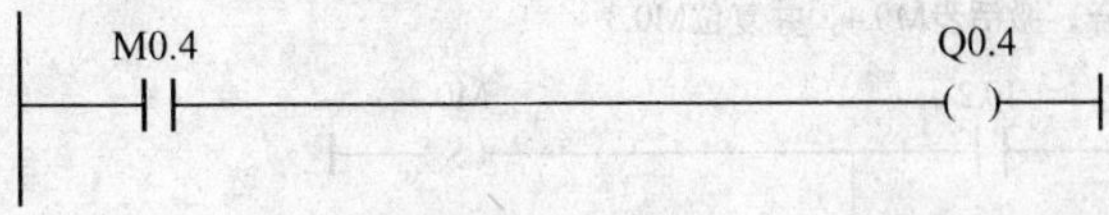

```
    M0.4                                Q0.4
  ──┤├──────────────────────────────────( )──
```

程序段12：步M0.5动作

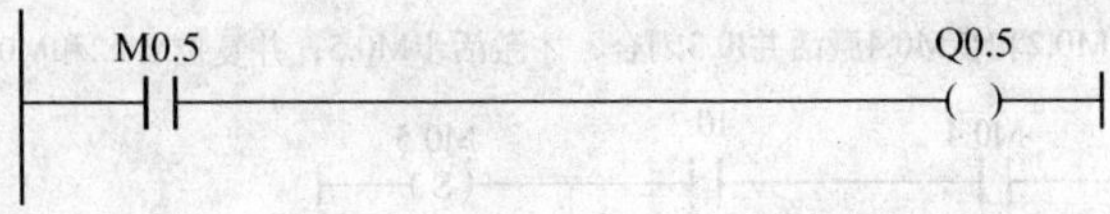

```
    M0.5                                Q0.5
  ──┤├──────────────────────────────────( )──
```

图 5-14　OB1 程序（续）

3．并进分支流程顺序控制方式及编程

并进分支流程顺序功能图如图 5-15 所示，在 M0.0 步后面有两个分支，当 I0.0 触点闭合时，两个分支同时执行，两个分支执行完且 I0.3 触点闭合时，才能往下执行，任一个分支未执行完，即使 I0.3 触点闭合，也不会执行后面的分支。下面以编写图 5-15 并进分支流程顺序功能图的具体程序为例来说明其常规编程方法，图 5-16 是 OB100（初始化）程序，图 5-17 是 OB1 程序。

M0.0
I0.0
M0.1
( ) Q0.1
M0.3
( ) Q0.3
I0.1
I0.2
M0.2
( ) Q0.2
M0.4
( ) Q0.4
I0.3
M0.5
( ) Q0.5
I0.4

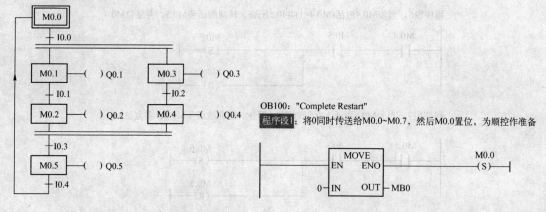

图 5-15　并进分支流程顺序功能图

OB100："Complete Restart"
程序段1：将0同时传送给M0.0~M0.7，然后M0.0置位，为顺控作准备
MOVE
EN
ENO
0
IN
OUT
MB0
M0.0
(S)

图 5-16　OB100 程序

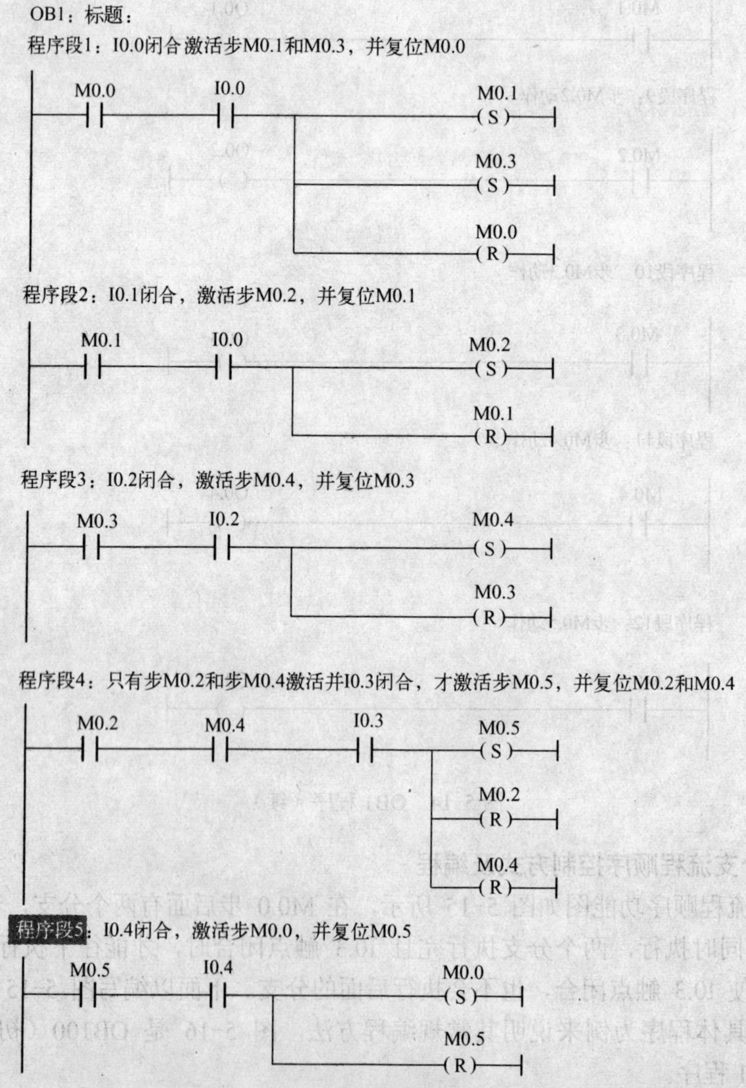

OB1：标题：
程序段1：I0.0闭合激活步M0.1和M0.3，并复位M0.0
M0.0
I0.0
M0.1
(S)
M0.3
(S)
M0.0
(R)
程序段2：I0.1闭合，激活步M0.2，并复位M0.1
M0.1
I0.0
M0.2
(S)
M0.1
(R)
程序段3：I0.2闭合，激活步M0.4，并复位M0.3
M0.3
I0.2
M0.4
(S)
M0.3
(R)
程序段4：只有步M0.2和步M0.4激活并I0.3闭合，才激活步M0.5，并复位M0.2和M0.4
M0.2
M0.4
I0.3
M0.5
(S)
M0.2
(R)
M0.4
(R)
程序段5：I0.4闭合，激活步M0.0，并复位M0.5
M0.5
I0.4
M0.0
(S)
M0.5
(R)

图 5-17　OB1 程序

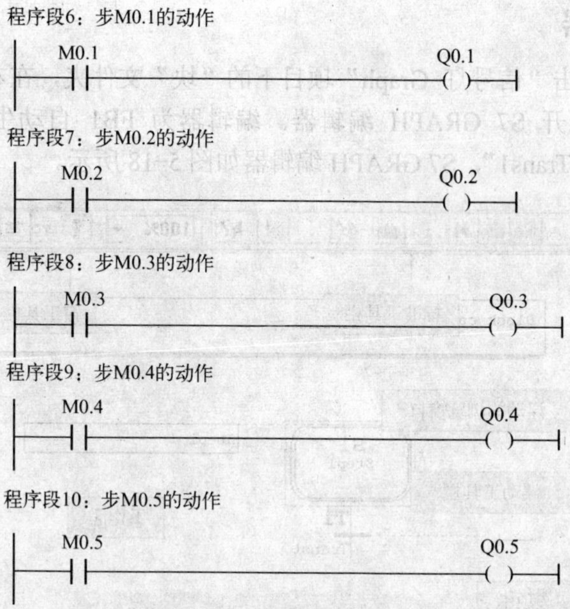

程序段6：步M0.1的动作

```
        M0.1                                      Q0.1
    ┤ ├                                         ( )
```

程序段7：步M0.2的动作

```
        M0.2                                      Q0.2
    ┤ ├                                         ( )
```

程序段8：步M0.3的动作

```
        M0.3                                      Q0.3
    ┤ ├                                         ( )
```

程序段9：步M0.4的动作

```
        M0.4                                      Q0.4
    ┤ ├                                         ( )
```

程序段10：步M0.5的动作

```
        M0.5                                      Q0.5
    ┤ ├                                         ( )
```

图 5-17　OB1 程序（续）

5.3　S7 GRAPH 语言

5.3.1　S7 GRAPH 语言的功能

图形编程语言 S7 GRAPH 作为选项数据包提供，是 STEP 7 标准编程的功能补充。在 STEP 7 软件后，需要单独安装 S7 GRAPH，如果已经安装了 S7 GRAPH，则可生成 S7 GRAPH 源文件，并通过用鼠标双击图标将其打开。

S7 GRAPH 语言是 S7-300/400 用于顺序控制编程的顺序功能图语言，利用 S7 GRAPH 编程语言，可以快速地组织和编写 S7 PLC 系统的顺序控制程序。它根据功能将控制任务分解为若干步，其顺序用图形方式显示出来并且可形成图形和文本方式的文件。可以非常方便地实现全局、单页或单步显示及互锁控制和监视条件的图形分离。

在每一步中要执行相应的动作并且根据条件决定是否转换为下一步。它们的定义、互锁或监视功能用 STEP 7 的编程语言 LAD 或 FBD 来实现。

S7 GRAPH 语言可提供如下功能：

1）在同一个 S7 GRAPH 功能块中可同时存在几个顺控器。

2）步序和转换条件的号码可自由分配。

3）并进分支和选择性分支。

4）跳转（也可以到其他顺序控制序列中）。

5）激活/保持步序就可以启动/停止顺序控制的执行。

6）测试功能：显示动态的步序和有故障的步序；状态显示和修改变量；在手动、自动和单步模式间切换。

5.3.2 S7 GRAPH 编辑器

在 SIMATIC 管理器单击"信号灯 Graph"项目下的"块"文件夹，在右视窗中用鼠标双击功能块图标 ▣ FB1，打开 S7 GRAPH 编辑器。编辑器为 FB1 自动生成第一步"S1 Step1"和第一个转换"T1 Trans1"，S7 GRAPH 编辑器如图 5-18 所示。

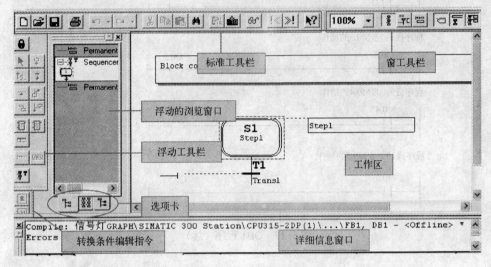

图 5-18　S7 GRAPH 编辑器

S7 GRAPH 编辑器由生成和编辑程序的工作区、标准工具栏、视窗工具栏、浮动工具栏、详细信息窗口和浮动的浏览窗口等组成。

1. 视窗工具栏

视窗工具栏上各按钮的作用如图 5-19 所示。

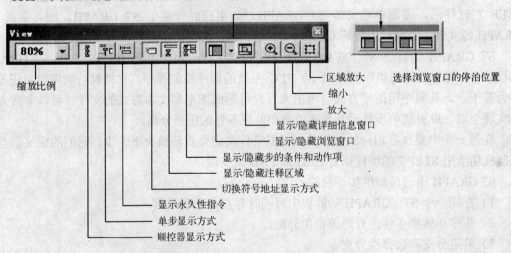

图 5-19　视窗工具栏上各按钮的作用

2. Sequencer 浮动工具栏

Sequencer 浮动工具栏上各工具按钮的作用如图 5-20 所示。

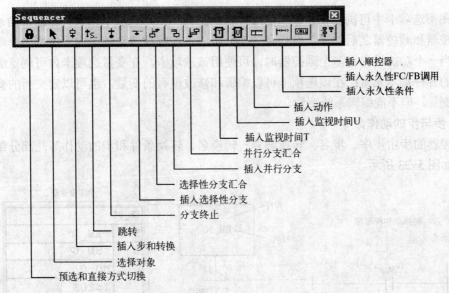

图 5-20　Sequencer 浮动工具栏上各工具按钮的作用

3. 转换条件编辑工具栏

转换条件编辑工具栏各指令的含义如图 5-21 所示。

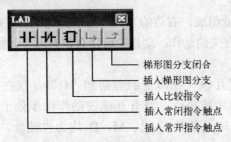

图 5-21　转换条件编辑工具栏各指令的含义

4. 浏览窗口

单击标准工具栏上的按钮□ 可显示或隐藏左视窗。左视窗有三个选项卡：图形选项卡、顺控器选项卡和变量选项卡，浏览窗口选项卡如图 5-22 所示。

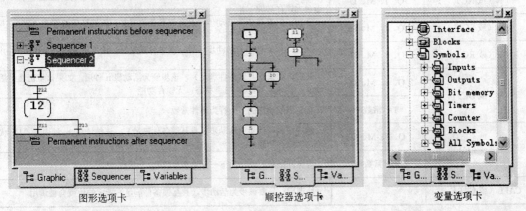

图 5-22　浏览窗口选项卡

在图形选项卡中可浏览正在编辑的顺控器的结构，图形选项卡由顺控器之前的永久性指令、顺控器和顺控器之后的永久性指令三部分组成。在顺控器选项卡内可浏览多个顺控器的结构；当一个功能块内有多个顺控器时，可使用该选项卡。在变量选项卡内可浏览编程时可能用到的各种基本元素；在该选项卡可以编辑和修改现有的变量，也可以定义新的变量。可以删除变量，但不能编辑系统变量。

5．步与步的动作命令

顺控器的步由步序、步名、转换编号、转换名、转换条件和步的动作等几部分组成，步的组成如图 5-23 所示。

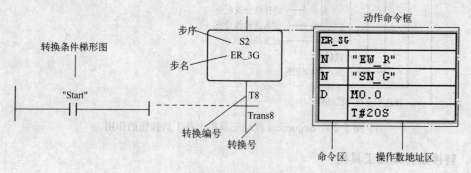

图 5-23　步的组成

步的动作由命令和地址组成，右边的方框为操作数地址，左边的方框用来写入命令。动作分为标准动作和与事件有关的动作，动作中可以有定时器、计数器和算术运算。

（1）标准动作

对标准动作可以设置互锁（在命令的后面加"C"），仅在步处于活动状态且互锁条件满足时，有互锁的动作才被执行。没有互锁的动作在步处于活动状态时就会被执行。标准动作中的命令见表 5-6，表中 Q、I、M、D 均为位地址，括号中的内容用于互锁的动作。

表 5-6　标准动作中的命令

命　令	地 址 类 型	说　明
N（或 NC）	Q、I、M、D	只要该步为活动步（且互锁条件满足），动作对应的地址就被置为"1"状态，无锁存功能
S（或 SC）	Q、I、M、D	置位，只要该步为活动步（且互锁条件满足），该地址就被置为"1"，并保持"1"状态
R（或 RC）	Q、I、M、D	复位，只要该步为活动步（且互锁条件满足），该地址就被置为"0"，并保持"0"状态
D（或 DC）	Q、I、M、D	延迟，如果（互锁条件满足），该步变为活动步 n 秒后，如果步仍然是活动步，该地址就置为"1"状态，无锁存功能
	T#<常数>	有延迟的动作的下一行为事件常数
L（或 LC）	Q、I、M、D	脉冲限制：该步为活动步（且互锁条件满足），该地址在 n 秒内为"1"状态，无锁存功能
	T#<常数>	有脉冲限制的动作的下一行为事件常数
CALL（或 CALC）		块调用：只要该步为活动步（且互锁条件满足）指定的块就会被调用

142

（2）与事件有关的动作

动作可以与事件结合，事件是指步、监控信号、互锁信号的状态变化、信息的确认或记录信号被置位等，事件的意义见表 5-7。

表 5-7　事件的意义

事件	事件意义	事件	事件意义
S1	步变为活动步	S0	步变为非活动步
V1	发生监控错误（有干扰）	V0	监控错误消失（无干扰）
L1	互锁条件解除	L0	互锁条件变为"1"
A1	信息被确认	R1	在输入信号的上升沿，记录信号被置位

命令只能在事件发生的那个循环周期执行。除了命令 D（延迟）和 L（脉冲限制）外，其他命令都可以与事件进行逻辑组合。

在检测到事件，并且互锁条件被激活（对于互锁的命令 NC、RC、SC 和 CALLC）时，在下一个循环内，使用 N（NC）命令的动作为"1"状态，使用 R（RC）命令的动作被置位 1 次，使用 S（SC）命令的动作被复位 1 次。使用 CALL（CALLC）命令的动作的块被调用 1 次。

（3）ON 命令与 OFF 命令

用 ON 命令或 OFF 命令可以使命令所在步之外的其他步变为活动步或非活动步。ON 和 OFF 命令取决于"步"事件，即该事件决定了该步变为活动步或变为非活动步的时间，这两个命令可以和互锁条件组合，即可以使用命令 ONC 和 OFFC。

指定的事件发生时，可以将指定的步变为活动步或非活动步。如果命令 OFF 的地址标识符为 S_ALL，可以将除了命令"S1（V1，L1）OFF"所在的步之外其他的步全部变为非活动步。

步的动作如图 5-24 所示，当图中的步 S8 变为活动步后，各动作按下述方式执行：

1）一旦 S8 变为活动步且互锁条件满足，命令"S1 R C"使输出 Q4.0 复位为"0"并保持为"0"。

2）一旦监控错误发生（出现 V1 事件），除了动作中的命令"V1 OFF"所在步 S8 外，其他步变为非活动步。

3）S8 变为非活动步时（出现 S0 事件），将步 S5 变为活动步。

4）只要互锁条件满足（出现 L0 事件），就调用指定的功能块 FB2。

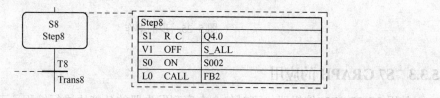

| S8 | | |
Step8		
Step8		
S1	R C	Q4.0
V1	OFF	S_ALL
S0	ON	S002
L0	CALL	FB2

T8
Trans8

图 5-24　步的动作

（4）动作中的计数器

动作中计数器的执行与指定的事件有关。互锁功能可以用于计数器，对于有互锁功能的计数器，只有在互锁条件满足且指定的事件出现时，动作中的计数器才会计数。计数值为 0 时计数器位为"0"，计数值非 0 时计数器位为"1"。

事件发生时，计数器指令 CS 将初值装入计数器。CS 指令下面一行是要装入的计数器的初值，它可以由 IW、QW、MW、LW、DBW、BIW 来提供，或用常数 C#0～C#999 的形式给出。

事件发生时，CU、CD、CR 指令使计数值分别加 1、减 1 或将计数值复位为 0。计数器命令与互锁组合时，命令后面要加上"C"。

（5）动作中的定时器

动作中的定时器与计数器的使用方法类似，事件出现时定时器被执行。互锁功能也可以用于定时器。

1）TL 命令为扩展的脉冲定时器命令，该命令的下面一行是定时器的定时时间"time"，定时器位没有闭锁功能。

一旦事件发生定时器立即被启动，启动后将继续定时，而与互锁条件和步是否是活动步无关。在"time"指定的时间内，定时器位为"1"，此后变为"0"。正在定时的定时器可以被新发生的事件重新启动，重新启动后，在"time"指定的时间内，定时器位为 1。

2）TD 命令用来实现定时器位有闭锁功能的延迟。

一旦事件发生定时器立即被启动，互锁条件 C 仅仅在定时器被启动的那一时刻起作用。定时器被启动后将继续定时，而与互锁条件和步的活动性无关。在"time"指定的时间内，定时器位为"0"。正在定时的定时器可以被新发生的事件重新启动，重新启动后，在"time"指定的时间内，定时器位为"0"，定时时间到，定时器位变为"1"。

3）TR 是复位定时器命令。一旦事件发生定时器立即停止定时，定时器位与定时值被复位为"0"。

当图 5-25 中的步 S3 变为活动步时，事件 S1 使计数器 C4 的值加 1。C4 可以用来统计步 S3 变为活动步的次数。只要步 S3 变为活动步，事件 S1 使 MW0 的值加 1。S3 变为活动步后，T3 开始定时，T3 的定时器位为"0"状态。5s 后 T3 的定时器位变为"1"状态。

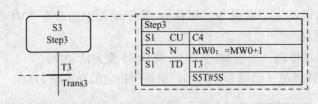

图 5-25 步的动作

5.3.3 S7 GRAPH 的应用

使用 S7 GRAPH 编辑器，可对包含有序列发生器的功能块进行编程。下面结合交通信号灯控制系统，介绍使用 S7 GRAPH 编辑顺序功能图的方法。

1. 控制要求

双干道十字路口交通信号控制系统的要求是：所有的信号灯受起、停按钮控制，当按下启动按钮时，东西向红灯亮，南北向绿灯亮 20s；20s 时间到时，东西向红灯亮，南北向黄灯亮 5s；5s 后，东西向绿灯亮，南北向红灯亮 30s；30s 时间到时，东西向黄灯亮，南北向红灯亮 5s，如此循环，当按下停止按钮时，所有的灯都熄灭。

2. 顺序功能图

根据控制要求，画出交通信号灯顺序功能图，如图 5-26 所示。

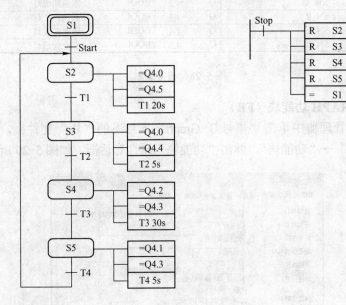

图 5-26　交通信号灯顺序功能图

3. 创建 S7 项目

打开 SIMATIC 管理器，然后执行菜单命令"文件"→"新建"，创建一个项目，并命名为"信号灯 Graph"。

4. 硬件配置

选择"信号灯 Graph"项目下的"SIMATIC 300 站点"文件夹，在右视窗中用鼠标双击硬件组态图标，进入硬件组态窗口，单击硬件目录图标打开硬件目录，按图完成硬件配置。最后编译保存并下载到 CPU。硬件配置如图 5-27 所示。

S...	Module	Order number	Firmware	MPI address	I address	Q address	Comment
1	PS 307 5A	6ES7 307-1EA00-0AA0					
2	CPU315-2DP	6ES7 315-2AG10-0AB0	V2.0	2			
X2	DP				2047*		
3							
4	DI32xDC24V	6ES7 321-1BL00-0AA0			0...3		
5	DO32xDC24V/0.5A	6ES7 322-1BL00-0AA0				4...7	

图 5-27　硬件配置

5. 编辑符号表

选择"信号灯 Graph"项目下的"S7 程序"文件夹，在右视窗中用鼠标双击图标，打开符号表编辑器，如图 5-28 所示，编辑符号表。

	状态	符号	地址		数据类型		注释
1		Cycle Execttion	OB	1	OB	1	主程序
2		信号灯	FB	1	FB	1	交通信号灯控制
3		Start	I	0.0	BOOL		启动按钮
4		STOP	I	0.1	BOOL		停止按钮
5		EW_R	Q	4.0	BOOL		东西向红灯
6		EW_Y	Q	4.1	BOOL		东西向黄灯
7		EW_G	Q	4.2	BOOL		东西向绿灯
8		SN_R	Q	4.3	BOOL		南北向红灯
9		SN_Y	Q	4.4	BOOL		南北向黄灯
10		SN_G	Q	4.5	BOOL		南北向绿灯

图 5-28　符号表

6. 插入 S7 GRAPH 功能块（FB）

在 SIMATIC 管理器中单击"信号灯 Graph"项目下的"块"文件夹，然后单击命令"插入"→"S7 块"→"功能块"，弹出"功能块"属性对话框，如图 5-29 所示。

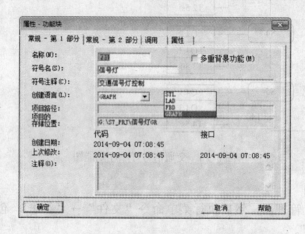

图 5-29　"功能块"属性对话框

在名称区域输入功能块名称，如"FB1"；在符号名区域输入 FB 的符号名，如"信号灯"；在符号注释区域输入 FB 的文字说明，如"交通信号灯控制"；在创建语言区域选择 FB 的编程语言，单击"下拉列表"按钮，选择 GRAPH 语言；最后单击"确认"按钮，并插入一个功能块 FB1。

7. 编辑功能块 FB

（1）插入"步及步的转换"

在 S7 GRAPH 编辑器内，用鼠标单击 S1 的转换（S1 下面的十字），然后连续单击 4 次"步和转换"的插入工具图标，插入过程中系统自动为新插入的步和步的转换分配连续序号（S2～S5、T2～T5）。

注意：T1～T5 等不是定时器的编号，而是转换 Transl1～Transl5 的缩写。

（2）插入"跳转"

用鼠标单击 S5 的转换（S5 下面的十字），然后单击步的跳转工具图标，此时在 T5 的下面出现一个向下的箭头，并显示"S 编号输入栏"，设置跳步如图 5-30 所示。

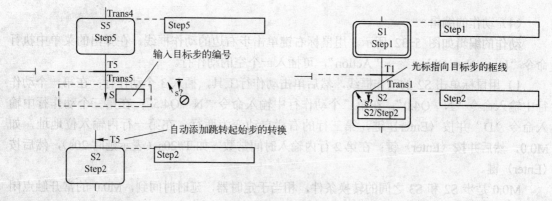

图 5-30　设置跳步

在"S 编号输入栏"内可以直接输入要跳转的目标步编号，如要跳到 S2 步，则可输入数字"2"，也可以将鼠标直接指向目标步的框线，单击鼠标完成跳步设置。设置完成自动在目标步（本例为 S2）的上面添加一个向左的箭头，箭头的尾部标有起始跳转位置的转换（本例为 T5）这样就形成了循环的单流程。

（3）编辑步的名称

表示步的方框内有步的编号（如 S1）和步的名称（如 Step1），单击相应项可以进行修改，不能用汉字作步和转换的名称。

将步 S1～S5 的名称依次改为"Initial"（初始化）、"ER_SG"（东西向红灯-南北向绿灯）"ER_SY"（东西向红灯-南北向黄灯）、"EG_SR"（东西向绿灯-南北向红灯）、"EY_SR"（东西向黄灯-南北向红灯）。编辑步的名称如图 5-31 所示。

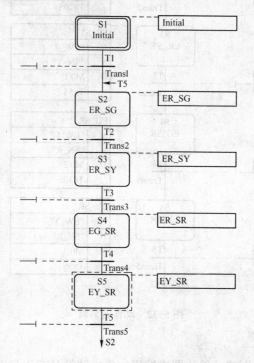

图 5-31　编辑步的名称

（4）动作的编辑

动作的编辑如图 5-32 所示，用鼠标右键单击步右边的动作框线，在弹出的菜单中执行命令"Insert New Object"→"Action"，可插入一个空的动作行。

1）用鼠标单击 S2 的动作框线，然后单击动作行工具，插入 3 个动作行；在第一个动作行中输入命令"N　Q4.0"；在第二个动作行中输入命令"N　Q4.5"；在第三个动作行中输入命令"D"并按〈Enter〉键，第三行的右栏自动变为两行，在第一行内输入位地址，如 M0.0，然后并按〈Enter〉键；在第 2 行内输入时间常数，如 T#20s（表示延时 20s），然后按〈Enter〉键。

M0.0 是步 S2 和 S3 之间的转换条件，相当于定时器，延时时间到，M0.0 的常开触点闭合，程序从步 S2 转换到步 S3。

2）按照同样的方法，完成 S3～S5 的命令输入。 由于在前面的符号表内已经对所用到的地址定义了符号名，所以，当输入完成后，系统默认用符号的地址显示。

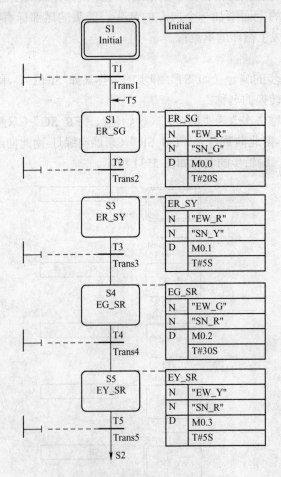

图 5-32　动作的编辑

（5）编辑转换条件

转换条件可以用梯形图或功能块图来编辑，单击转换名右边与虚线相连的转换条件，在窗口最左边的工具条中单击常开触点、常闭触点或方框形的比较器（相当于一个触点），可对转换条件进行编辑，编辑方法同梯形图语言。

按图 5-33 所示编辑转换条件，完成整个顺序功能图的编辑。最后单击"保存"按钮并编译所做的编辑，系统将自动在当前项目的块文件夹下创建该功能块对应的数据块。

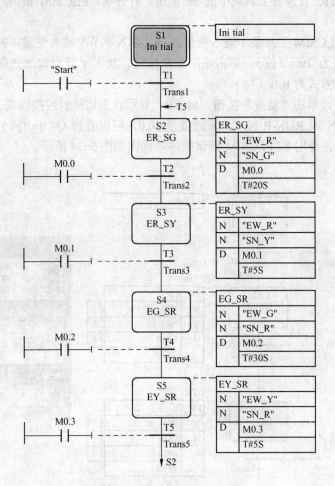

图 5-33 完成后的顺序功能图

8. 在 OB1 中调用 S7 GRAPH 功能块（FB）

（1）设置 S7 GRAPH 功能块的参数集

在 S7 GRAPH 编辑器中执行菜单命令"选项"→"块设置"，打开 S7 GRAPH 功能块参数设置对话框，本例将 FB 设置为标准参数集。其他采用默认值，设置完毕保存 FB1。

（2）调用 S7 GRAPH 功能块

在 SIMATIC 管理器窗口内选中当前项目下的"块"文件夹，在编辑器内打开 OB1，打开编辑器左侧浏览窗口中的"FB 块"文件夹，用鼠标双击其中的 FB1 图标，在 OB1 中调用顺序功能图程序 FB1，在模块的上方输入 FB1 的背景功能块 DB1 的名称。

在"INIT_SQ"端口上输入"Start",也就是用起动按钮激活顺控器的初始步 S1;在"OFF_SQ"端口上输入"Stop",也就是用停止按钮关闭顺控器。最后保存 OB1。

9. 用 S7 PLCSIM 仿真软件调试 S7 GRAPH 程序

使用 S7 PLCSIM 仿真软件调试 S7 GRAPH 程序的步骤如下:

1)单击 SIMTIC 管理器工具条中的 ▦ 按钮,打开 S7 PLCSIM 窗口,将程序块文件下载到仿真 CPU 中。

2)单击 S7 PLCSIM 工具条中输入变量按钮,插入字节型输入变量,并将字节地址修改为"0",显示方式为 Bits(位)。单击输出变量按钮,插入字节型输出变量,并将字节地址修改为"4",显示方式为 Bits(位)。

3)在 FB1 中,单击"监视"按钮,将 FB1 显示状态切换到监控模式。将仿真 CPU 模式开关切换到 RUN 或 RUN-P 模式,单选变量 I0.0,可以看到 Q4.0~Q4.5 按顺序功能图设定的时间顺序点亮,使用 S7 PLCSIM 调试顺序功能图如图 5-34 所示。

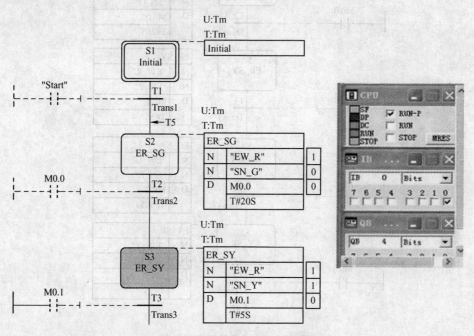

图 5-34 使用 S7 PLCSIM 调试顺序功能图

5.4 技能训练 物料混合装置 PLC 控制

1. 训练目的

1)掌握画顺序功能图的方法。

2)掌握编写顺序功能控制程序的方法。

2. 控制要求

物料混合装置示意图及时序图如图 5-35 所示物料混合装置用来将粉末状的固体物料(粉料)和液体物料(液料)按一定的比例混合在一起,经过定时搅拌后便得到成品,粉料和液料都用电子称来计量。

初始状态时粉料称料斗、液料称料斗和搅拌器都是空的，它们底部的排料阀关闭；液料仓的放料阀关闭，粉料仓下部的螺旋输送机的电动机和搅拌机的电动机停转；Q0.0～Q0.4 均为"0"状态。PLC 开机后用 OB100 将初始步对应的 M0.0 置为"1"状态，将其余各步对应的存储器位复位为"0"状态，并将 MW10 和 MW12 中的计数预置值分别送给减计数器 C0 和 C1。按下启动按钮 I0.0，Q0.0、Q0.1 变为"1"状态，开始进料，电子称的光电码盘输出与称斗内物料重量成正比的脉冲信号，减计数器 C0 和 C1 分别对粉料称和液料称产生的脉冲计数，脉冲计数值减至 0 时，其常闭触点闭合，称斗内的物料等于预置值，Q0.0、Q0.1 变为"0"状态，停止进料，进入等待步后预置计数器。

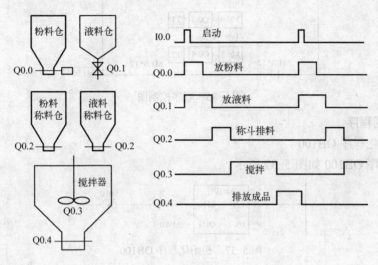

图 5-35 物料混合装置示意图及时序图

3. I/O 分配表

由控制要求分析可知，该设计需要 4 个输入和 5 个输出，其 I/O 分配表如表 5-8 所示。

表 5-8 I/O 分配表

输入			输出	
变量	地址	说明	地址	说明
SB1	I0.0	起动按钮	Q0.0	粉料仓输送机
SB2	I0.1	停止按钮	Q0.1	液料仓的放料阀
K1	I0.2	粉料称重传感器	Q0.2	粉料称料斗排料阀，液料称料斗排料阀
K2	I0.3	液料称重传感器	Q0.3	搅拌器搅拌机
			Q0.4	搅拌器排料阀

4. 顺序控制图

顺序控制图如图 5-36 所示。

M0.0
I0.0（起动）
M0.1
Q0.0
C0
M0.3
Q0.1
C1
C0
C1
M0.2
M0.4
M0.5
Q0.2
Q0.3
T0
T0
M0.6
Q0.3
T1
T1
M0.7
Q0.4
T2
M1.0*T2
M1.0*T2
M1.0*T2

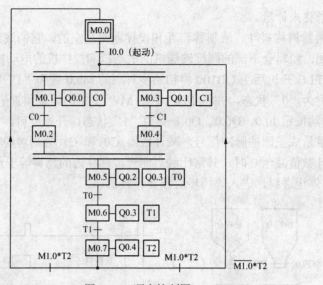

图 5-36　顺序控制图

5．梯形图程序

（1）初始化程序 OB100

初始化程序 OB100 如图 5-37 所示。

MOVE
EN
ENO
0
IN
OUT
MW0
M0.0
(S)

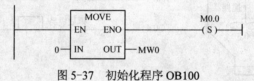

图 5-37　初始化程序 OB100

（2）主程序

主程序 OB1 如图 5-38 所示。

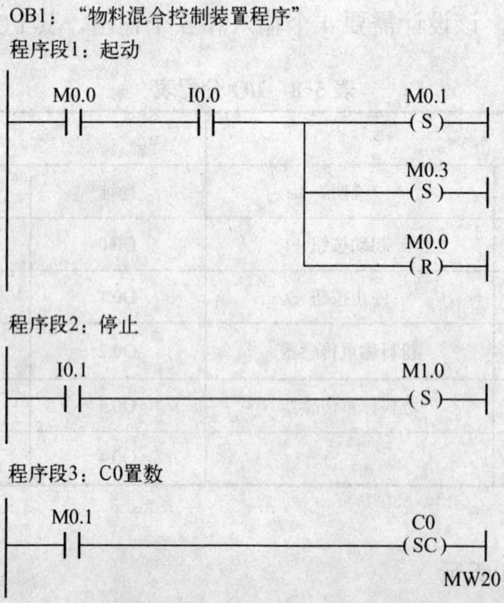

OB1：“物料混合控制装置程序”
程序段1：起动
M0.0
I0.0
M0.1
(S)
M0.3
(S)
M0.0
(R)
程序段2：停止
I0.1
M1.0
(S)
程序段3：C0置数
M0.1
C0
(SC)
MW20

图 5-38　主程序 OB1

程序段4：C0计数（I0.2称重传感器转化脉冲）

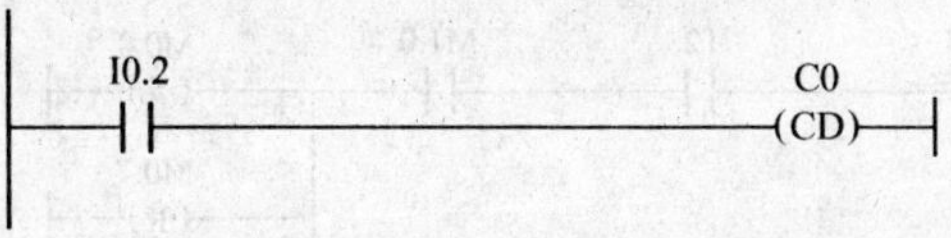

```
      I0.2                                    C0
   ───┤├──────────────────────────────────( CD )──
```

程序段5：C0计数结束

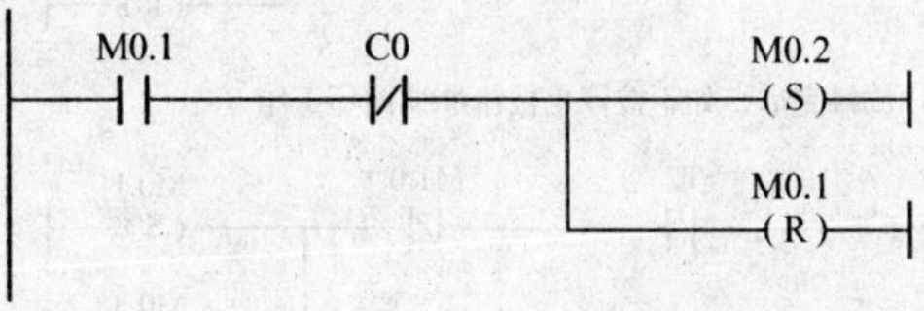

```
      M0.1          C0                       M0.2
   ───┤├───────────┤/├──────────┬──────────( S )──
                               │            M0.1
                               └──────────( R )──
```

程序段6：C1置数

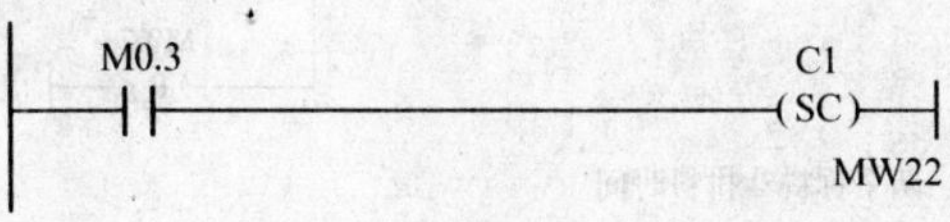

```
      M0.3                                    C1
   ───┤├──────────────────────────────────( SC )──
                                           MW22
```

程序段7：C1计数（I0.3称重传感器转化脉冲）

```
      I0.3                                    C1
   ───┤├──────────────────────────────────( CD )──
```

程序段8：C1计数结束

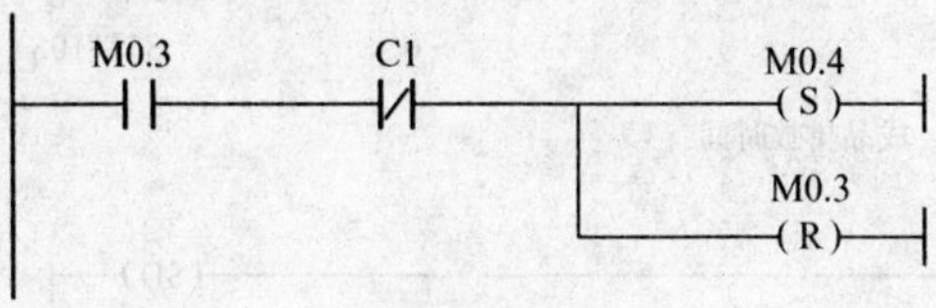

```
      M0.3          C1                       M0.4
   ───┤├───────────┤/├──────────┬──────────( S )──
                               │            M0.3
                               └──────────( R )──
```

程序段9：进入放料和搅拌阶段

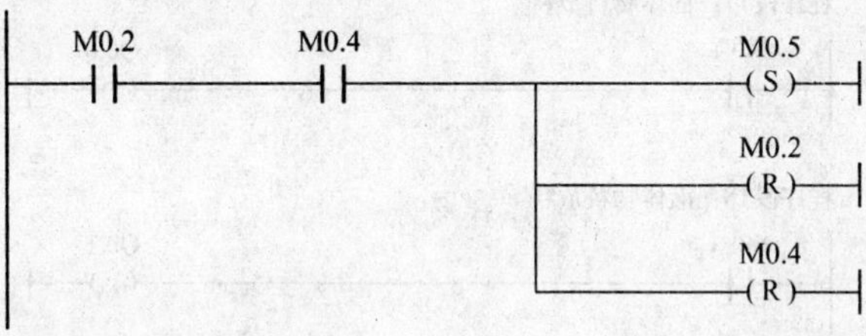

```
      M0.2          M0.4                     M0.5
   ───┤├───────────┤├───────────┬──────────( S )──
                               │            M0.2
                               ├──────────( R )──
                               │            M0.4
                               └──────────( R )──
```

程序段10：两个称料斗排料完

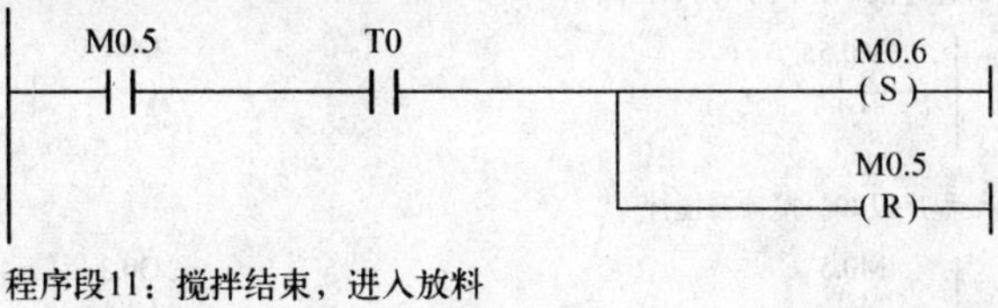

```
      M0.5          T0                       M0.6
   ───┤├───────────┤├───────────┬──────────( S )──
                               │            M0.5
                               └──────────( R )──
```

程序段11：搅拌结束，进入放料

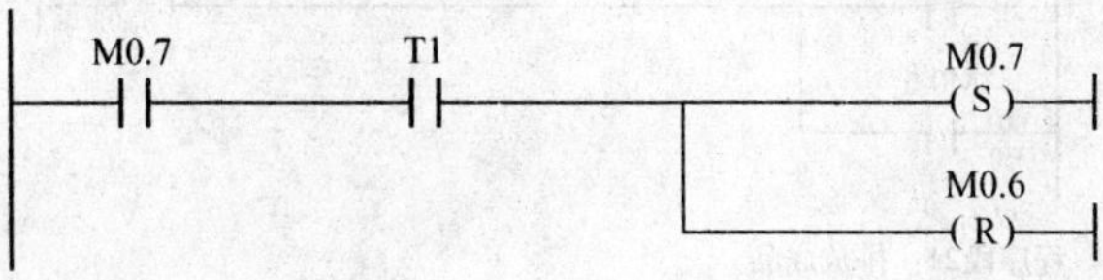

```
      M0.7          T1                       M0.7
   ───┤├───────────┤├───────────┬──────────( S )──
                               │            M0.6
                               └──────────( R )──
```

图 5-38　主程序 OB1（续）

程序段12：放料完后，如按停止按钮走完一个循环回到初始状态

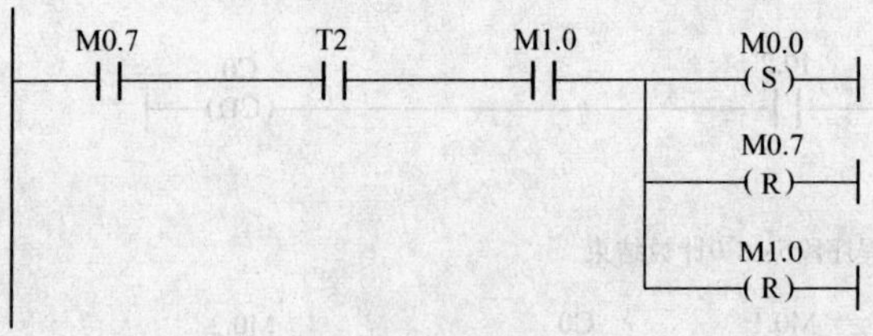

```
  M0.7        T2        M1.0              M0.0
───┤├────────┤├────────┤├──────┬───────( S )────
                                │
                                │         M0.7
                                ├───────( R )────
                                │
                                │         M1.0
                                └───────( R )────
```

程序段13：放料完后，如不按停止按钮继续循环工作

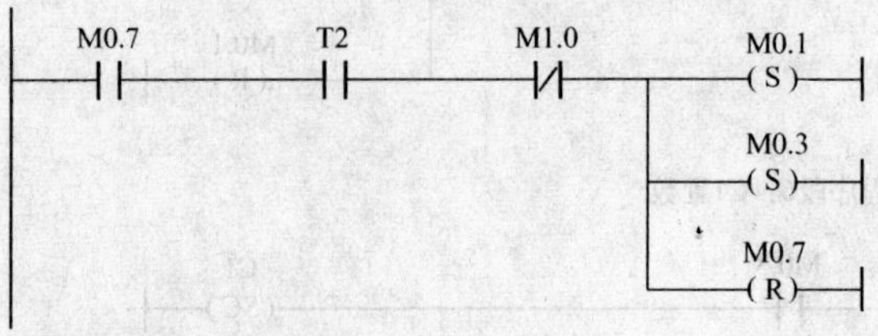

```
  M0.7        T2        M1.0              M0.1
───┤├────────┤├────────┤/├─────┬───────( S )────
                                │
                                │         M0.3
                                ├───────( S )────
                                │
                                │         M0.7
                                └───────( R )────
```

程序段14：两个称料斗排料时间

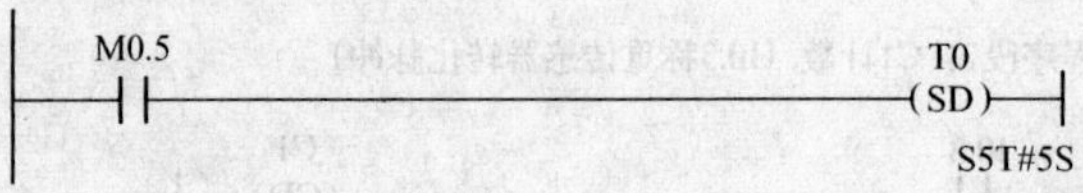

```
  M0.5                                   T0
───┤├──────────────────────────────────( SD )────
                                      S5T#5S
```

程序段15：搅拌时间

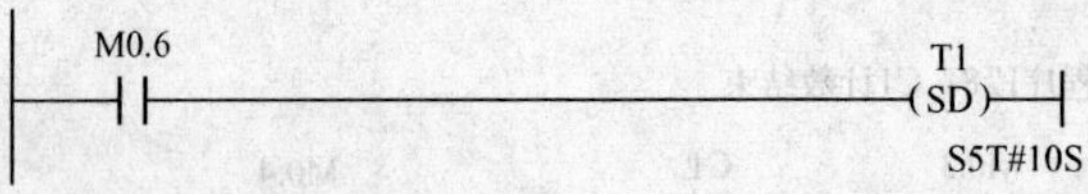

```
  M0.6                                   T1
───┤├──────────────────────────────────( SD )────
                                      S5T#10S
```

程序段16：成品排放时间

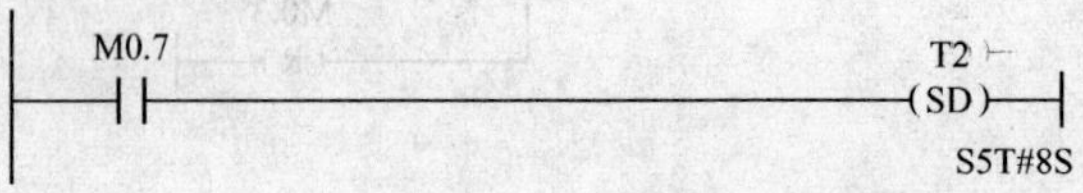

```
  M0.7                                   T2
───┤├──────────────────────────────────( SD )────
                                      S5T#8S
```

程序段17：固体物料放料

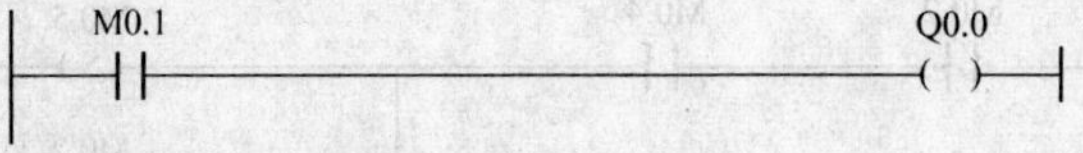

```
  M0.1                                   Q0.0
───┤├──────────────────────────────────( )────
```

程序段18：液体物料放料

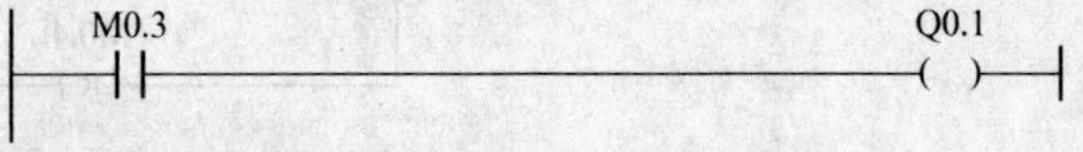

```
  M0.3                                   Q0.1
───┤├──────────────────────────────────( )────
```

程序段19：两个称斗排料

```
  M0.5                                   Q0.2
───┤├──────────────────────────────────( )────
```

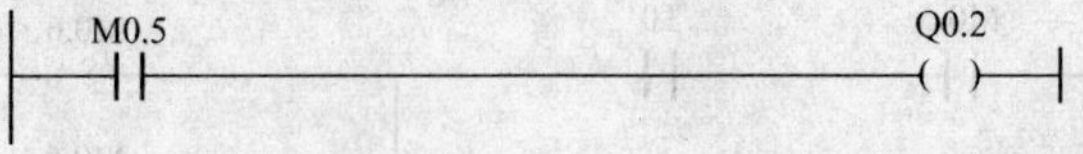

程序段20：搅拌器搅拌

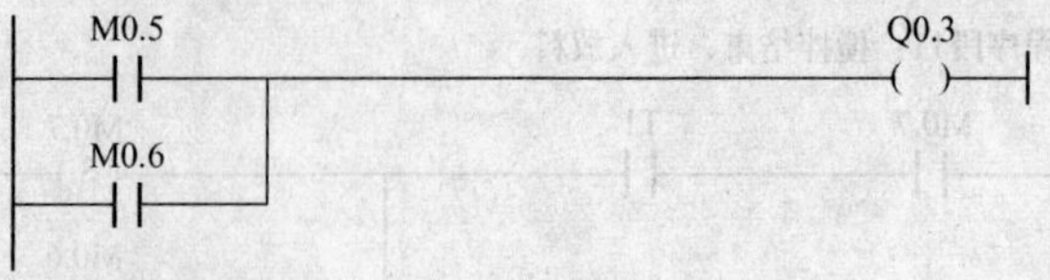

```
  M0.5                                   Q0.3
───┤├──────┬────────────────────────────( )────
            │
  M0.6      │
───┤├───────┘
```

程序段21：排放成品

```
  M0.7                                   Q0.4
───┤├──────────────────────────────────( )────
```

图 5-38　主程序 OB1（续）

5.5 习题

1. 填空题

1）控制指令有 3 类，分别是_____、_____和_____。

2）在没有执行跳转指令和循环指令时，各条语句_____执行。执行逻辑控制指令时，根据_____的状态，决定是否跳转到_____地址，跳转到_____地址后，程序继续_____执行。

3）顺序控制是指按照_____顺序，在_____的作用下，根据_____，_____自动有序地进行操作。

4）顺序功能图是用_____、_____和_____来说明和描述 PLC 的_____及_____。顺序功能图由_____、_____、_____、_____、_____等元素组成。

5）在顺序功能图中，步的活动状态的变化是根据转换的实现来完成的，转换实现必须同时满足两个条件：①_____②_____。

6）步与步的转换实现后将完成以下两个操作：①_____②_____。

7）描述顺序功能图的基本结构形式有 3 种，即_____、_____和_____。

8）S7 GRAPH 语言是用于_____的顺序功能图语言，它根据_____将_____分解为若干步，用_____显示出来并且可形成_____的文件。

2. 电动机 M1～M3 有两种起动方式与停止方式。①手动操作方式：分别用每台电动机的起动、停止按钮控制 M1～M3 的起动、停止。②自动操作方式：按下自动起动按钮 SB1，M1～M3 每隔 5s 依次起动，按下自动停止按钮 SB2，M1～M3 同时停止。试用跳转指令编写控制程序。

3. 运输传送带如图 5-39 所示，有 3 条运输传送带顺序相连，按下起动按钮，3 号传送带开始工作，5s 后 2 号传送带自动起动，再过 5s 后 1 号传送带自动起动。停机的顺序与起动的顺序相反，间隔仍然为5s。试进行 PLC 端口分配，并设计控制梯形图。

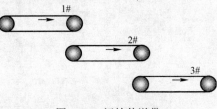

图 5-39　运输传送带

4. 有 5 台电动机作顺序循环控制，控制时序图如图 5-40 所示，SB 为运行控制开关，试设计控制顺序功能图。

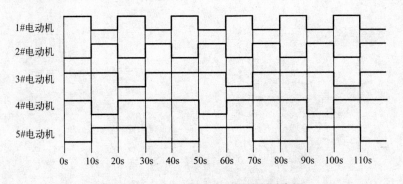

图 5-40　5 台电动机顺序循环控制时序图

5．一台间歇润滑用油泵，由一台三相交流电动机拖动，油泵工作示意图如图 5-41 所示。按起动按钮 SB1，系统开始工作并自动重复循环，直至按下停止按钮 SB2 系统停止工作。设采用 PLC 进行控制，请绘出主电路图、PLC 的 I/O 端口分配图、梯形图以及编写指令程序。

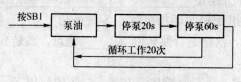

图 5-41　油泵工作示意图

第6章 S7系列的程序结构

6.1 用户程序的基本结构

6.1.1 用户程序的结构

PLC 中的程序分为操作系统和用户程序。操作系统用来实现与特定控制任务无关的所有 CPU 功能。操作系统主要完成的任务：处理 PLC 的起动、刷新输入/输出的过程映像表、调用用户程序、处理中断和错误、管理存储区和处理通信等。

用户程序是用户为处理特定的自动化任务而创建的程序，并将其下载到 CPU 中。用户程序的主要任务：指定 CPU 的重起（热起动）和重起条件、处理过程数据、响应中断和处理正常程序周期中的干扰等。

STEP 7 为设计程序提供三种方法，即线性化编程、模块化编程和结构化编程，如图 6-1 所示。在进行程序设计前，要对控制任务进行分析，选择合理的编程方法和程序结构，从而提高 CPU 的使用效率、缩短使用周期和提高设计质量。

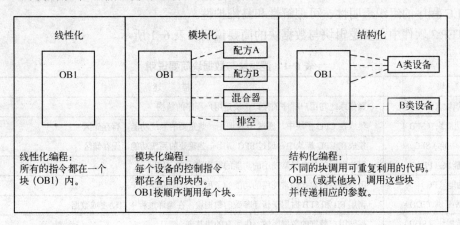

图 6-1 STEP 7 的 3 种设计程序的方法

1. 线性化编程

线性化编程类似于硬件继电器控制电路，整个用户程序放在循环控制组织块（OB1）（OB1 用于循环处理，是用户程序的主程序）中，循环扫描时不断地依次执行 OB1 中的全部指令。

这种方式的程序结构简单，不涉及功能块、功能、数据块、局域变量和中断等比较复杂的概念，分析起来一目了然。这种结构适用于编写一些规模较小、运行过程比较简单的控制程序，由于所有的指令都在一个块中，即使程序中的某些部分在大多数时候并不需要执行，每个扫描周期也都要执行所有的指令，因此没有有效地利用 CPU。此外，如果要求多次执行相同或类似的操作，需要重复编写程序。

2．模块化编程

模块化编程时，程序被分为不同的逻辑块，每个块包含完成某些任务的逻辑指令。分块程序有更大的灵活性，适用于比较复杂、规模较大的控制工程的程序设计。

组织块 OB1（即主程序）中的指令决定在什么情况下调用哪一个块，功能和功能块（即子程序）用来完成不同的过程任务。被调用的程序块执行完后，返回到 OB1 中程序块的调用点，继续执行 OB1。

模块化编程的程序被划分为若干个块，易于几个人同时对一个项目编程。由于只是在需要时才调用有关的程序块，提高了 CPU 的利用率。

3．结构化编程

结构化编程将复杂的自动化任务分解为能够反映过程的工艺、功能或可以反复使用的小任务，这些任务由相应的程序块（或称逻辑块）来表示，程序运行时所需的大量数据和变量存储在数据块中，结构化程序比分块程序有更大的灵活性和继承性。适用于比较复杂、规模较大的控制工程的程序设计。

6.1.2 用户程序中的块

可以用 STEP 7 编程软件构建用户程序，将程序分成单个、独立的程序段，将程序中所需要的数据放置在块中，使单个的程序部件标准化。通过在块内或块之间类似子程序的调用，使用户程序结构化，可以简化程序组织，使程序易于修改、查错和调试。块结构显著增加了 PLC 程序的组织透明性、可理解性和易维护性。

STEP 7 软件中主要逻辑块与数据块的简要说明如表 6-1 所示。

表 6-1　逻辑块与数据块简要说明

块	描　述
组织块（OB）	操作系统与用户程序的接口，决定用户程序的结构
系统功能块（SFB）	集成在 CPU 模块中，通过 SFB 调用一些重要的系统功能，有存储区
系统功能（SFC）	集成在 CPU 模块中，通过 SFC 调用一些重要的系统功能，无存储区
功能块（FB）	用户编写的包含经常使用的功能的子程序，有存储区
功能（FC）	用户编写的包含经常使用的功能的子程序，无存储区
背景数据块（IDB）	调用 FB 和 SFB 时用于传递参数的数据块，在编译过程中自动生成数据
共享数据块（SDB）	存储用户数据的数据区域，供所有的块共享

组织块（OB）构成操作系统与用户程序的接口，决定用户程序的结构。功能块实际上是用户子程序，分为带"记忆"的功能块（FB）和不带"记忆"的功能块（FC）。FB 带有背景数据块，在 FB 块结束时继续保持，即被"记忆"；功能块（FC）没有背景数据块。数据块（DB）是用户定义的用于存取数据的存储区，可以被打开或关闭；DB 可以是属于某个FB 的背景数据块，也可以是通用的全局数据块，用于 FB 或 FC。S7 的 CPU 还提供标准系统功能块，集成在 S7 的 CPU 中。功能程序库是操作系统的一部分，不需要将其作为用户程序下载到 PLC 中，用户可以直接调用它们。

用户程序包含用户编写的组织块（OB）、功能块（FB）、功能（FC）和系统提供的系统功能块（SFB）与系统功能（SFC），被调用的块是 OB 之外的逻辑块。调用功能块时需要为它指定一个背景块，后者随功能块的调用而打开，在调用结束时自动关闭。

图 6-2 所示为 STEP 7 调用块的过程示意图。

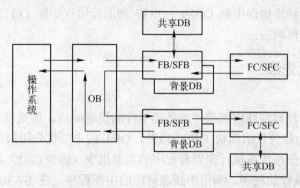

图 6-2　STEP 7 调用块的过程示意图

6.2　组织块

组织块（OB）是 CPU 的操作系统与用户程序的接口，由操作系统调用，用于控制扫描循环和中断程序的执行、PLC 的起动和错误处理等。STEP 7 中提供了大量的组织块用于执行用户程序。OB 被嵌套在用户程序中，根据某个事件的发生，执行相应的中断，并自动调用相应的 OB。

OB 与 CPU 的类型是相关的，某一型号的 CPU 支持哪些 OB 是确定的。例如，OB35 和 OB40 可以在 CPU315-2DP 中使用，而 OB36 和 OB41 则不行。因此用户只能编写目标 CPU 支持的 OB。

6.2.1　组织块的组成与分类

组织块由操作系统起动，它由变量声明表和用户编制的程序组成。

组织块（OB）是操作系统调用的，OB 没有背景数据块，也不能为 OB 声明输入、输出变量和静态变量，因此 OB 的变量声明表中只有临时变量。

操作系统为所有 OB 块声明了一个 20B 的包含 OB 起动信息的变量声明表，声明表中变量的具体内容与组织块的类型有关。用户可以通过 OB 的变量声明表获得与起动 OB 有关的信息。

组织块分为以下几类：

（1）起动组织块

起动组织块用于系统初始化，当 CPU 上电或操作模式切换到 RUN 时，S7-300 执行 OB100，S7-400 根据组态的起动方式执行 OB100～OB102 中的一个。

（2）循环执行的组织块

需要连续执行的程序存放在 OB1 中，执行完后又开始新的循环。

（3）定期执行的组织块

定期执行的组织块包括日期时间中断组织块 OB10～OB17 和循环中断组织块 OB30～

OB38，可以根据设定的日期时间或时间间隔执行中断程序。

（4）事件驱动的组织块

延时中断 OB20～OB23 在过程事件出现后延时一定时间再执行中断程序；硬件中断 OB40～OB47 用于需要快速响应的过程事件，事件出现时马上中止当前正在执行的程序，执行对应的中断程序。异步错误中断 OB80～OB87 和同步错误中断 OB121、OB122 用来决定在出现错误时系统如何响应。

6.2.2 组织块的优先级

1．中断的概念

中断处理用来实现对特殊内部事件或外部事件的快速响应，如果没有中断，CPU 循环执行组织块 OB1，因为除背景组织块 OB90 以外，OB1 的中断优先级最低。CPU 检测到中断源的中断请求时，操作系统在执行完当前程序的当前指令（即断点处）后，立即响应中断。

CPU 暂停正在执行的程序，调用中断源对应的中断程序。在 S7-300 中，中断用组织块来处理。执行完中断程序后，返回到被中断的程序的断点处继续执行原来的程序。

PLC 的中断源可能来自 I/O 模块的硬件中断，或是 CPU 模块内部的软件中断，例如日期时间中断、延时中断、循环中断和编程错误引起的中断等。

如果在执行中断程序（组织块）时，又检测到一个中断请求，CPU 将比较两个中断源的中断优先级。如果优先级相同，按照产生中断请求的先后次序进行处理；如果后者的优先级比正在执行的 OB 的优先级高，将中止当前正在处理的 OB，改为调用较高优先级的 OB，这种处理方式称为中断程序的嵌套调用。一个能中断其他优先级而执行的 OB，可按需要调用 FB 或 FC，每个优先级嵌套调用的最大数目由 CPU 型号决定。

2．组织块的优先级

组织块的优先级就是中断的优先级，较高优先级的组织块可以中断较低优先级的组织块的处理过程。如果同时产生的中断请求不止一个，最先执行优先级最高的 OB，然后按照优先级由高到低的顺序依次执行其他 OB。

OB 的类型及优先级如表 6-2 所示。

表 6-2 OB 的类型及优先级

中 断 事 件	组织块名称	优 先 级	中 断 事 件	组织块名称	优 先 级
主程序循环	OB1	1	硬件中断	OB46	22
日期时间中断	OB10	2		OB47	23
	OB11		状态中断	OB55	2
	OB12		刷新中断	OB56	2
	OB13		特殊中断	OB58	2
	OB14		多处理中断	OB60	25
	OB15		同步循环中断	OB61	
	OB16			OB62	
	OB17			OB63	

中断事件	组织块名称	优先级	中断事件	组织块名称	优先级
延迟中断	OB20	3		OB64	
	OB21	4	I/O 冗余故障	OB70	25
	OB22	5	CPU 冗余故障	OB72	28
	OB23	6	通信冗余故障	OB74	25
循环中断	OB30	7	时间故障	OB80	26
	OB31	8	电源故障	OB81	25
	OB32	9	诊断故障	OB82	25
	OB33	10	热插拔故障	OB83	25
	OB34	11	CPU 硬件故障	OB84	25
	OB35	12	程序故障	OB85	25
	OB36	13	机架故障	OB86	25
	OB37	14	通信故障	OB87	25
	OB38	15	过程故障	OB88	25
硬件中断	OB40	16	背景循环	OB90	28
	OB41	17	暖起动故障	OB100	
	OB42	18	热起动故障	OB101	29
	OB43	19	冷起动故障	OB102	
	OB44	20	编程中断	OB121	27
	OB45	21	I/O 访问故障	OB122	引起错误的 OB 的优先级

优先级由低到高的顺序：背景循环、主程序扫描循环、日期时间中断、时间延时中断、循环中断、硬件中断、多处理器中断、I/O 冗余错误、异步故障（OB80～OB87）、起动和 CPU 冗余。

3．对中断的控制

所谓"中断控制"就是当 CPU 执行程序时，允许外部设备用"中断"信号中止 CPU 正在执行的程序并临时去执行另外一段程序。用户程序能够对一个中断发生后是否真正产生中断调用进行控制，即在程序运行中适时地屏蔽或允许中断调用。中断的控制功能由 STEP 7 提供的 SFC 完成。

日期时间中断和延时中断有专用的允许处理中断（或称激活、使能中断）和禁止中断的系统功能（SFC）。

通过 SFC 28（SET_TINT：设置日期时间中断），可以设置日期时间中断 OB 的起动日期和时间，在设定起动时间时，秒和毫秒是被忽略的，且用 0 代替。

通过 SFC29（CAN_TINT：取消日期时间中断），可以取消日期时间中断组织块。

通过 SFC 39（DIS_INT：禁止中断），可以禁止随后的所有 CPU 循环过程中的中断和异步故障。

通过 SFC 40（EN_INT：激活中断），可以激活先前由 SFC 39（DIS_INT）禁止的新中断和异步故障。

通过 SFC41（DIS_AIRT：去活报警中断），可以延迟比当前 OB 优先级高的中断 OB 和异步故障 OB 的执行。

通过 SFC 42（EN_AIRT：激活报警中断），可以激活先前被 SFC41（DIS_AIRT）禁止的具有高优先级的中断和异步故障的处理。

6.2.3 起动组织块与循环执行的组织块

1. 起动组织块

起动组织块用于系统初始化，当 CPU 上电或操作模式改为 RUN 时，根据起动的方式执行起动程序 OB100（暖起动）、OB101（热起动）和 OB102（冷起动）中的一个。

S7-300 中除 CPU 318 外，其余是没有 OB101 和 OB102 的。暖起动（OB100）起动时，其间所有的过程映像区和非存储的存储位、定时器及计数器全复位，仅执行一次。S7-300 的 OB100 约等于 S7-200 的 SM0.1。

1）OB100 为完全再起动类型（暖起动）。起动时，过程映像寄存器和不保持的标志存储器、定时器及计数器被清零；保持的标志存储器、定时器和计数器及数据块的当前值保持原状态，执行 OB100，然后开始执行循环程序 OB1。一般 S7-300 PLC 都采用此种起动方式。

2）OB101 为再起动类型（热起动）。起动时，所有数据（无论是保持型还是非保持型）都将保持原状态，并且将 OB101 中的程序执行一次。然后程序从断点处开始执行，剩余循环执行完以后开始执行循环程序。热起动一般只有 S7-400 具有此功能。

3）OB102 为冷起动类型。CPU318–2 和 CPU417–4 具有冷起动型的起动方式。冷起动时，所有过程映像区和标志存储器、定时器和计数器（无论是保持型还是非保持型）都将被清零，而且数据块的当前值被装入存储器的原始值覆盖。然后将 OB102 中的程序执行一次后执行循环程序。

2. 程序循环组织块

循环组织块（OB1，又称为主程序）是对应于循环执行的主程序的程序块，需要连续执行的程序存放在 OB1 中，它是 STEP 7 程序的主干。S7 CPU 的操作系统定期执行 OB1。当操作系统完成起动后，将起动循环执行 OB1。在 OB1 中可以调用其他功能（FC、SFC）和功能块（FB、SFB）。

执行 OB1 后，操作系统会发送全局数据。重新起动 OB1 之前，操作系统会将过程映像输出表写入输出模块中，更新过程映像输入表以及接收 CPU 的任何全局数据。

操作系统在运行其受监视的所有 OB 模块中，OB1 的优先级最低，也就是除 OB90 之外的所有 OB 块均可中断 OB1 的执行。

S7 有专门监视运行 OB1 的扫描时间的时间监视器，最长扫描时间默认为 150ms。用户编程时可以使用 SFC43 "RE_TRIGR" 来重新起动时间监视。如果用户程序超出了 OB1 的最长扫描时间，则操作系统将调用 OB80（时间错误 OB 块），如果没有发现 OB80，则 CPU 将转为 STOP 模式。

除了监视最长扫描时间外，还可以保证最短扫描时间。操作系统将延迟起动新循环（将过程映像输出表写入输出模块中），直至达到最短扫描时间为止。

在 OB1 中系统定义的本地数据如表 6-3 所示，其地址从 L0.0～L19.7，从地址 L20.0 以上的本地数据允许用户定义。

表 6-3　OB1 中系统定义的本地数据

变　量	类　型	描　述
OB1_EV_CLASS	BYTE	事件等级和标识符：B#16#11：OB1 激活
OB1_SCAN_1	BYTE	● B#16#01：完成暖重起 ● B#16#02：完成热重起 ● B#16#03：完成主循环 ● B#16#04：完成冷重起 ● B#16#05：主站-保留站切换和"停止"上一主站之后新主站 CPU 的首个 OB1 循环
OB1_PRIORITY	BYTE	优先级 1
OB1_OB_NUMBR	BYTE	OB 编号（01）
OB1_RESERVED_1	BYTE	保留
OB1_RESERVED_2	BYTE	保留
OB1_PREV_CYCLE	BYTE	上一次扫描的运行时间（ms）
OB1_MIN_CYCLE	INT	自上次起动后的最小周期（ms）
OB1_MAX_CYCLE	INT	从上次起动后的最大周期（ms）
OB1_DATE_TIME	DATE_AND_TIME	调用 OB 时的日期时间

6.2.4　定期执行的组织块

定期执行的组织块包括日期时间中断组织块 OB10～OB17 和循环中断组织块 OB30～OB38，可以根据设定的日期时间或时间间隔执行中断程序。

1. 日期时间中断组织块（OB10～OB17）

STEP 7 提供多达 8 个日期时间中断组织块（OB10～OB17），日期时间中断组织块可以单次运行，也可以定期运行：每分钟、每小时、每天、每月、每个月末。对于每月执行的日期时间中断 OB，只能将 1、2、…、28 日作为起始日期。

要起动时间中断，必须先设置中断，然后再将其激活。有以下 4 种可能的起动方式：

1）自动起动时间中断。一旦使用 STEP 7 设置并激活了时间中断，即自动起动时间中断。

2）使用 STEP 7 设置时间中断，然后通过调用程序中的 SFC30 "ACT_TINT" 来激活它。

3）通过调用程序中的 SFC28 "SET_TINT" 来设置时间中断，然后通过调用程序中的 SFC30 "ACT_TINT" 来激活它。

4）使用 SFC39～SFC42 来禁用或延迟并重新启用时间中断。

由于时间中断仅以指定的时间间隔发生，因此在执行用户程序期间，某些条件可能会影响 OB 的操作。表 6-4 列出了影响时间中断 OB 的条件，并说明了这些条件对执行时间中断 OB 的影响。

在 OB10～OB17 中系统定义了表 6-5（表中的符号以 OB10 为例）所示的本地数据，其中地址从 L0.0～L19.7，从地址 L20.0 以上的本地数据允许用户定义。

163

表 6-4　影响时间中断 OB 的条件

条　件	结　果
用户程序调用 SFC29（CAN_TINT）并取消时间中断	操作系统清除了时间中断的起动事件。如果需要执行 OB，必须再次设置起动事件并在再次调用 OB 之前激活它
用户程序试图激活时间中断 OB，但未将 OB 加载到 CPU 中	操作系统调用 OB85，如果 OB85 尚未编程（装入 CPU 中），则 CPU 将转为 STOP 模式
当同步或更正 CPU 的系统时钟时，用户提前设置了时间并跳过时间中断 OB 的起动事件日期或时间	操作系统调用 OB80 并对时间中断 OB 的编号和 OB80 中的起动事件信息进行编码。随后操作系统将运行一次时间中断 OB，而不管本应执行此 OB 的次数。OB80 的起动事件信息给出了第一次跳过时间中断 OB 的日期时间
当同步或更正 CPU 的系统时钟时，推后设置了时间，已使 OB 的起动事件日期或时间得以修复	S7-400-CPU 和 CPU 318：如果在推后设置时钟之前已激活了时间中断 OB，则不会再次调用它 S7-300-CPU：执行时间中断 OB
CPU 通过暖重起或冷重起运行	由 SFC 组态的所有时间中断 OB 会被改回在 STEP 7 中指定的组态 如果已为相应 OB 的单次起动组态了时间中断，并使用 STEP 7 对其进行了设置，并将其激活，则当所组态的起动时间为已过去的时间（相对于 CPU 的实时时钟）时，会在暖重起或冷重起操作系统后调用一次 OB
当发生下一个时间间隔的起动事件时，仍执行时间中断 OB	操作系统调用 OB80。如果 OB80 没有编程，则 CPU 转为 STOP 模式 如果装载了 OB80，则会首先执行 OB80 和时间中断 OB，然后再执行请求的中断

表 6-5　时间中断 OB10 的本地数据

变　量	类　型	描　述
OB10_EV_CLASS	BYTE	事件等级和标识符：B#16#11 = 中断处于激活状态
OB10_STRT_INFO	BYTE	B#16#11：OB10 的起动请求 （B#16#12：OB11 的起动请求） ： ： （B#16#18：OB17 的起动请求）
OB10_PRIORITY	BYTE	分配的优先级；默认值为 2
OB10_OB_NUMBR	BYTE	OB 编号（10～17）
OB10_RESERVED_1	BYTE	保留
OB10_RESERVED_2	BYTE	保留
OB10_PERIOD_EXE	WORD	OB 以指定的时间间隔执行： W#16#0000：一次 W#16#0201：每分钟一次 W#16#0401：每小时一次 W#16#1001：每天一次 W#16#1201：每周一次 W#16#1401：每月一次 W#16#1801：每年一次 W#16#2001：月末
OB10_RESERVED_3	INT	保留
OB10_RESERVED_4	INT	保留
OB10_DATE_TIME	DATE_AND_TIME	调用 OB 时的日期时间

2. 延时中断组织块（OB20～OB23）

S7 提供多达四个在指定延迟后执行的 OB（OB20～OB23）。每个延时 OB 均可通过调用 SFC32 （SRT_DINT）来起动。延迟时间是 SFC 的一个输入参数。

当用户程序调用 SFC32 （SRT_DINT）时，需要提供 OB 编号、延迟时间和用户专用的标识符。经过指定的延迟时间后，OB 将会起动。还可取消尚未起动的延时中断。

延迟时间（同 OB 编号一起传送给 SFC32 的值，单位为 ms）到期后，操作系统将起动相应的 OB。

要使用延时中断，必须执行以下任务：

● 必须调用 SFC32 （SRT_DINT）。

● 必须将延时中断 OB 作为用户程序的一部分下载到 CPU。

只有当 CPU 处于 RUN 模式下时才会执行延时 OB。暖重起或冷重起将清除延时 OB 的所有起动事件。如果延时中断还未起动，则可调用 SFC 33 （CAN_DINT）取消执行。

延迟时间的分辨率为 1ms。已到期的延迟时间可立即再次起动。可使用 SFC 34 （QRY_DINT）查询延时中断的状态。

如果发生以下事件之一，操作系统将调用异步错误 OB：

● 如果操作系统试图起动一个尚未装载的 OB，并且用户在调用 SFC 32 "SRT_DINT" 时指定了其编号。

● 如果在完全执行延时 OB 之前发生延时中断的下一个起动事件。

可使用 SFC 39～SFC42 来禁用或延迟并重新起动延迟中断。

3．循环中断组织块

S7 提供了 9 个循环中断 OB（OB30～OB38），可以指定固定时间间隔来中断用户程序。循环中断 OB 的等距起动时间是由时间间隔和相位偏移量决定的。

用户编写程序时，必须确保每个循环中断 OB 的运行时间远远小于其时间间隔。如果因时间间隔已到期，在预期的再次执行前未完全执行循环中断 OB，则起动时间错误 OB80，稍后将执行导致错误的循环中断。

在编写程序时如果有多个循环中断 OB，设置要求循环中断的时间间隔又成整数倍，那么有可能会出现因处理循环中断的时间过长而引起的超出扫描周期时间的错误。为了避免这种情况，最好定义一个偏移量时间，偏移量时间务必要小于间隔时间。偏移量时间使循环间隔时间已到，延时偏移量的时间后再执行循环中断，偏移量时间不会影响循环中断的周期。

用户编写程序时可使用 SFC39～SFC42 来禁用或延迟并重新起动循环中断。使用 SFC39 来取消激活循环中断，使用 SFC40 来激活循环中断。

【例 6-1】 应用时间中断组织块设置日期、时间，在到达设定的日期和时间时，用 Q4.0 自动起动某台设备。

设计过程如下。

1）用新建项目向导生成一个名为"OB10_1"的项目，CPU 的型号为 CPU315-2DP。新建"OB10_1"的项目如图 6-3 所示。

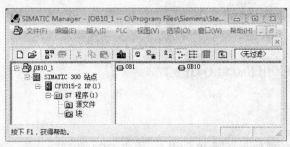

图 6-3　新建"OB10_1"的项目

2）打开硬件组态工具 HW Config，用鼠标双击机架上的 CPU，如图 6-4 所示。打开 "CPU 的属性"对话框，如图 6-5 所示。在"时间中断"选项卡，设置执行起动设备的日期时间，执行方式为"一次"。用复选框激活中断，单击"确定"按钮结束设置。

图 6-4　用鼠标双击机架上的 CPU

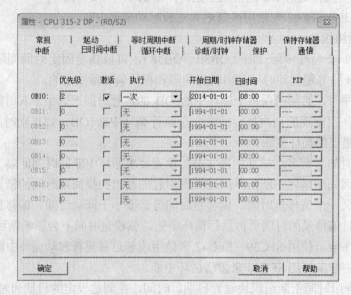

图 6-5　"CPU 的属性"对话框

3）单击工具栏 按钮，保存和编译组态信息。

4）在 SIMATIC 管理器生成 OB10，编写 OB10 程序，设置的时间到时，将需要起动的设备对应的输出点置位。

```
SET                        //将 RLO 置位
=    Q 4.0                 //将 RLO 写入 Q4.0
```

5）编写 OB1 程序，用 I0.0 将 Q4.0 复位。

```
A    I    0.0
R    Q    4.0
```

6）单击工具栏上的按钮，打开 PLCSIM，生成 QB4 的视图对象，下载所有的块和系统数据后，将仿真 PLC 切换到 RUN_P 模式。到达设置的时间时，可以看到 Q4.0 变为 "1" 状态。

6.3　数据块

对于 S7-300 PLC，除逻辑块外，用户程序还包括数据，这些数据是所存储的过程状态和信号的信息，在用户程序中进行处理。

数据以用户程序变量的形式存储，且具有唯一性。数据可以存储在输入过程映像存储器（PII）、输出过程映像存储器（PIQ）、位存储器（M）、局部数据堆栈（L 堆栈）及数据块（DB）中。可以采用基本数据类型、复杂数据类型或参数类型。

根据访问方式的不同，这些数据可以在全局符号表或共享数据块中声明，称为全局变量；也可以在 OB、FC 和 FB 的变量声明表中声明，称为局部变量。当块被执行时，变量将固定地存储在过程映像区（PII 或 PIQ）、位存储器区（M）、数据块（DB）或局部数据堆栈（L）中。

数据块定义在 S7 CPU 的存储器中，用户可在存储器中建立一个或多个数据块。每个数据块可大可小，但 CPU 对数据块数量及数据总量有限制。

数据块（DB）可用来存储用户程序中逻辑块的变量数据（如：数值）。与临时数据不同，当逻辑块执行结束或数据块关闭时，数据块中的数据保持不变。

用户程序可以位、字节、字或双字操作访问数据块中的数据，可以使用符号或绝对地址。

6.3.1　数据块的分类及数据结构

1. 数据块的分类

数据块（DB）有 3 种类型，即共享数据块、背景数据块和用户定义数据块。

共享数据块主要是为用户程序提供一个可保存的数据区，它的数据结构和大小由用户自己定义。共享数据块又称为全局数据块，用于存储全局数据，所有逻辑块（OB、FC、FB）都可以访问共享数据块存储的信息。

背景数据块中的数据信息是自动生成的，它们是 FB 变量声明表中的内容（不包括临时变量 TEMP）。背景数据块用作功能块（FB）的 "存储器"。FB 的参数和静态变量安排在它的背景数据块中。首先生成功能块（FB），然后生成它的背景数据块。

用户定义数据块（DB of Type）是以 UDT 为模板所生成的数据块。创建用户定义数据块之前，必须先创建一个用户定义数据类型，如 UDT1，并在 LAD/STL/FBD　S7 程序编辑器内定义。

利用 LAD/STL/FBD　S7 程序编辑器，或用已生成的用户定义数据类型可建立共享数据块。当调用 FB 时，系统将产生背景数据块。CPU 有两个数据块寄存器：DB 和 DI 寄存器。这样，可以同时打开两个数据块。

2. 数据块的数据类型

在 STEP 7 中数据块的数据类型可以采用基本数据类型、复杂数据类型或用户定义数据类型（UDT）。

（1）基本数据类型

根据 IEC 1131-3 定义，基本数据类型长度不超过 32 位，可利用 STEP 7 基本指令处理，能完全装入 S7 处理器的累加器中。基本数据类型包括如下内容。

位数据类型：BOOL、BYTE、WORD、DWORD、CHAR。

数字数据类型：INT、DINT、REAL。

定时器类型：S5TIME、TIME、DATE、TIME_OF_DAY。

（2）复杂数据类型

复杂数据类型只能结合共享数据块的变量声明使用。复杂数据类型可大于 32 位，用装入指令不能把复杂数据类型完全装入累加器，一般利用库中的标准块（"IEC" S7 程序）处理复杂数据类型。复杂数据类型包括：时间（DATE_AND_TIME）、矩阵（ARRAY）、结构（STRUCT）和字符串（STRING）等类型。

（3）用户定义数据类型（UDT）

STEP 7 允许利用数据块编辑器，将基本数据类型和复杂数据类型组合成长度大于 32 位的用户定义数据类型（UDT：User-Defined dataType）。用户定义数据类型不能存储在 PLC 中，只能存放在硬盘上的 UDT 块中。可以用用户定义数据类型作"模板"建立数据块，以节省录入时间。可用于建立结构化数据块、建立包含几个相同单元的矩阵以及在带有给定结构的 FC 和 FB 中建立局部变量。

【例 6-2】 创建一个名称为 UDT1 的用户定义数据类型，数据结构如下：

```
STRUCT
    Speed: INT
    Current: REAL
END_STRUCT
```

创建一个名称为 UDT1 的用户定义数据类型，可按以下几个步骤完成。

1）在 SIMATIC 管理器中选择 S7 项目的 S7 程序（S7 Program）的块文件夹，然后执行菜单命令"插入"→"S7 块"→"数据类型"。

2）在弹出的"数据类型属性"对话框内，如图 6-6 所示。可设置要建立的 UDT 属性，如 UDT 的名称等。设置完毕后，单击"确定"按钮。

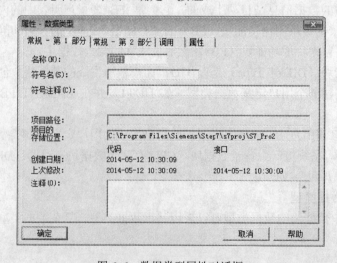

图 6-6　数据类型属性对话框

3）在 SIMATIC 管理器的视窗内，用鼠标双击新建的 UDT1 图标，起动 LAD/STL/FBD S7 程序编辑器。在编辑器变量列表的第二行“0.0”处单击鼠标右键，用快捷命令在当前行下面插入两个空白描述行。如图 6-7 所示。

UDT1 -- S7_Pro2\SIMATIC 300 站点\CPU312(1)
地址
名称
类型
初始值
注释
0.0
STRUCT
=0.0
END_STRUCT

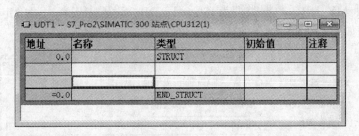

图 6-7　插入两个空白描述行

4）按图 6-8 所示格式输入两个变量（Speed 和 Current）。单击“保存”按钮保存 UDT1。这样就完成了 UDT1 的创建。

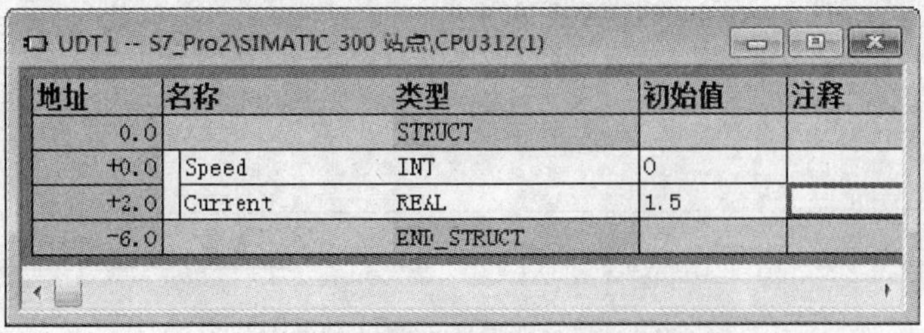

UDT1 -- S7_Pro2\SIMATIC 300 站点\CPU312(1)
地址
名称
类型
初始值
注释
0.0
STRUCT
+0.0
Speed
INT
0
+2.0
Current
REAL
1.5
=6.0
END_STRUCT

图 6-8　编辑 UDT1

编辑窗口内各列含义如下所述。

地址：变量所占用的第一个字节，存盘时由程序编辑器产生。

名称：单元的符号名。

类型：数据类型，单击鼠标右键，在快捷菜单内可选择。

初始值：为数据单元设定一个默认值，如果不输入，就以 0 为初始值。

注释：数据单元的说明，为可选项。

6.3.2　建立数据块

在 STEP 7 中，为了避免出现系统错误，在使用数据块之前，必须先建立数据块，并在块中定义变量（包括变量符号名、数据类型以及初始值等）。数据块中变量的顺序及类型决定了数据块的数据结构，变量的数量决定了数据块的大小。数据块建立后，还必须同程序块一起下载到 CPU 中，才能被程序块访问。

在 STEP 7 中，可采用以下两种方法创建数据块：用 SIMATIC 管理器创建数据块和用 LAD/STL/FBD S7 程序编辑器创建数据块。

1. 创建数据块

（1）用 SIMATIC 管理器创建数据块

假设用 SIMATIC 管理器创建一个名称为 DB1 的共享数据块，具体步骤如下：

1）在 SIMATIC 管理器中选择 S7 项目的 S7 程序的块文件夹，然后执行命令"插入"→"S7 块"→"数据块"。

2）在弹出的"数据块属性"对话框中，设置要建立的数据块属性，数据块命名为 DB1，符号名为 MY_DB，数据类型为 Shared DB。设置完毕单击"确定"按钮。"数据块"属性对话框如图 6-9 所示。

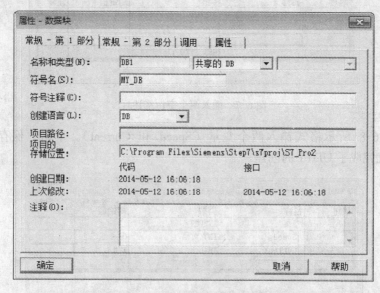

图 6-9 "数据块"属性对话框

（2）用程序编辑器创建数据块

假设用 LAD/STL/FBD S7 程序编辑器创建一个名为 DB1 的共享数据块，具体步骤如下：

1）起动程序编辑器，执行菜单命令"文件"→"新建"，在新建对话框内的输入点区域选择"项目"，名称区域选择已存在的 S7 项目，在对象名称区域输入数据名称 DB1，在对象类型区域，单击下拉列表选择"数据块"。用程序编辑器创建数据块如图 6-10 所示。

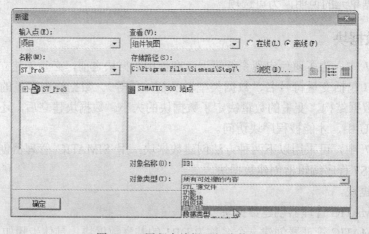

图 6-10 用程序编辑器创建数据块

2）设置完毕，单击“确定”按钮，弹出 DB 类型选择窗口，选择共享数据块，单击“确定”按钮。

2. 定义变量并下载数据块

共享数据块建立以后，可以在 S7 程序的块文件夹内用鼠标双击数据块图标，起动 S7 程序编辑器，并打开数据块。以前面所建的 DB1 为例，DB1 的原始窗口如图 6-11 所示。

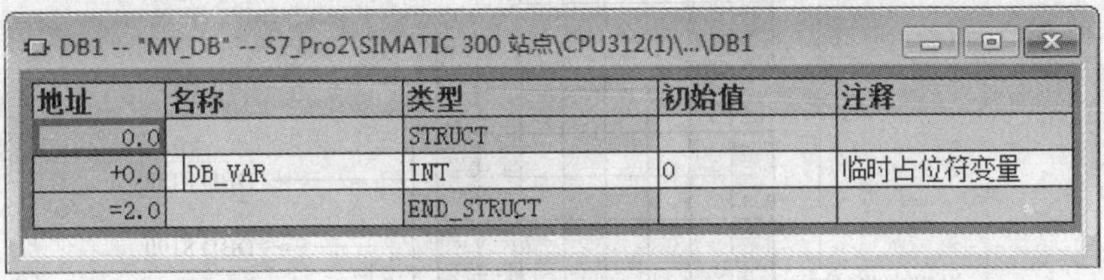

DB1 -- "MY_DB" -- S7_Pro2\SIMATIC 300 站点\CPU312(1)\...\DB1

地址	名称	类型	初始值	注释
0.0		STRUCT		
+0.0	DB_VAR	INT	0	临时占位符变量
=2.0		END_STRUCT		

图 6-11　DB1 的原始窗口

数据块编辑窗口与 UDT1 的编辑窗口相似，按照相同的方法输入需要的变量即可。在图 6-12 中建立了 5 个变量。

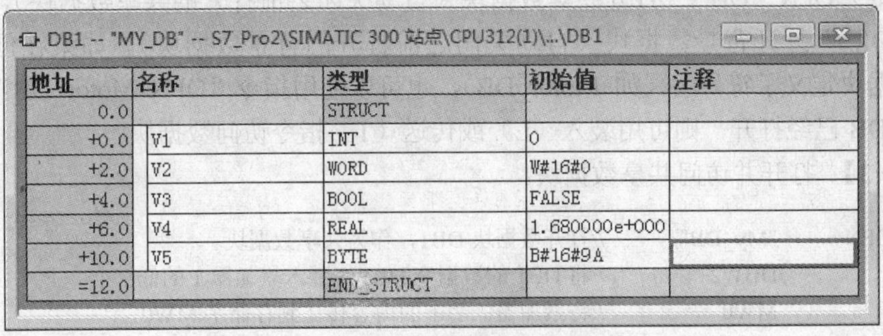

DB1 -- "MY_DB" -- S7_Pro2\SIMATIC 300 站点\CPU312(1)\...\DB1

地址	名称	类型	初始值	注释
0.0		STRUCT		
+0.0	V1	INT	0	
+2.0	V2	WORD	W#16#0	
+4.0	V3	BOOL	FALSE	
+6.0	V4	REAL	1.680000e+000	
+10.0	V5	BYTE	B#16#9A	
=12.0		END_STRUCT		

图 6-12　建立变量

变量定义完成后，单击保存并编译，如果没有错误，单击下载，将数据块下载到 CPU 中。

6.3.3　访问数据块

在用户程序中可能存在多个数据块，而每个数据块的数据结构并不完全相同，因此在访问数据块时，必须指明数据块的编号、数据类型与位置。如果访问不存在的数据单元或数据块，而且没有编写错误处理 OB 块，CPU 将进入 STOP 模式。

1. 寻址数据块

与位存储器相似，数据块中的数据单元按字节进行寻址，S7-300 的最大长度是 8kB，可以装载数据字节、数据字或数据双字。当使用数据字时，需要制定 1B 地址，按该地址装入 2B。使用双字时，按该地址装入 4B，数据块寻址如图 6-13 所示。

2. 访问数据块

访问数据块时需要明确数据块的编号和数据块中的数据类型及位置。在 STEP 7 中可以采用传统访问方式，即先打开后访问；也可以采用直接访问方式。

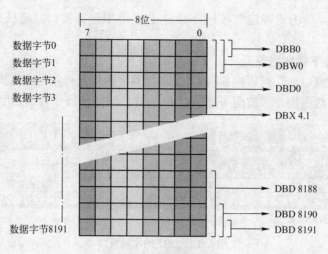

图 6-13　数据块寻址

（1）先打开后访问

用指令"OPN　DB..."打开共享数据块（自动关闭之前打开的共享数据块），或用指令"OPN　DI..."打开背景数据块（自动关闭之前打开的背景数据块）。如果在创建数据块时，给数据块定义了符号名（如 Motor_DB），也可以使用指令"OPN Motor_DB"打开数据块。如果 DB 已经打开，则可用装入（L）或传送（T）指令访问数据块。

【例 6-3】　打开并访问共享数据块。

OPN	"My_DB"	//打开数据块 DB1，作为共享数据块
L	DBW2	//将 DB1 的数据字 DBW2 装入累加器 1 的低字中
T	MW0	//将累加器低字中的内容传送到存储字 MW0
T	DBW4	//将累加器 1 低字中的内容传送到 DB1 的数据字 DBW4
OPN	DB2	//打开数据块 DB2，作为共享数据块，同时关闭数据块 DB1
L	DB10	//装入共享数据块 DB2 的长度
L	MD10	//将 MD10 装入累加器
<D		//比较数据块 DB2 的长度是否足够长
JC	ERRO	//如果长度小于存储双字 MD10 中的数值，则跳转到 ERRO

【例 6-4】　打开并访问背景数据块。

OPN	DB1	//打开数据块 DB1，作为共享数据块
L	DBW2	//将 DB1 的数据字 DBW2 装入累加器 1 的低字中
T	MW0	//将累加器低字中的内容传送到存储字 MW0
T	DBW4	//将累加器 1 低字中的内容传送到 DB1 的数据字 DBW4
OPN	DI2	//打开数据块 DB2，作为背景数据块
L	DIB2	//将 DB2 的数据字节 DBB2 装入累加器 1 低字的低字节中
T	DIB10	//将累加器 1 低字低字节的内容传送到 DB2 的数据字节 DBB10

（2）直接访问数据块

所谓直接访问数据块就是在指令中同时给出数据块的编号和数据在数据块中的地址。可以用绝对地址，也可以用符号地址直接访问数据块。

用绝对地址直接访问数据块，必须手动定位程序中的数据块单元，采用符号就可以很容易的用源程序调整。如：

```
L        DB1.DBW2        //打开数据块 DB1，并装入地址为 2 字数据单元
T        DB1.DBW4        //将数据传送到数据块 DB1 的数据字单元 DBW4
```

用符号地址直接访问数据块，必须在符号表中为 DB 分配一个符号名，同时为数据块中的数据单元用 LAD/STL/FBD S7 程序编辑器分配符号名。如：

```
L        "My_DB".V1      //打开符号名为"My_DB"的数据块
                         //并装入名为"V1"的数据单元
```

6.4 逻辑块的结构及编程

功能（FC）、功能块（FB）和组织块（OB）统称为逻辑块（或程序块）。实质上都是用户编写的子程序，功能块（FB）有一个数据结构与该功能块的参数完全相同的数据块，称为背景数据块，背景数据块依附于功能块，它随着功能块的调用而打开，随着功能块的结束而关闭。存放在背景数据块中的数据在功能块结束时继续保持。而功能（FC）则不需要背景数据块，功能调用结束后数据不能保持。组织块（OB）是由操作系统直接调用的逻辑块。

6.4.1 逻辑块的结构

逻辑块（OB、FB、FC）由变量声明表、代码段及其属性等几部分组成。

1. 局部变量声明表

每个逻辑块前部都有一个变量声明表，称为局部变量声明表。局部变量声明表对当前逻辑块控制程序所使用的局部数据进行声明。

局部数据分为参数和局部变量两大类，局部变量又包括静态变量和临时变量（暂态变量）两种。

参数可以在调用块和被调用块之间传递数据，是逻辑块的接口。静态变量和临时变量是仅供逻辑块本身使用的数据，不能用作不同逻辑块之间的数据接口。

声明后在局部数据堆栈中为临时变量（TEMP）保存有效的存储空间。对于功能块，还要为其配合使用的背景数据块的静态变量（Stat）保留空间。通过设置 IN（输入）、OUT（输出）和 IN_OUT（I/O）类型变量，声明块调用时的软件接口（即形参）。用户在功能块中声明变量，它们将自动出现在该功能块对应的背景数据块中。

如果在块中只使用局部变量，不使用绝对地址或全局符号，就可以将块移植到别的项目。

块中的局部变量名必须以字母开始，并且只能由英文字母、数字和下划线组成，不能使用汉字，但是在符号表（定义的变量为全局变量）中定义的共享数据的符号名可以使用其他字符（包括汉字）。在程序中，操作系统在局部变量前面自动加上"#"号，而共享变量名被自动加上双引号。共享变量可以在整个用户程序中使用。

表 6-6 给出了局部数据声明类型，表中内容的排列顺序，也是在变量声明表中声明变量的顺序和变量在内存中的存储顺序。在逻辑块中不需要使用的局部数据类型，可以不必在变

量声明表中声明。

表 6-6　局部数据声明类型

变　　量	类　　型	说　　明
输入参数	In	由调用逻辑块的块提供数据，输入给逻辑块的指令
输出参数	Out	向调用逻辑块的块返回参数，即从逻辑块输出结果数据
I/O 参数	In_Out	参数的值由调用逻辑块的块提供，由逻辑块处理修改，然后返回
静态参数	Stat	静态变量存储在背景数据块中，块调用结束后，其内容被保留
临时参数	Temp	临时变量存储在 L 堆栈中，块执行结束变量的值因被其他内容覆盖而丢弃

对于功能块 FB，操作系统为参数及静态变量分配的存储空间是背景数据块，这样参数变量在背景数据块中留有运行结果备份。在调用 FB 时若没有提供实际参数，则功能块使用背景数据块中的数值，操作系统在 L 堆栈中给 FB 的临时变量分配存储空间。

对于功能 FC，操作系统在 L 堆栈中给 FC 的临时变量分配存储空间，由于没有背景数据块，因而 FC 不能使用静态变量，输入、输出和 I/O 参数以指向实际参数的指针形式存储在操作系统为参数传递而保留的额外空间中。

对于组织块 OB 来说，其调用是由操作系统管理的，用户不能参与，因此 OB 只有定义在 L 堆栈中的临时变量。

（1）形式参数与实际参数

为了保证功能块对同一类设备控制的通用性，用户在编程时就不能使用具体设备对应的存储区地址参数（如不能使用 I2.0 等），而应使用这类设备的抽象地址参数，这些抽象地址参数称为形式参数，简称为形参。通过调用功能块对具体设备进行控制时，将该设备相应的实际存储区地址参数（简称为实参）传递给功能块，功能块在运行时以实际参数替代形式参数，从而实现对具体设备的控制。当对另一设备控制时，同样调用实际参数并将其传递给功能块。

形式参数需在功能块的变量声明表中定义，实际参数在调用功能块时给出。在功能块的不同调用处，可为形式参数提供不同的实际参数，但实际参数的数据类型必须与形式参数一致。用户程序可定义功能块的输入值参数或输出值参数，也可定义某参数作为输入/输出值。

参数传递可将调用块的信息传递给被调用块，也能把被调用块的运行结果返回给调用块。一般地，函数的形参与实参具有以下特点：

1）形参变量只有在被调用时才分配内存单元，调用结束时即刻释放所分配的内存单元，因此形参在函数内部有效，函数调用结束返回主调用函数后则不能再使用该形参变量。

2）实参可以是常量、变量、表达式和函数等，无论实参是何种类型的量，在进行函数调用时，它们都必须有确定的值，以便把这些值传送给形参，因此应预先用赋值、输入等办法使实参获得确定值。

3）实参和形参在数量上、类型上、顺序上应严格一致，否则就会发生类型不匹配的错误。

4）函数调用中发生的数据传送是单向的，即只能把实参传送给形参，而不能把形参的值反向地传送给实参,因此在函数调用过程中,形参值发生改变,而实参的值不会变化。

（2）静态变量

静态变量在 PLC 运行期间始终被存储,S7 将静态变量定义在背景数据块中,当被调用块运行时,能读出或修改静态变量。被调用块运行结束后,静态变量保留在数据块中。由于只有功能块 FB 关联背景数据块,所以只能为 FB 定义静态变量。功能 FC 不能有静态变量。

（3）临时变量

临时变量仅在逻辑块运行时有效,逻辑块结束时存储临时变量的内存被操作系统另行分配。S7 将临时变量定义在局部数据堆栈(简称为 L 堆栈)中,L 堆栈是为存储逻辑块的临时变量而专设的。当块程序运行时,在 L 堆栈中建立该块的临时变量,一旦块执行结束,堆栈重新分配,因而信息丢失。

2. 逻辑块局部数据的类型

在变量声明表中,要明确局部数据的数据类型,这样操作系统才能给变量分配确定的存储空间。局部数据可以是基本数据类型或是复杂数据类型,也可以是专门用于参数传递的所谓"参数类型"。参数类型包括:定时器、计数器、块的地址或指针等,参数类型变量见表 6-7。

表 6-7　参数类型变量

参 数 类 型	大　小	说　明
定时器	2B	在功能块中定义一个定时器形式参数,调用时赋予定时器实际参数
计数器	2B	在功能块中定义一个计数器形式参数,调用时赋予计数器实际参数
FB、FC、DB、SDB	2B	在功能块中定义一个功能块或数据块形式参数变量,调用时给功能块类或数据块类形式参数赋予实际的功能块或数据块编号
指针	6B	在功能块中定义一个形式参数,该形参说明的是内存的地址指针,例如调用时可给形参赋予实参:P#M50.0,以访问内存 M50.0
ANY	10B	当实际参数的数据类型未知时,可以使用该类型

（1）定时器或计数器参数类型

用在功能块中定义的一个定时器或计数器类型的形式参数,功能块就能使用一个定时器或计数器,而不需明确具体的定时器或计数器,等到调用该功能块时再确定定时器或计数器号,这使用户程序能灵活地分配和使用定时器或计数器。当给定时器或计数器类型的形式参数分配实际参数时,在 T 或 C 后面跟一个有效整数,例如 T150 。

（2）块参数类型

定义一个作为输入/输出的块,参数声明决定了块的类型(FC、FB、DB 等)。当为块类型的形式参数分配实际参数时,可以使用物理地址,例如 FB110;也可以使用符号地址,例如 "Start"。

（3）指针参数类型

一个指针给出的是变量的地址而不是变量的数值大小。在有些功能块中,使用指针编程更为方便。用定义指针类型的形式参数,就能在功能块中先使用一个虚设的指针,待调用功能块时再为其赋予确定的地址。当为指针类型的形式参数分配实际参数时,需要指明内存地址,例如 P#M75.0。

（4）ANY 参数类型

当实际参数的数据类型不能确定或在功能块中需要使用变化的数据类型时，可以把形式参数定义为 ANY 参数类型。这样就可以将任何数据类型的实际参数分配给 ANY 类型的形式参数，而不必像其他类型那样保证实际参数同形式参数类型一致。STEP 7 自动为 ANY 类型分配 80bit（10Byte）的内存，STEP 7 用这 80bit 存储实际参数的起始地址、数据类型和长度编码。

由于用户不能调用组织块，不需为组织块传递参数，组织块也就没有参数类型。又因为组织块没有背景数据块，所以不能对 OB 声明静态变量。FC 也没有背景数据块，同样的也不能对 FC 声明静态变量。在 3 种类型的逻辑块中，对 FB 块的限制是最少的。

3. 块调用过程及内存分配

CPU 提供块堆栈（即 B 堆栈）来存储与处理被中断块的有关信息，当发生块调用或有来自更高优先级的中断时，就有相关的块信息存储在 B 堆栈里，并影响部分内存和寄存器。

（1）用户程序使用的堆栈

局部数据堆栈简称为 L 堆栈，是 CPU 中单独的存储器区，可用来存储逻辑块的局部变量（包括 OB 的起始信息）、调用功能（FC）时要传递的实际参数以及梯形图程序中的中间逻辑结果等。可以按位、字节、字和双字来存取。

块堆栈简称为 B 堆栈，是 CPU 系统内存中的一部分，用来存储被中断的块的类型、编号、优先级和返回地址；中断时打开的共享数据块和背景数据块的编号及临时变量的指针（被中断块的 L 堆栈地址）。

中断堆栈简称为 I 堆栈，用来存储当前累加器和地址寄存器的内容、数据块寄存器 DB 和 DI 的内容、局部数据的指针、状态字、MCR（主控继电器）寄存器和 B 堆栈的指针。

（2）调用功能块（FB）时的堆栈操作

当调用功能块（FB）时，会有以下事件发生：

1）调用块的地址和返回位置存储在块堆栈中，调用块的临时变量装入 L 堆栈。

2）数据块 DB 寄存器内容与 DI 寄存器内容交换。

3）新的数据块地址装入 DI 寄存器。

4）被调用块的实参装入 DB 和 L 堆栈上部。

5）当功能块 FB 结束时，先前块的现场信息从块堆栈中弹出，临时变量弹出 L 堆栈。

6）DB 和 DI 寄存器内容交换。

当调用功能块（FB）时，STEP 7 并不一定要求给 FB 形参赋予实参，除非参数是复杂数据类型的 I/O 形参或参数类型的形参。如果没有给 FB 的形参赋予实参，则功能块（FB）就调用背景数据块内的数值，该数值是在功能块（FB）的变量声明表或背景数据块内为形参所设置的初始数值。

（3）调用功能（FC）时的堆栈操作

当调用功能（FC）时会有以下事件发生：

1）功能（FC）实参的指针存到调用块的 L 堆栈。

2）调用块的地址和返回位置存储在块堆栈，调用块的局部数据装入 L 堆栈。

3）功能（FC）存储临时变量的 L 堆栈区被推入 L 堆栈上部。

4）当被调用功能（FC）结束时，先前块的信息存储在块堆栈中，临时变量弹出 L 堆栈。

因为功能（FC）不用背景数据块，不能分配初始数值给功能（FC）的局部数据，所以必须给功能（FC）提供实参。

以功能（FC）的调用为例，L堆栈的操作示意图如图6-14所示。

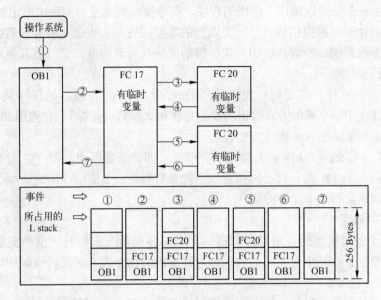

图6-14　L堆栈的操作示意图

STEP 7 为功能（FC）提供了一个特殊的返回值输出参数（关键字：RET_VAL），在文本文件中创建功能（FC）命令后输入数据类型（如 BOOT 或 INT）。对文本文件进行编译时，STEP 7 会自动生成 RET_VAL 输出参数。当用 STEP 7 的程序编辑器以增量模式创建功能时，可在 FC 的变量声明表中声明一个输出参数 RET_VAL，并指明其数据类型。

6.4.2　逻辑块（FC和FB）的编程

1. 逻辑块

一个程序由许多部分（子程序）组成，STEP 7 将这些部分称为逻辑块，并允许块间的相互调用。块的调用指令中止当前块（调用块）的运行，然后执行被调用块的所有指令。

一旦被调用块执行完成，调用指令的块继续执行调用指令后的指令，调用功能块如图 6-15 所示，给出了块的调用过程。调用块可以是任何逻辑块，被调用块只能是功能块（除 OB 外的逻辑块）。

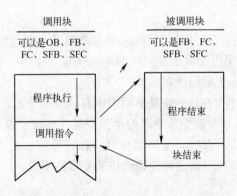

图6-15　调用功能块

功能块由两个主要部分组成：一部分是每个功能块的变量声明表，变量声明表声明此块的局部数据；另一部分是逻辑指令组成的程序，程序要用到变量声明表中给出的局部数据。

当调用功能块时，需提供块执行时要用到的数据或变量，也就是将外部数据传递给功能块，这被称为参数传递。参数传递的方式使得功能块具有通用性，它可被其他块调用，以完成多个类似的控制任务。

功能块与功能一样，都是用户自己编写的程序模块，可以被其他程序块（OB、FB、FC）调用。在 FB 中以名称的方式给出的参数称作形式参数（形参），在调用 FB 时给形式参数赋予的具体数值就是实际参数（实参）。

FB 不同于 FC 的是，FB 拥有自己的存储区，即背景数据块，而 FC 没有自己的存储区。在调用任何一个 FB 时，都必须指定一个背景数据块。当调用 FB 时，如果没有传递实参，则将使用背景数据块中保存的值。

2. 逻辑块的编程

在打开一个逻辑块之后，所打开的窗口上半部分包括变量列表视窗和变量详细列表视窗，而下半部分包括在其中对实际的块代码进行编辑的指令表。对逻辑块编程时必须编辑下列三个部分。

变量声明：分别定义形参、静态变量和临时变量（FC 块中不包括静态变量）；确定各变量的声明类型（Decl.）、变量名（Name）和数据类型（Data Type），还要为变量设置初始值（Initial Value）。如果需要还可为变量注释（Comment）。在增量编程模式下，STEP 7 将自动产生局部变量地址（Address）。

代码段：对将要由 PLC 进行处理的块代码进行编程。它由一个或多个程序段组成。

块属性：块属性包含了其他附加的信息，例如由系统输入的时间标志或路径。此外，也可输入相关详细资料。

（1）临时变量的定义与使用

1）定义临时变量。

在使用临时变量之前，必须在块的变量声明表中进行定义，在 temp 行中输入变量名和数据类型，临时变量不能赋予初值。

当完成一个 temp 行后，按〈Enter〉键，一个新的 temp 行添加在其后。绝对地址由系统赋值并在地址栏中显示。如图 6-16 所示，在功能 FC10 的局部变量声明列表内定义了一个临时变量 result。

2）访问临时变量。

图 6-16 所示为一个用符号地址访问临时变量的例子，减运算的结果被存储在临时变量 #result 中。当然，也可以采用绝对地址来访问临时变量（如 T LW0），但是这样会使程序的可读性变差，所以最好不要采用绝对地址。

在引用绝对变量时，如果在块的变量声明表中有这个符号名，STEP7 自动在局部变量名之前加 "#" 号，如果访问与局部变量重名的全部变量（在符号表内声明），则必须使用双引号（如："symbol name"），否则，编辑器会自动在符号前加上 "#" 号，当作局部变量使用。因为编辑器在检查全局符号表之前先检查块的变量声明表。

（2）定义形式参数

要使同一个逻辑块能够多次重复被调用，分别控制工艺过程相同的不同对象，在编写程序之前，必须在变量声明表中定义形式参数；当用户程序调用该块时，要用实际参数给这些形式参数赋值。具体步骤如下：

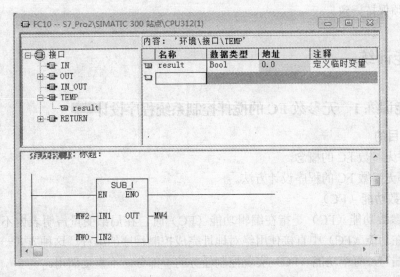

图 6-16　定义临时变量

1）创建或打开一个功能（FC）或功能块（FB）。

2）定义形式参数如图 6-17 所示，在变量声明表内，首先选择参数接口类型（IN、OUT或 IN_OUT），然后输入参数名称（如 Engine_On），再选择该参数的数据类型，如果需要还可以为每个参数分别加上相关注释。

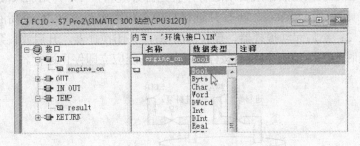

图 6-17　定义形式参数

用户只能为功能（FC）或功能块（FB）定义形式参数，将功能或功能块指定为可分配参数的块，而不能将组织块（OB）指定为可分配参数的块，因为组织块直接由操作系统调用。由于在用户程序中不出现对组织块的调用，所以不可能传送实际参数。

形式参数是逻辑块对外（其他逻辑块）的接口，它有 3 种不同的接口类型：IN 用来声明输入型参数；OUT 用来声明输出型参数；既要输入，又要输出的参数，定义为 IN_OUT型参数。

（3）编写控制程序

编写逻辑块（FC 和 FB）程序时，可以用以下两种方式使用局部变量：

1）使用变量名，此时变量名前加前缀"#"号，以区别于在符号表中定义的符号地址。增量方式下，前缀会自动生成。

2）直接使用局部变量的地址，这种方式只对背景数据块和 L 堆栈有效。

在调用 FB 块时，要说明其背景数据块。背景数据块应在调用前生成，其顺序格式与变量声明表必须保持一致。

6.5 技能训练

6.5.1 技能训练1 无参数 FC 的搅拌控制系统程序设计

1. 训练目的

1）熟悉无参数 FC 的概念。

2）掌握无参数 FC 的程序设计方法。

2. 无参数功能（FC）

所谓无参数功能（FC）是指在编辑功能（FC）时，在局部变量声明表内不进行形式参数的定义，在功能（FC）中直接使用绝对地址完成控制程序的编程。这种方式一般应用于模块化程序的编写，每个功能（FC）实现控制任务的一部分，不重复调用。

用无参数功能（FC）进行编程，方便实现模块化程序设计，下面以搅拌控制系统程序设计为例，练习不带编辑参数 FC 的编程方法。

3. 控制要求

图 6-18 所示为一搅拌控制系统，对 A、B 两种液体原料按等比例混合，由 3 个开关量液位传感器分别检测液面的高、中和低位。

控制要求：按起动按钮后系统自动运行，首先打开进料泵 1，开始加入液料 A 至中液位传感器动作后，则关闭进料泵 1；再打开进料泵 2，开始加入液料 B 至高液位传感器动作后，关闭进料泵 2；然后起动搅拌器，搅拌 10s 后，关闭搅拌器，开启放料泵，当低液位传感器动作时，延时 5s 后关闭放料泵。按停止按钮，系统应立即停止运行。

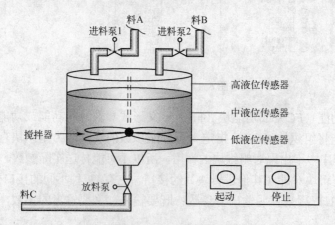

图 6-18 搅拌控制系统

4. 控制系统设计

（1）创建 S7 项目

利用前面内容介绍的方法创建 S7 项目，并命名为"无参 FC"，项目包含组织块 OB1 和

OB100。

（2）硬件配置

在"无参 FC"项目内打开"SIMATIC 300 Station"文件夹，打开硬件配置窗口，并完成硬件配置，如图 6-19 所示。

1	PS 307 5A	6ES7 307-1EA00-0AA0			
2	CPU315(1)	6ES7 315-1AF03-0AB0	2		
3					
4	DI32xDC24V	6ES7 321-1BL80-0AA0		0...3	
5	DO32xDC24V/0.5A	6ES7 322-1BL00-0AA0			4...7
6					

图 6-19　硬件配置

（3）编辑符号表

选择"无参 FC"项目的"S7 程序"文件夹，打开符号表编辑器，图 6-20 所示为搅拌器控制系统符号表。

	状态	符号	地址		数据类型	注释
4		中液位检测	I	0.3	BOOL	有液料时为"1"
5		低液位检测	I	0.4	BOOL	有液料时为"1"
6		原始标志	M	0.0	BOOL	表示进料泵、放料泵及搅拌器均处于停机状态
7		最低液位标志	M	0.1	BOOL	表示液料即将放空
8		Cycle Execution	OB	1	OB 1	线性结构的搅拌器控制程序
9		BS	P/W	256	WORD	液位传感器·变送器，送出模拟量液位信号
10		DISO	PQW	256	WORD	液位指针式显示器，接收模拟量液位信号
11		进料泵1	Q	4.0	BOOL	"1"有效
12		进料泵2	Q	4.1	BOOL	"1"有效
13		搅拌器M	QQ	4.2	BOOL	"1"有效
14		放料泵	Q	4.3	BOOL	"1"有效
15		搅拌定时器	T	1	TIMER	SD定时器，搅拌10s
16		排空定时器	T	2	TIMER	SD定时器，延时5s
17		液料A控制	FC	1	FC 1	液料A进料控制
18		液料B控制	FC	2	FC 2	液料B进料控制
19		搅拌器控制	FC	3	FC 3	搅拌器控制
20		出料控制	FC	4	FC 4	出料泵控制

图 6-20　搅拌器控制系统符号表

（4）规划程序结构

按分部结构设计控制程序。搅拌器控制系统程序结构如图 6-21 所示，分部结构的控制程序由 6 个逻辑块构成，其中：OB1 为主循环组织块；OB100 为初始化程序块；FC1 为液料 A 控制程序块；FC2 为液料 B 控制程序块；FC3 为搅拌器控制程序块；FC4 为出料控制程序块。

（5）编辑功能（FC）

在"无参 FC"项目内选择"块"文件夹，然后反复执行菜单命令"插入"→"S7 块"→"功能"，分别创建 4 个功能（FC）：FC1、FC2、FC3 和 FC4。由于在符号表内已经为 FC1~FC4 定义了符号名，因此在创建 FC 的属性对话框内系统会自动添加符号名。

在"无参 FC"项目内，选择"块"文件夹，依次用鼠标双击图标" FC1"、" FC2"、" FC3"、" FC4"和" OB100"，分别打开各块的 S7 程序编辑器，完成下列逻辑块的编辑。

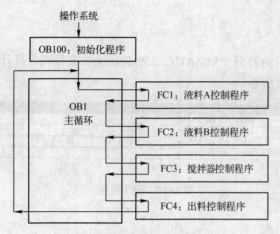

图 6-21　搅拌器控制系统程序结构

1）编辑 FC1：FC1 实现液料 A 的进料控制，由单个网络组成，FC1 的控制程序如图 6-22 所示。

2）编辑 FC2：FC2 实现液料 B 的进料控制，由单个网络组成，FC2 的控制程序如图 6-23 所示。

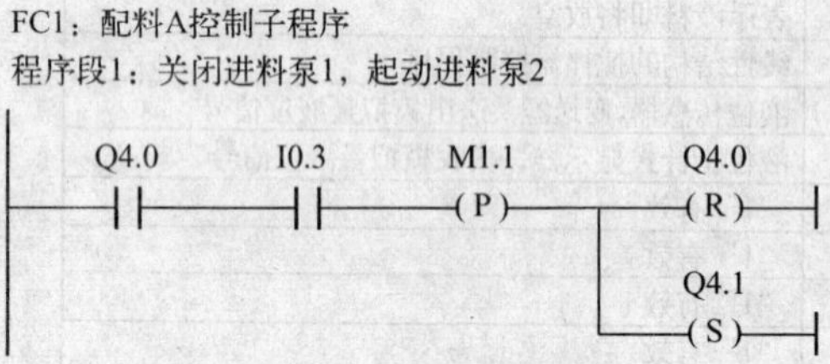

FC1：配料A控制子程序
程序段1：关闭进料泵1，起动进料泵2

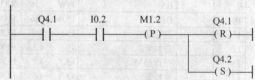

图 6-22　FC1 的控制程序

FC2：配料B控制程序
程序段1：关闭进料泵2，起动搅拌器

图 6-23　FC2 的控制程序

3）编辑 FC3：FC3 实现搅拌器的控制，由两个网络组成，FC3 的控制程序如图 6-24 所示。

4）编辑 FC4：FC4 实现出料的控制，由三个网络组成，FC4 的控制程序如图 6-25 所示。

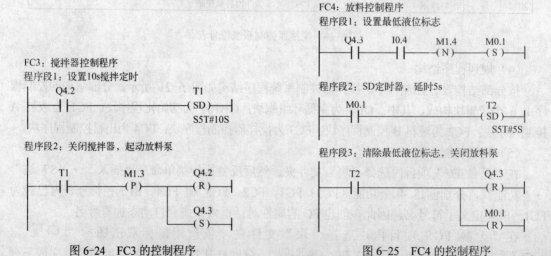

FC3：搅拌器控制程序
程序段1：设置10s搅拌定时

程序段2：关闭搅拌器，起动放料泵

图 6-24　FC3 的控制程序

FC4：放料控制程序
程序段1：设置最低液位标志

程序段2：SD定时器，延时5s

程序段3：清除最低液位标志，关闭放料泵

图 6-25　FC4 的控制程序

5）编辑 OB100：OB100 为起动组织块，只有一个网络，OB100 的控制程序如图 6-26

所示。

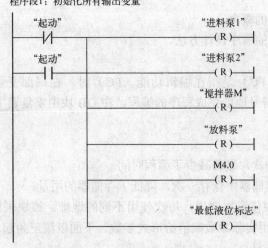

OB100："搅拌控制程序-完全起动复位组织块"
程序段1：初始化所有输出变量

图 6-26　OB100 的控制程序

6）在 OB1 中调用无参功能（FC）：在"无参 FC"项目内，选择"块"文件夹，用鼠标双击图标" OB1"，在 S7 程序编辑器内打开 OB1。当 FC1～FC4 编辑完成以后，在程序元素目录的 FC 块目录中就会出现可调用的 FC1、FC2、FC3 和 FC4，在 LAD 和 FBD 语言环境下可以块图的形式调用。

主循环组织块 OB1 由三个网络构成，OB1 中的控制程序如图 6-27 所示。

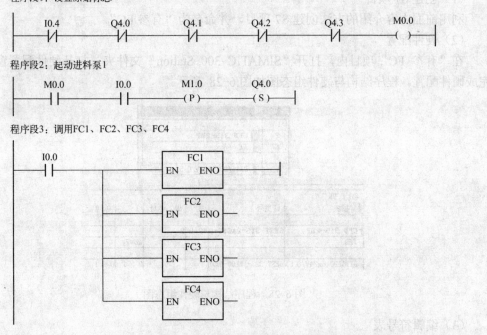

OB1："分部式结构的搅拌器控制程序-主循环组织块"
程序段1：设置原始标志

程序段2：起动进料泵1

程序段3：调用FC1、FC2、FC3、FC4

图 6-27　OB1 中的控制程序

6.5.2 技能训练2 带参数FC的星三角起动的控制系统设计

1．训练目的

1）熟悉带参数FC的概念。

2）掌握带参数FC的程序设计方法。

2．带参数FC

所谓带参数功能（FC）是指在编辑功能（FC）时，在局部变量声明表中定义形式参数，在FC程序中使用符号地址完成程序的编程，在OB块中重复调用FC。这种方式一般应用于结构化程序的编写。

它具有以下优点：

1）程序只需生成一次，显著减少了编程时间。

2）该块只在用户存储器中保存一次，降低了存储器的用量。

3）该块可以被程序任意次调用，每次使用不同的地址。该块采用形式参数编程，当用户程序调用该块时，要用实际参数赋值给形式参数。下面以星三角起动的控制系统设计为例介绍带参数FC的编程方法。

3．控制要求

某一车间，有两台设备由两台电动机带动，两台电动机要实现星三角起动，设备1星形转换到三角形的时间为5s，设备2星形转换到三角形的时间为10s，用带参数FC编程（只编自动），多种设备实现同一功能时可用该方式编程。

4．控制系统设计

因为每台设备的电动机起动过程一样，所以设计一个功能（FC）来实现电动机的起动，然后在主程序OB1中多次调用FC就可以实现对电动机的星三角起动控制。

（1）创建S7项目

利用前面内容介绍的方法创建S7项目，并命名为"有参FC"。

（2）硬件配置

在"有参 FC"项目内，打开"SIMATIC 300 Station"文件夹，打开硬件配置窗口，并完成硬件配置。程序结构与硬件组态图如图6-28所示。

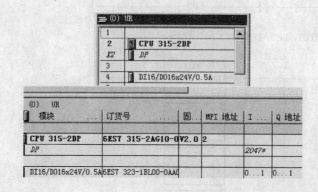

图6-28　程序结构与硬件组态图

（3）编辑符号表

PLC符号表如图6-29所示。

S7 程序(2) (符号) -- 星-三角手动) \SIMATIC 300功能FC参数调\CP

	状态	符号	地址	数据类型	注释
1		FC程序	FC 100	FC 100	
2		设备1起动按钮	I 0.1	BOOL	
3		设备1停止按钮	I 0.2	BOOL	
4		设备2起动按钮	I 0.3	BOOL	
5		设备2停止按钮	I 0.4	BOOL	
6		CYCL_EXC	OB 1	OB 1	Cycle Execution
7		COMPLETE RESTART	OB 100	OB 100	Complete Restart
8		设备1主接	Q 0.1	BOOL	
9		设备1星接	Q 0.2	BOOL	
10		设备1三角接	Q 0.3	BOOL	
11		设备2主接	Q 0.4	BOOL	
12		设备2星接	Q 0.5	BOOL	
13		设备2三角接	Q 0.6	BOOL	
14		定时器1	T 1	TIMER	
15		定时器2	T 2	TIMER	

图 6-29　PLC 符号表

（4）规划程序结构

按结构化编程方式设计控制程序，星三角起动的程序结构图如图 6-30 所示。

（5）初始化程序 OB100

初始化程序如图 6-31 所示。

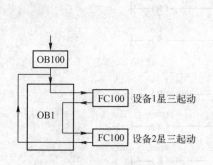

图 6-30　星三角起动的程序结构图

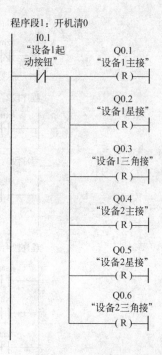

图 6-31　初始化程序

（6）编辑 FC 程序

1）编辑 FC 的变量声明表。在 FC1 的接口 IN 定义了 4 个参数，在 FC1 的接口 OUT 定义了 3 个参数，注意名称不能用汉字，变量声明表如图 6-32 所示。

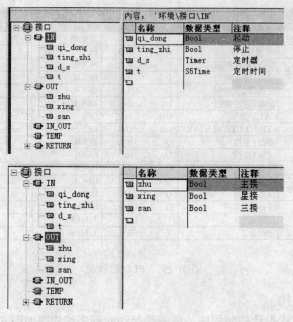

图 6-32　变量声明表

2）FC 程序如图 6-33 所示。

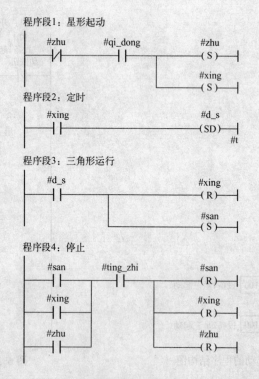

图 6-33　FC 程序

（7）OB1 程序

主程序 OB1 如图 6-34 所示。

186

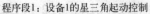

程序段1：设备1的星三角起动控制

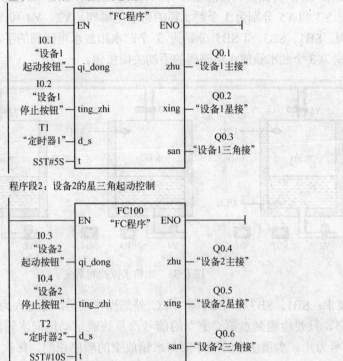

图 6-34　主程序 OB1

6.5.3　技能训练 3　无静态参数 FB 的水位控制系统程序设计

1. 训练目的

1）熟悉无静态参数 FB 的概念。

2）掌握无静态参数 FB 的程序设计方法。

2. 无静态参数 FB

功能块（FB）在程序的体系结构中位于组织块之下。它包含程序的一部分，这部分程序在 OB1 中可以多次被调用。功能块的所有形参和静态数据都存储在一个单独的、被指定给该功能块的数据块（DB）中，该数据块被称为背景数据块。当调用 FB 时，该背景数据块会自动打开，实际参数的值被存储在背景数据块中；当块退出时，背景数据块中的数据仍然保持。如果在块调用时，没有实际参数分配给形式参数，在程序执行中将采取上一次存储在背景 DB 中的参数值。因此调用 FB 时可以指定不同的实际参数。

使用 FB 具有以下优点：

1）当编写程序时，必须寻找空的标志区域数据区来存储需保持的数据，并且必须保存它们。而 FB 的静态变量可由 STEP 7 软件来保存。

2）使用静态变量可以避免两次分配同一标志地址区域数据区的危险。

3. 控制要求

水箱水位控制系统如图 6-35 所示，系统有 3 个贮水箱，每个水箱有两个液位传感器，

UH1、UH2 和 UH3 为高液位传感器,"1"有效;UL1、UL2 和 UL3 为低液位传感器,"0"有效。Y1、Y3 和 Y5 分别为 3 个贮水箱的进水电磁阀;Y2、Y4 和 Y6 分别为 3 个贮水箱的放水电磁阀。SB1、SB3 和 SB5 分别为 3 个贮水箱放水电磁阀的手动开起按钮;SB2、SB4 和 SB6 分别为 3 个贮水箱放水电磁阀的手动关闭按钮。

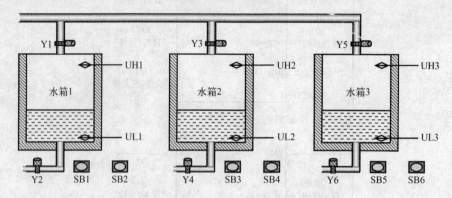

图 6-35　水箱水位控制系统

控制要求:SB1、SB3 和 SB5 在 PLC 外部操作设定,通过人为的方式,按随机的顺序将水箱放空。只要检测到水箱"空"的信号,系统就自动地向水箱注水,直到检测到水箱"满"的信号为止。水箱注水的顺序要与水箱放空的顺序相同,每次只能对一个水箱进行注水操作。

4. 程序设计

(1)创建 S7 项目

使用菜单"文件"→"新建向导"创建水箱水位控制系统的 S7 项目,并命名为"无静参 FB"。项目包含组织块 OB1 和 OB100。

(2)硬件配置

在"无静参 FB"项目内打开"SIMATIC 300 Station"文件夹,打开硬件配置窗口,并按图 6-36 所示完成硬件配置。

1		PS 307 5A	6ES7 307-1EA00-0AA0			
2		CPU315(1)	6ES7 315-1AF03-0AB0	2		
3						
4		DI32xDC24V	6ES7 321-1BL80-0AA0		0...3	
5		DO32xDC24V/0.5A	6ES7 322-1BL00-0AA0			4...7
6						

图 6-36　硬件配置

(3)编写符号表

按图 6-37 所示编辑水箱水位控制符号表。

(4)规划程序设计

水箱水位控制系统的三个水箱具有相同的操作要求,因此可以由一个功能块(FB)通过赋予不同的参数来实现,水箱水位控制系统程序结构如图 6-38 所示。控制程序由三个逻辑块和三个背景数据块构成,其中 OB1 为主循环组织块;OB100 为初始化程序块;FB1 为水箱控制功能块;DB1 为水箱 1 数据块;DB2 为水箱 2 数据块;DB3 为水箱 3 数据块。

	状态	符号	地址		数据类型		注释
1		OB1	OB	1	OB	1	主循环组织块
2		OB100	OB	100	OB	100	起动复位组织块
3		水箱控制	FB	1	FB	1	水箱控制功能块
4		水箱1	DB	1	DB	1	水箱1的数据块
5		水箱2	DB	2	DB	2	水箱2的数据块
6		水箱3	DB	3	DB	3	水箱3的数据块
7		SB1	I	1.0	BOOL		水箱1放水电磁阀手动开起按钮，常开
8		SB2	I	1.1	BOOL		水箱1放水电磁阀手动关闭按钮，常开
9		SB3	I	1.2	BOOL		水箱2放水电磁阀手动开起按钮，常开
10		SB4	I	1.3	BOOL		水箱2放水电磁阀手动关闭按钮，常开
11		SB5	I	1.4	BOOL		水箱3放水电磁阀手动开起按钮，常开
12		SB6	I	1.5	BOOL		水箱3放水电磁阀手动关闭按钮，常开
13		UH1	I	0.1	BOOL		水箱1高液位传感器，水箱满信号
14		UH2	I	0.3	BOOL		水箱2高液位传感器，水箱满信号
15		UH3	I	0.5	BOOL		水箱3高液位传感器，水箱满信号
16		UL1	I	0.0	BOOL		水箱1低液位传感器，放空信号
17		UL2	I	0.2	BOOL		水箱2低液位传感器，放空信号
18		UL3	I	0.4	BOOL		水箱3低液位传感器，放空信号
19		Y1	Q	4.0	BOOL		水箱1进水电磁阀
20		Y2	Q	4.1	BOOL		水箱1放水电磁阀
21		Y3	Q	4.2	BOOL		水箱2进水电磁阀
22		Y4	Q	4.3	BOOL		水箱2放水电磁阀
23		Y5	Q	4.4	BOOL		水箱3进水电磁阀
24		Y6	Q	4.5	BOOL		水箱3放水电磁阀

图 6-37　水箱水位控制符号表

（5）编辑功能块 FB1

在"无静参 FB"项目内选择"Blocks"文件夹，执行菜单命令"插入"→"S7 块"→"功能块"，创建功能块 FB1。由于在符号表内已经为 FB1 定义了符号名，因此在 FB1 的属性对话框内系统会自动添加符号名"水箱控制"。

1）定义局部变量声明表。

定义局部变量声明表如表 6-8 所示，在表中没有用到静态参数 STAT。

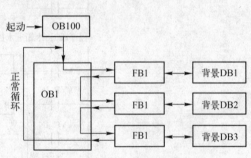

图 6-38　水箱水位控制系统程序结构

表 6-8　变量声明表

接口类型	变量名	数据类型	地址	初始值	注释
IN	UH	BOOL	0.0	FALSE	高液位传感器，表示水箱满
	UL	BOOL	0.1	FALSE	低液位传感器，表示水箱空
	SB_ON	BOOL	0.2	FALSE	放水电磁阀开起按钮，常开
	SB_OFF	BOOL	0.3	FALSE	放水电磁阀关闭按钮，常开
	B_F	BOOL	0.4	FALSE	水箱 B 空标志
	C_F	BOOL	0.5	FALSE	水箱 C 空标志
	YB_IN	BOOL	0.6	FALSE	水箱 B 进水电磁阀
	YC_IN	BOOL	0.7	FALSE	水箱 C 进水电磁阀
OUT	YA_IN	BOOL	2.0	FALSE	当前水箱 A 进水电磁阀
	YA_OUT	BOOL	2.1	FALSE	当前水箱 A 放水电磁阀
	A_F	BOOL	2.2	FALSE	当前水箱 A 空标志

2）编写 FB1 程序。

FB1 程序如图 6-39 所示。

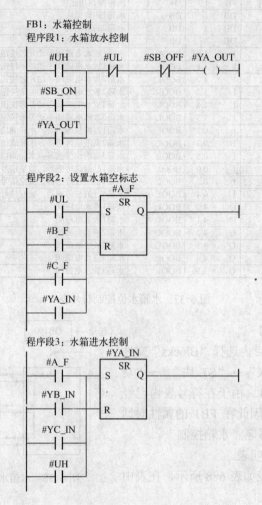

图 6-39　FB1 程序

（6）建立背景数据块 DB1、DB2 和 DB3

在"无静参 FB"项目内选择"Blocks"文件夹，执行菜单命令"插入"→"S7 块"→"数据块"，创建与 FB1 相关的背景数据块 DB1、DB2 和 DB3。由于在符号表内已经为 DB1、DB2 和 DB3 定义了符号名，因此在 DB1、DB2 和 DB3 的属性对话框内系统会自动添加名"水箱 1""水箱 2"和"水箱 3"。

依次打开 DB1、DB2 和 DB3，由于创建之前，已经完成了 FB1 的变量声明表，建立了相应的数据结构，所以在创建与 FB1 相关联的背景数据块时，STEP 7 自动完成了数据块的数据结构。图 6-40 所示为 DB1 的数据结构，DB2 和 DB3 的数据结构与 DB1 完全相同。

（7）编辑起动组织块 OB100

在编辑起动组织块 OB100 时主要完成各输出信号的复位，OB100 程序如图 6-41 所示。

1	0.0	in	UH	BOOL	FALSE	FALSE	高液位传感器，表示水箱满
2	0.1	in	UL	BOOL	FALSE	FALSE	低液位传感器，表示水箱空
3	0.2	in	SB_ON	BOOL	FALSE	FALSE	放水电磁阀开起按钮，常开
4	0.3	in	SB_OFF	BOOL	FALSE	FALSE	放水电磁阀关闭按钮，常开
5	2.0	out	YA_IN	BOOL	FALSE	FALSE	当前水箱A进水电磁阀
6	2.1	out	YA_OUT	BOOL	FALSE	FALSE	当前水箱A放水电磁阀
7	2.2	out	YB_IN	BOOL	FALSE	FALSE	水箱B进水电磁阀
8	2.3	out	YC_IN	BOOL	FALSE	FALSE	水箱C进水电磁阀
9	4.0	in_out	A_F	BOOL	FALSE	FALSE	当前水箱A空标志
10	4.1	in_out	B_F	BOOL	FALSE	FALSE	水箱B空标志
11	4.2	in_out	C_F	BOOL	FALSE	FALSE	水箱C空标志

图 6-40 DB1 的数据结构

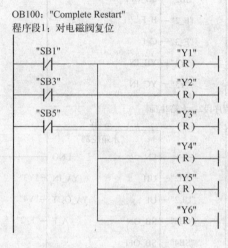

图 6-41 OB100 程序

（8）在 OB1 中调用功能块（FB）

在 FB1 编辑完成后，在 S7 程序编辑器 FB 块目录中就会出现所有可调用的 FB1，可调用程序如图 6-42 所示。

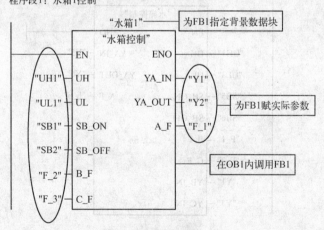

图 6-42 可调用的 FB1

OB1 的控制程序如图 6-43 所示，在程序中调用了三次 FB1，分别实现对三个水箱的控制。

OB1："水箱水位控制系统的主循环组织块"

程序段1：水箱1控制

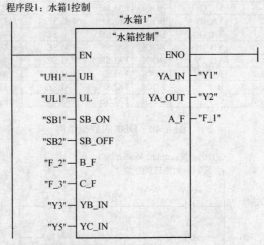

程序段2：水箱2控制

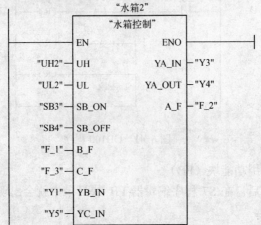

程序段3：水箱3控制

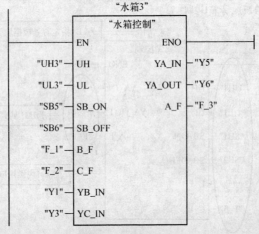

图 6-43　OB1 的控制程序

6.5.4 技能训练 4 有静态参数 FB 的交通信号灯控制系统程序设计

1. 训练目的

掌握有静态参数 FB 的程序设计方法。

2. 有静态参数 FB

在编辑功能块（FB）时，如果程序中需要特定数据的参数，可以考虑将该特定数据定义为静态参数，并在 FB 的声明表内 STAT 处声明。下面以交通信号灯控制系统的设计为例，练习有静态参数 FB 的控制系统设计方法。

3. 控制要求

图 6-44 所示为双干道交通信号灯设置示意图。信号灯的动作受开关总体控制，按一下起动按钮，信号灯系统开始工作，并周而复始地循环动作；按一下停止按钮，所有信号灯都熄灭。交通信号灯控制的要求见表 6-9，试编写信号灯控制程序。

图 6-44 双干道交通信号灯设置示意图

表 6-9 交通信号灯控制的要求

南北方向	信号	SN_G 亮	SN_G 闪	SN_Y 亮	SN_R 亮		
	时间	45s	3s	2s	30s		
东西方向	信号	EW_R 亮			EW_G 亮	EW_G 闪	EW_Y 亮
	时间	50s			25s	3s	2s

根据十字路口交通信号灯的控制要求，可画出交通信号灯的控制时序图，如图 6-45 所示。

4. 程序设计

（1）创建 S7 项目

使用菜单"文件"→"新建向导"创建交通信号灯控制系统的 S7 项目，并命名为"有静参 FB"。项目包含组织块 OB1 和 OB100。

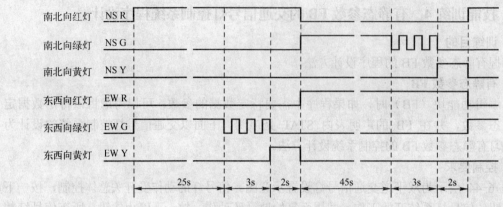

图 6-45 交通信号灯的控制时序图

（2）硬件配置

在"有静参 FB"项目内打开"SIMATIC 300 Station"文件夹，打开硬件配置窗口，并按图 6-46 所示完成硬件配置。

1	PS 307 5A	6ES7 307-1EA00-0AA0		
2	CPU315(1)	6ES7 315-1AF03-0AB0	2	
3				
4	DI32xDC24V	6ES7 321-1BL80-0AA0	0...3	
5	DO32xDC24V/0.5A	6ES7 322-1BL00-0AA0		4...7
6				

图 6-46 硬件配置

（3）编写符号表

编辑交通信号灯控制程序符号表如图 6-47 所示。

	状态	符号	地址		数据类型		注释
1		Complete Restart	OB	100	OB	100	全起动组织块
2		Cycle Execution	OB	1	OB	1	主循环组织块
3		EW_G	Q	4.1	BOOL		东西向绿色信号灯
4		EW_R	Q	4.0	BOOL		东西向红色信号灯
5		EW_Y	Q	4.2	BOOL		东西向黄色信号灯
6		F_1Hz	M	10.5	BOOL		1Hz时钟信号
7		MB10	MB	10	BYTE		CPU时钟存储器
8		SF	M	0.0	BOOL		系统起动标志
9		SN_G	Q	4.4	BOOL		南北向绿色信号灯
10		SN_R	Q	4.3	BOOL		南北向红色信号灯
11		SN_Y	Q	4.5	BOOL		南北向黄色信号灯
12		Start	I	0.0	BOOL		起动按钮
13		Stop	I	0.1	BOOL		停止按钮
14		T_EW_G	T	1	TIMER		东西向绿灯常亮延时定时器
15		T_EW_GF	T	6	TIMER		东西向绿灯闪亮延时定时器
16		T_EW_R	T	0	TIMER		东西向红灯常亮延时定时器
17		T_EW_Y	T	2	TIMER		东西向黄灯常亮延时定时器
18		T_SN_GF	T	7	TIMER		南北向绿灯闪亮延时定时器
19		T_SN_G	T	4	TIMER		南北向绿灯常亮延时定时器
20		T_SN_R	T	3	TIMER		南北向红灯常亮延时定时器
21		T_SN_Y	T	5	TIMER		南北向黄灯常亮延时定时器
22		东西数据	DB	1	FB	1	为东西向红灯及南北向绿黄灯控制提供实参
23		红绿灯	FB	1	FB	1	红绿灯控制无静态参数的FB
24		南北数据	DB	2	FB	1	为南北向红灯及东西向绿黄灯控制提供实参

图 6-47 交通信号灯控制符号表

（4）规划程序结构

分析交通信号灯时序可知，东西向和南北向的交通信号灯具有相似的变化规律，因此可以用一个功能块（FB）通过赋予不同的实参来实现。采用结构化程序编程，交通信号灯控制程序结构如图6-48所示。图中OB1为主循环组织块；OB100初始化程序块；FB1为单向红绿灯控制程序块；DB1为东西数据块；DB2为南北数据块。

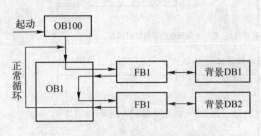

图6-48　交通信号灯控制程序结构

（5）编辑功能块（FB1）

1）定义局部变量声明表，按表6-10所示定义局部变量声明表。

表6-10　局部变量声明表

接口类型	变量名	数据类型	地址	初始值	注释
IN	R_ON	BOOL	0.0	FLASE	当前方向红信号灯开始亮标志
	T_R	Timer	2.0		当前方向红信号灯常亮定时器
	T_G	Timer	4.0		另一方向绿信号灯常亮定时器
	T_Y	Timer	6.0		另一方向黄信号灯常亮定时器
	T_GF	Timer	8.0		另一方向绿信号灯闪亮定时器
	T_RW	S5Time	10.0	S5T#0MS	T_R定时器初始值
	T_GW	S5Time	12.0	S5T#0MS	T_G定时器初始值
	STOP	BOOL	14.0	S5T#0MS	停止信号
OUT	LED_R	BOOL	10.0	FLASE	当前方向红色信号灯
	LED_G	BOOL	10.1	FLASE	另一方向绿色信号灯
	LED_Y	BOOL	10.2	FLASE	另一方向黄色信号灯
STAT	T_GF_W	S5Time	18.0	S5T#3S	绿灯闪亮定时器初值
	T_Y_W	S5Time	20.0	S5T#2S	黄灯常亮定时器初值

2）编写FB1程序，FB1红绿灯控制程序如图6-49所示。

（6）建立背景数据块

由于在创建DB1和DB2之前，已经完成了FB1的变量声明，建立了相应的数据结构，所以在创建与FB1相关联的DB1和DB2时，STEP 7自动完成了数据块的数据结构。DB1和DB2的数据结构完全相同，图6-50所示为DB2的数据结构。

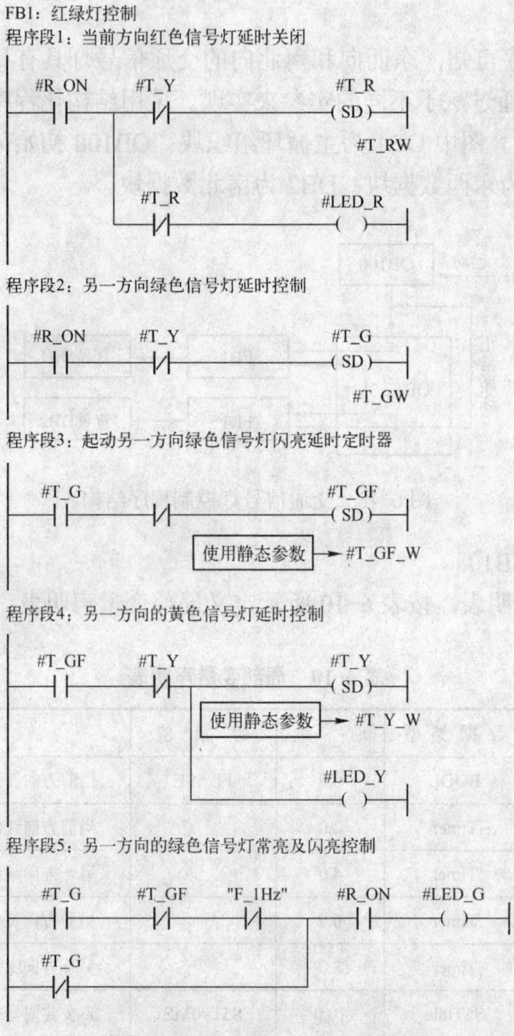

FB1：红绿灯控制
程序段1：当前方向红色信号灯延时关闭

```
        #R_ON    #T_Y                    #T_R
        ─┤├──────┤/├─────────────────────( SD )─
                                          #T_RW

                  #T_R                    #LED_R
                 ─┤├──────────────────────( )──
```

程序段2：另一方向绿色信号灯延时控制

```
        #R_ON    #T_Y                    #T_G
        ─┤├──────┤/├─────────────────────( SD )─
                                          #T_GW
```

程序段3：起动另一方向绿色信号灯闪亮延时定时器

```
        #T_G                             #T_GF
        ─┤├──────┤/├─────────────────────( SD )─
                      ┌──────────────┐
                      │ 使用静态参数 │──→ #T_GF_W
                      └──────────────┘
```

程序段4：另一方向的黄色信号灯延时控制

```
        #T_GF    #T_Y                    #T_Y
        ─┤├──────┤/├─────────────────────( SD )─
                      ┌──────────────┐
                      │ 使用静态参数 │──→ #T_Y_W
                      └──────────────┘

                                         #LED_Y
                                          ( )──
```

程序段5：另一方向的绿色信号灯常亮及闪亮控制

```
    #T_G    #T_GF   "F_1Hz"   #R_ON   #LED_G
   ─┤├──────┤├──────┤├────────┤/├──────( )──
    #T_G
   ─┤/├─┐
```

图 6-49　FB1 红绿灯控制程序

1	0.0	in	R_ON	BOOL	FALSE	FALSE	当前方向红灯开始亮标志
2	2.0	in	T_R	TIMER	T0	T0	当前方向红色信号灯常亮定时器
3	4.0	in	T_G	TIMER	T0	T0	另一方向绿色信号灯常亮定时器
4	6.0	in	T_Y	TIMER	T0	T0	另一方向黄色信号灯常亮定时器
5	8.0	in	T_GF	TIMER	T0	T0	另一方向绿色信号灯闪定时器
6	10.0	in	T_RW	S5TIME	S5T#OMS	S5T#OMS	T_R定时器的初始值
7	12.0	in	T_GW	S5TIME	S5T#OMS	S5T#OMS	T_G定时器的初始值
8	14.0	in	STOP	BOOL	FALSE	FALSE	停止按钮
9	16.0	out	LED_R	BOOL	FALSE	FALSE	当前方向红色信号灯
10	16.1	out	LED_G	BOOL	FALSE	FALSE	另一方向绿色信号灯
11	16.2	out	LED_Y	BOOL	FALSE	FALSE	另一方向黄色信号灯
12	18.0	stat	T_GF_W	S5TIME	S5T#3S	S5T#3S	绿灯闪亮定时器初值
13	20.0	stat	T_Y_W	S5TIME	S5T#2S	S5T#2S	黄灯常量定时器初值

图 6-50　DB2 的数据结构

（7）编写起动组织块 OB100

起动组织块 OB100 的程序如图 6-51 所示。

196

（8）在 OB1 中调用功能块（FB）

OB1 主程序如图 6-52 所示。

OB100："Complete Restart"
程序段1：CPU起动时关闭所有信号灯及起动标志
"Start"
"EW_R"
(R)
"EW_G"
(R)
"EW_Y"
(R)
"SN_R"
(R)
"SN_G"
(R)
"SN_Y"
(R)
"SF"
(R)

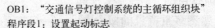

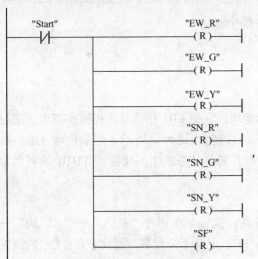

图 6-51　起动组织块 OB100 的程序

OB1：“交通信号灯控制系统的主循环组织块”
程序段1：设置起动标志
M0.0
SR
I0.0
S
Q
I0.1
R
程序段2：设置转换定时器
M0.0
T10
T9
(SD)
S5T#50S
T9
T10
(SD)
S5T#50S
程序段3：东西向红灯及南北向绿灯和黄灯控制
DB1
FB1
M0.0
EN
ENO
T9
R_ON
LED_R
Q4.0
T0
T_R
LED_G
Q4.4
T4
T_G
LED_Y
Q4.5
T5
T_Y
T7
T_GF
S5T#50S
T_RW
S5T#45S
T_GW
I0.1
STOP
程序段4：南北向红灯及东西向绿灯和黄灯控制
DB2
FB1
M0.0
EN
ENO
T9
R_ON
LED_R
Q4.3
T3
T_R
LED_G
Q4.1
T1
T_G
LED_Y
Q4.2
T2
T_Y
T6
T_GF
S5T#30S
T_RW
S5T#25S
T_GW
I0.1
STOP

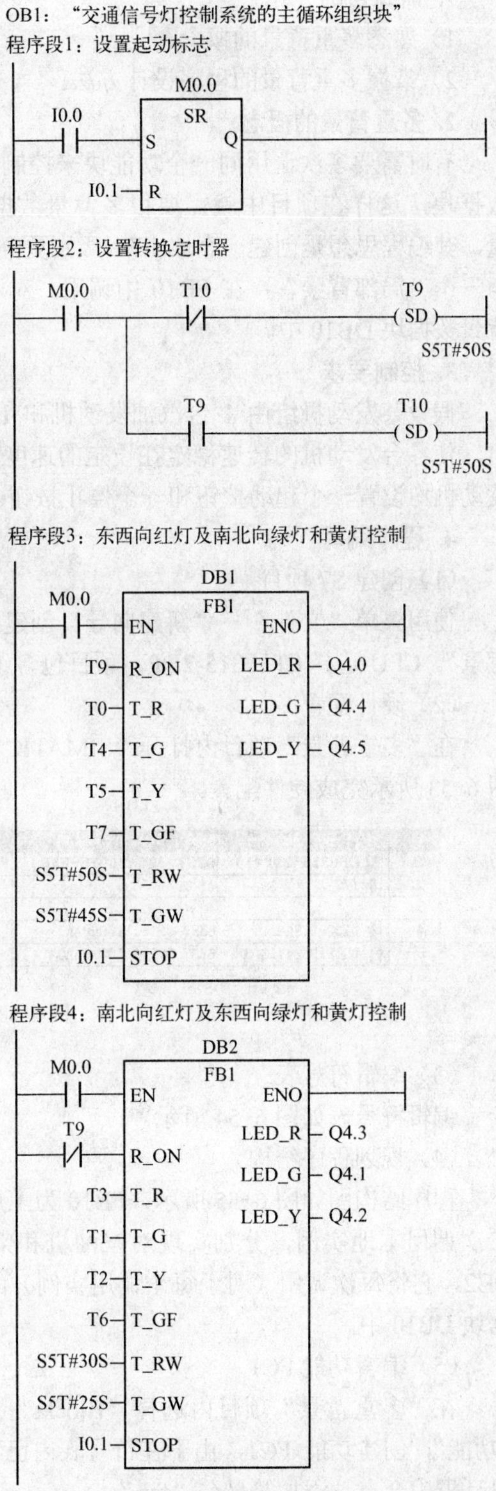

图 6-52　OB1 主程序

6.5.5 技能训练5 使用多重背景的发动机组控制系统设计

1. 训练目的

1）熟悉多重背景的概念。

2）掌握多重背景的程序设计方法。

2. 多重背景的概念

有时需要多次调用同一个功能块来控制同一类型的被控对象，每次调用都需要一个背景数据块，这样在项目中就需要很多背景数据块。使用多重背景可以有效地减少数据块的数量，其编程思想是创建一个比 FB1 级别更高的功能块，如 FB10，将未作任何修改的 FB1 作为一个"局部背景"，在 FB10 中调用。对于 FB1 的每一次调用，都将数据存储在 FB10 的背景数据块 DB10 中。

3. 控制要求

假设某发动机组由 1 台汽油发动机和 1 台柴油发动机组成，现要求用 PLC 控制发动机组，使各台发动机的转速稳定在设定的速度上，并控制散热电风扇的起动和延时关闭。每台发动机均设置一个起动按钮和一个停止按钮。

4. 程序编写

（1）创建 S7 项目

使用菜单"文件"→"新建向导"创建发动机组控制系统的 S7 项目，并命名为"多重背景"。CPU 选择 CPU 315-2DP，项目包含组织块 OB1。

（2）硬件配置

在"多重背景"项目内打开"SIMATIC 300 Station"文件夹，打开硬件配置窗口，并按图 6-53 所示完成硬件配置。

1	PS 307 5A	6ES7 307-1EA00-0AA0				
2	CPU315-2DP(1)	6ES7 315-2AG10-0AB0	V2.0	2		
X2	DP				2047*	
3						
4	DI32xDC24V	6ES7 321-1BL80-0AA0			0...3	
5	DO32xDC24V/0.5A	6ES7 322-1BL00-0AA0				4...7

图 6-53　硬件配置

（3）编辑符号表

编辑符号表如图 6-54 所示。

（4）规划程序结构

程序结构图如图 6-55 所示，FB10 为上层功能块，它把 FB1 作为其"局部实例"，通过二次调用本地实例，分别实现对汽油机和柴油机的控制。这种调用不占用数据块 DB1 和 DB2，它将每次调用（对于每个调用实例）的数据存储到体系的上层功能块 FB10 的背景数据块 DB10 中。

（5）编辑功能 FC1

在"多重背景"项目内选择"Blocks"文件夹，执行菜单命令"插入"→"S7 块"→"功能"，创建功能 FC1，由于在符号表内已经为 FC1 定义了符号名，因此，在 FC1 的属性对话框中会自动添加符号名"fan"。

	状态	符号	地址		数据类型		注释
1		Automatic Mode	Q	4.2	BOOL		运行模式
2		Automatic_On	I	0.5	BOOL		自动运行模式控制按钮
3		DE_Actual_Speed	MW	4	INT		柴油发动机的实际转速
4		DE_Failure	I	1.6	BOOL		柴油发动机故障
5		DE_Fan_On	Q	5.6	BOOL		起动柴油发动机电风扇的命令
6		DE_Follow_On	T	2	TIMER		柴油发动机电风扇的继续运行的时间
7		DE_On	Q	5.4	BOOL		柴油发动机的起动命令
8		DE_Preset_Spe...	Q	5.5	BOOL		显示"已达到柴油发动机的预设转速"
9		Engine	FB	1	FB	1	发动机控制
10		Engine_Data	DB	10	FB	10	FB10的实例数据块
11		Engines	FB	10	FB	10	多重实例的上层功能块
12		Fan	FC	1	FC	1	电风扇控制
13		Main_Program	OB	1	OB	1	此块包含用户程序
14		Manual_On	I	0.6	BOOL		手动运行模式控制按钮
15		PE_Actual_Speed	MW	2	INT		汽油发动机的实际转速
16		PE_Failure	I	1.2	BOOL		汽油发动机故障
17		PE_Fan_On	Q	5.2	BOOL		汽油发动机电风扇的起动命令
18		PE_Follow_On	T	1	TIMER		汽油发动机电风扇的继续运行的时间
19		PE_On	Q	5.0	BOOL		汽油发动机的起动命令
20		PE_Preset_Spe...	Q	5.1	BOOL		显示"已达到汽油发动机的预设转速"
21		S_Data	DB	3	DB	3	共享数据块
22		Switch_Off_DE	I	1.5	BOOL		关闭柴油发动机
23		Switch_Off_PE	I	1.1	BOOL		关闭汽油发动机
24		Switch_Off_DE	I	1.4	BOOL		起动柴油发动机
25		Switch_Off_PE	I	1.0	BOOL		起动汽油发动机

图 6-54　符号表

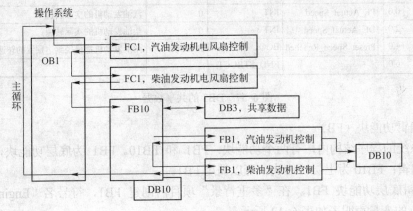

图 6-55　程序结构图

1）定义局部变量表。FC1 用来实现发动机（汽油机或柴油机）的电风扇控制，按照控制要求，当发动机起动时，电风扇应立即起动；当发动机停机后，电风扇应延时关闭。因此 FC1 需要一个发动机起动信号、一个电风扇控制信号和一个延时定时器。

FC1 的局部变量表如表 6-11 所示，表中包含 3 个变量：两个 IN 变量，1 个 OUT 变量。

表 6-11　局部变量声明表

接口类型	变量名	数据类型	注　　释
IN	Engin_On	BOOL	发动机的起动信号
	Timer_Off	Timer	用于关闭延迟定时器功能
OUT	Fan_On	BOOL	起动电风扇信号

Timer_Off 代表一个定时器，并在之后 OB1 对其调用时分配具体的定时器地址，如 T1。每次调用 FC1 时，必须为每个发动机电风扇选择不同的定时器地址。

2）编辑 FC1 控制程序。FC1 所实现的控制要求：发动机起动时电风扇起动，当发动机再次关闭后，电风扇继续运行 4s，然后停止。定时器采用断电延时定时器，FC1 的控制程序如图 6-56 所示。

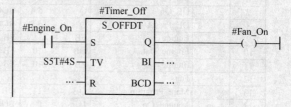

图 6-56　FC1 的控制程序

（6）编辑共享数据块

在"多重背景"项目内，选择"块"文件夹，执行"插入"→"S7 块"→"功能"，创建一个共享数据块 DB3，由于在符号表内已经为 DB3 定义了符号名，因此，在 DB3 的属性对话框内系统会自动添加符号名"S_Data"。

共享数据块 DB3 可为 FB10 保存发动机（汽油机和柴油机）的实际转速，当发动机转速都达到预设速度时，还可以保存该状态的标志数据。用鼠标双击图标 ◆DB3，打开共享数据块编程窗口，定义 DB3 的共享数据，如图 6-57 所示。

地址	名称	类型	初始值	注释
0.0		STRUCT		
+0.0	PE_Actual_Speed	INT	0	汽油发动机的实际转速
+2.0	DE_Actual_Speed	INT	0	柴油发动机的实际转速
+4.0	Preset_Speed_Reached	BOOL	FALSE	两个发动机都已经到达预置的转速
=6.0		END_STRUCT		

图 6-57　DB3 的共享数据

（7）编辑功能块（FB）

在该系统的程序结构内，有两个功能块：FB1 和 FB10。FB1 为底层功能块，所以应首先创建并编辑；FB10 为上层功能块，可以调用 FB1。

1）编辑底层功能块 FB1。在"多重背景"项目内创建 FB1，符号名"Engine"。定义功能块 FB1 的变量声明表如表 6-12 所示。

表 6-12　FB1 的变量声明表

接口类型	变量名	数据类型	地址	初始值	注释
IN	Switch_On	BOOL	0.0	FALSE	起动发动机
	Switch_Off	BOOL	0.1	FALSE	关闭发动机
	Failure	BOOL	0.2	FALSE	发动机故障导致发动机关闭
	Actual_Speed	INT	2.0	0	发动机的实际转速
OUT	Engine_On	BOOL	4.0	FALSE	发动机已经开起
	Presel_Speed_Reached	BOOL	4.1	FALSE	达到预置转速
STAT	Preset_Speed	INT	6.0	1500	要求发动机转速

2）编写功能块 FB1 的控制程序。FB1 主要实现发动机的起停控制及转速监视功能，FB1 控制程序如图 6-58 所示。

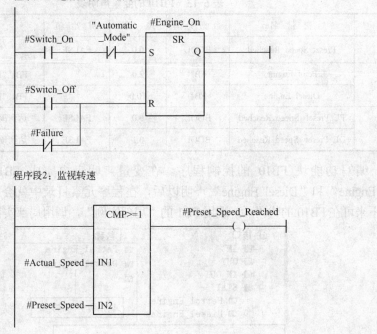

FB1：发动机控制功能块
程序段1：起动发动机，信号取反

程序段2：监视转速

图 6-58　FB1 控制程序

3）编辑上层功能块 FB10。在"多重背景"项目内创建 FB10，符号名为"Engines"。在 FB10 的属性对话框内激活"多重背景功能"选项，将 FB10 设置成使用多重背景的功能块如图 6-59 所示。

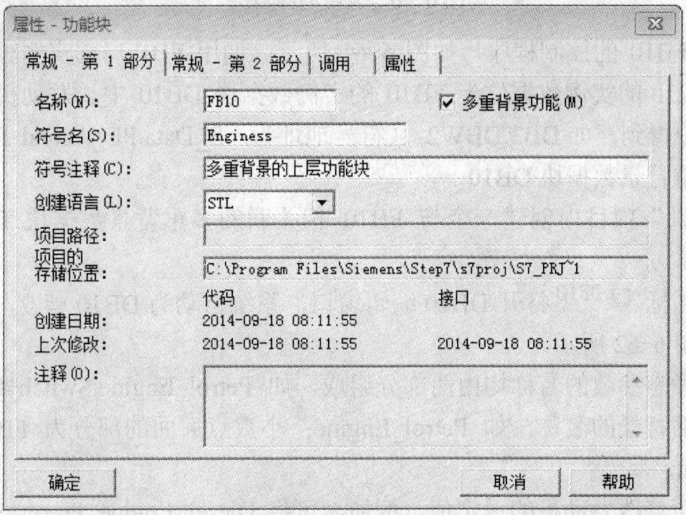

图 6-59　将 FB10 设置成使用多重背景的功能块

要将 FB1 作为 FB10 的一个"局部背景"调用，需要在 FB10 的变量声明表中为 FB1 的调用声明不同名称的静态变量，数据类型为 FB1（或使用符号名"Engine"）。FB10 的变量声明表如表 6-13 所示。

表 6-13　FB10 的变量声明表

接口类型	变 量 名	数据类型	地　址	初 始 值	注　释
OUT	Preset_Speed_Reached	BOOL	0.0	FALSE	两个发动机都已经到达预置值的转速
STAT	Petol_Engine	FB1	2.0		FB1"Engine"的第一个局部实例
	Diesel_Engine	FB1	10.0		FB1"Engine"的第二个局部实例
TEMP	PE_Preset_Speed_Reached	BOOL	0.0	FALSE	达到预置的转速（汽油发动机）
	DE_Preset_Speed_Reached	BOOL	0.1	FALSE	达到预置的转速（柴油发动机）

4）编写功能块 FB10 的控制程序。在变量声明表内完成 FB1 类型的局部实例："Petrol_Engine"和"Diesel_Engine"声明以后，在程序元素目录中就会出现所声明的多重实例，接下来可在 FB10 的代码区，调用 FB1 的"局部实例"，调用局部实例如图 6-60 所示。

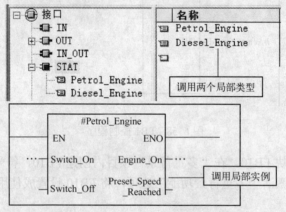

图 6-60　调用局部实例

编写功能块 FB10 的控制程序，如图 6-61 所示。调用 FB1 局部实例时，不再使用独立的背景数据块，FB1 的实例数据位于 FB10 的实例数据块 DB10 中。发动机的实际转速可直接从共享数据块中得到，如 DB3.DBW2 （符号地址为：S_Data.PE_Actual_Speed）。

（8）生成多重背景数据块 DB10

在"多重背景"项目内创建一个与 FB10 相关联的多重背景数据块 DB10，符号名为"Engine_Data"。

用鼠标双击图标 🗔DB10 打开 DB10 编辑窗口，系统自动为 DB10 建立与 FB10 完全匹配的数据结构，如图 6-62 所示。

声明表中的静态参数的名称均由两部分组成，如 Petrol_Engine.Switch_Off。其中小数点前面的部分为局部背景的名称，如 Petrol_Engine；小数点后面的部分为 FB1 内部变量的名称，如 Switch_Off。

在 DB10 内可修改发动机的设定值，例如，可将 Diesel_Engine_Preset_Speed（柴油发动机的设定速度）的当前值改为 1200。

FB10：多重背景
程序段1：起动汽油发动机

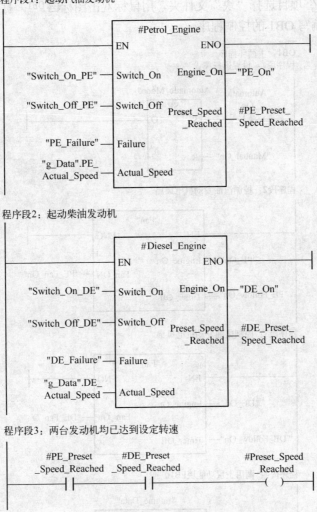

程序段2：起动柴油发动机

程序段3：两台发动机均已达到设定转速

图 6-61　FB10 的控制程序

1	0.0	in	Preset_Speed_Reached	BOOL	FALSE	FALSE	两个发动机都已经到达预置的转速
2	2.0	stat:in	Petrol_Engine.Switch_On	BOOL	FALSE	FALSE	起动发动机
3	2.1	stat:in	Petrol_Engine.Switch_Off	BOOL	FALSE	FALSE	关闭发动机
4	2.2	stat:in	Petrol_Engine.Failure	BOOL	FALSE	FALSE	发动机故障，导致发动机关闭
5	4.0	stat:in	Petrol_Engine.Actual_Speed	INT	0	0	发动机的实际转速
6	6.0	stat:out	Petrol_Engine.Engine_On	BOOL	FALSE	FALSE	发动机已开起
7	6.1	stat:out	Petrol_Engine.Preset_Speed_Reached	BOOL	FALSE	FALSE	达到预置的转速
8	8.0	stat	Petrol_Engine.Preset_Speed	INT	1500	1500	要求的发动机转速
9	10.0	stat:in	Diesel_Engine.Switch_On	BOOL	FALSE	FALSE	起动发动机
10	10.1	stat:in	Diesel_Engine.Switch_Off	BOOL	FALSE	FALSE	关闭发动机
11	10.2	stat:in	Diesel_Engine.Failure	BOOL	FALSE	FALSE	发动机故障，导致发动机关闭
12	12.0	stat:in	Diesel_Engine.Actual_Speed	INT	0	0	发动机的实际转速
13	14.0	stat:out	Diesel_Engine.Engine_On	BOOL	FALSE	FALSE	发动机已开起
14	14.1	stat:out	Diesel_Engine.Preset_Speed_Reached	BOOL	FALSE	FALSE	达到预置的转速
15	16.0	stat	Diesel_Engine.Preset_Speed	INT	1500	1500	要求的发动机转速

图 6-62　DB10 的数据结构

（9）在 OB1 中调用功能（FC1）及上层功能块（FB10）

在"多重背景"项目选择"块"文件夹，用鼠标双击图标 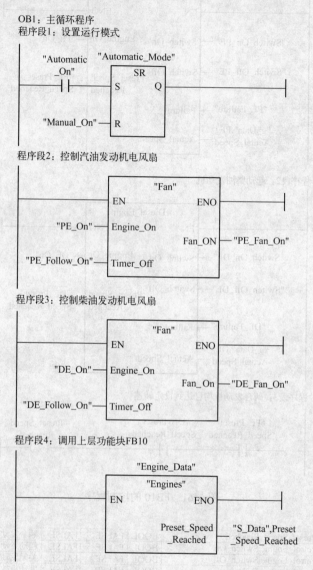 OB1，打开 OB1 编辑窗口，并按图 6-63 所示编写 OB1 的控制程序。

图 6-63　OB1 的控制程序

程序段 1 为运行模式设置程序段，当按动"Automatic　On"按钮时，Q4.2＝"1"，将系统设置为自动运行模式；当按下"Manual　On"按钮时，Q4.2＝"0"，将系统设置为手动模式；当同时按下"Automatic　On"和"Manual　On"按钮时，Q4.2＝"0"，将系统设置为手动运行模式。程序段 2 和程序段 3 为发动机电风扇控制程序段，通过调用 FC1 实现汽油机和柴油机的电风扇控制。程序段 4 为上层功能块 FB10 的调用程序段，在共享数据块 DB3（S_Data）的数据位 DB3.DBX4.0 中存储输出参数 Preset_Speed_Reached 的信号状态。

6.6 习题

1. 填空题

1）STEP 7 为设计程序提供三种方法，即_____、_____和_____。

2）线性化编程时，用户程序放在_____，循环扫描时不断地依次执行_____指令。

3）模块化编程时，程序被分为_____，每个块包含_____逻辑指令。只在需要时才_____有关的程序块，提高了 CPU 的利用率。

4）结构化编程将复杂的自动化任务分解_____小任务，这些任务由相应的_____来表示，程序运行时所需的_____存储在数据块中。

5）组织块（OB）是_____的接口，由_____调用，用于_____、_____等。OB 被嵌套在_____，根据某个事件的发生，执行相应的_____，并自动_____OB。

6）组织块由_____起动，它由_____和_____组成。

7）中断处理用来实现对_____的快速响应，如果没有中断，CPU 循环执行_____，CPU 检测到中断源的中断请求时，操作系统在执行完_____后，立即_____中断。

8）组织块的优先级就是中断的_____，较高优先级的组织块可以_____的处理过程。如果同时产生的中断请求不止一个，最先执行优先级_____，然后按照优先级_____的顺序执行其他 OB。

9）起动组织块用于_____，CPU 上电或操作模式改为_____时，根据起动的方式执行起动程序_____、_____、_____中的一个。

10）定期执行的组织块包括_____和_____，可以根据_____执行中断程序。

11）数据块（DB）有 3 种类型，即_____、_____、_____。

12）共享数据块主要是_____的数据区，它的_____由用户自己定义。共享数据块又称_____，用于存储_____，_____可以访问共享数据块存储的信息。

为用户程序提供一个可保存、数据结构和大小、全局数据块、全局数据、逻辑块（OB、FC、FB）。

13）功能块（FB）有_____与该功能块的_____的数据块，称为背景数据块，背景数据块_____功能块，它随着功能块的_____而打开，随着功能块的_____而关闭。存放在背景数据块中的数据在功能块结束时_____。

2. STEP 7 中有哪些逻辑块？

3. 组织块分为哪几类？各有什么作用？

4. 功能 FC 和功能块 FB 有何区别？系统功能 SFC 和系统功能块有何区别？

5. 共享数据块和背景数据块有何区别？

6. 多级分频器可由二分频器通过逐级分频完成，多级分频器的各输出端输出频率均为 2 倍关系。在功能 FC1 中编写二分频器控制程序，然后在 OB1 中通过调用 FC1 实现多级分频器的功能。多级分频器的时序关系如图 6-64 所示。其中 I0.0 为多级分频器的脉冲输入端；Q4.0～Q4.3 分别为 2、4、8、16 分频的脉冲输出端；Q4.4～Q4.7 分别为 2、4、8、16

分频指示灯驱动输出端。

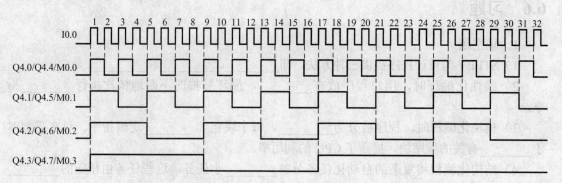

图 6-64　多级分频器的时序关系

7. 某一车间，有两台设备由两台电动机带动，两台电动机要实现星三角起动，设备 1 星形联结转换到三角形联结的时间为 5s，设备 2 星形联结转换到三角形联结的时间为 10s，用 FB 背景数据编写自动控制程序。

8. 某一车间，有 3 台设备由 3 台电动机带动，3 台电动机要实现星三角减压起动，设备 1 星形联结转换到三角形联结的时间为 6s，设备 2 星形联结转换到三角形联结的时间为 8s，设备 3 星形联结转换到三角形联结的时间为 10s，用 FB 多重背景数据编程。

第7章　PLC控制系统设计

7.1　控制系统设计的原则与步骤

按照规范的设计步骤进行 PLC 系统设计，可以提高工作效率。设计 PLC 控制系统的方法与设计人员的习惯、遵守的设计规范及实践经验有关。控制系统设计所要解决的基本问题主要有：

1）进行 PLC 系统的功能设计，根据受控对象的工艺要求和特点，明确 PLC 系统必须做的工作和必须具备的功能。

2）进行 PLC 系统设计分析，通过分析系统功能实现的可能性及实现的基本方法和条件，提出 PLC 系统的基本规模和布局。

3）根据系统功能设计和系统分析的结果，确定 PLC 的机型和系统的具体配置。

因此，可以提出适用于任何设计项目的一般性 PLC 的设计原则与设计过程的一些基本步骤。

1. 控制系统设计原则

PLC 控制系统设计的原则一般有如下几个方面：

（1）最大限度地满足被控设备或生产过程的控制要求

最大限度地满足被控对象的控制要求，这是设计控制系统的首要前提。这就要求设计人员在设计前就要深入现场进行调查研究。收集控制现场的资料、收集控制过程中有效的控制经验等来进行系统设计。同时要注意和现场的管理人员、技术人员及工程操作人员紧密配合，共同解决设计中的重点问题和疑难问题。

（2）在满足控制要求的前提下，力求系统简单、经济、操作方便

一个新的控制工程固然能提高产品的质量和数量，从而为工程带来巨大的经济效益和社会效益。但是，新工程的投入、技术的培训以及设备的维护也会导致工程的投入和运行资金的增加。在满足控制要求的前提下，一方面要注意不断地扩大工程的效益；另一方面也要注意不断地降低工程的运行成本。这就要求，不仅应该使控制系统简单、经济，而且要使控制系统的使用和维护既方便又低成本。

（3）保证控制系统工作安全、可靠

控制系统长期运行中能否达到安全、可靠、稳定，是设计控制系统的重要原则。为了能达到这一点，就要求设计人员在系统设计上、器件选择上及软件编程上要全面考虑。比如，在硬件和软件的设计上应该保证 PLC 程序不仅在正常条件下能正确运行，而且在一些非正常情况下（如突然掉电再上电，按钮按错等）也能正常工作；程序只能接受合法操作，对非法操作程序能予以拒绝等。

（4）在设计容量上，应考虑适当留有进一步扩展的余地

社会在不断地前进，科学在不断地发展，控制系统的要求也在不断地提高、不断地完善。因此，在控制系统的设计时要考虑到今后的发展和完善，这就要求选择 PLC 机型和输入/输出模块要能适应发展的需要，要适当留有余量。

2. 控制系统设计的步骤

在掌握了 PLC 的基本工作原理及指令系统后，就可以把 PLC 应用在实际的工程项目中。不论是用 PLC 组成集散控制系统，还是独立控制系统，PLC 控制部分的设计一般有以下步骤。

（1）分析被控对象的控制要求，确定输入/输出设备

详细分析被控对象的工艺过程及工作特点，了解被控对象机、电、液之间的配合关系，根据被控对象的控制要求，确定控制方案，拟定设计任务书，确定系统所需的全部输入设备（如按钮、位置开关、转换开关及各种传感器等）和输出设备（如接触器、电磁阀、信号指示灯及其他执行器等），从而确定与 PLC 有关的输入/输出设备，以确定 PLC 的 I/O 点数。

（2）选择 PLC、分配 I/O 点并设计 PLC 外围硬件线路

PLC 选择包括对 PLC 的机型、容量、I/O 模块以及电源等的选择，画出 PLC 的 I/O 点与输入/输出设备的连接图或对应关系表，画出系统其他部分的电气线路图，包括主电路和未进入 PLC 的控制电路等。由 PLC 的 I/O 连接图和 PLC 外围电气线路图组成系统的电气原理图。

（3）程序设计

根据系统的控制要求，采用合适的设计方法来设计 PLC 程序。程序要以满足系统控制要求为主线，逐一编写实现各控制功能或各个任务的程序，逐步完善系统指定的功能。除此之外，程序通常还应包括以下内容：

1）初始化程序。在 PLC 上电后，一般都要做一些初始化的操作，为起动做必要的准备，避免系统发生误动作。初始化程序的主要内容有：对某些数据区、计数器等进行清零；对某些数据区所需数据进行恢复；对某些继电器进行置位或复位；对某些初始状态进行显示等。

2）检测、故障诊断和显示等程序。这些程序相对独立，一般在程序设计基本完成时再添加。

3）保护和连锁程序。保护和连锁是程序中不可缺少的部分，必须认真加以考虑。它可以避免由于非法操作而引起的控制逻辑混乱。

（4）程序模拟调试

程序模拟调试的基本思想是，以方便的形式模拟产生现场实际状态，为程序的运行创造必要的环境条件。根据产生现场信号的方式不同，模拟调试有硬件模拟法和软件模拟法两种形式。

1）硬件模拟法是使用一些硬件设备（如用另一台 PLC 或一些输入元器件等）模拟产生现场的信号，并将这些信号以硬接线的方式连到 PLC 系统的输入端，其时效性较强。

2）软件模拟法是在 PLC 中另外编写一套模拟程序，模拟提供现场信号，其简单易行，但时效性不易保证。模拟调试过程中可采用分段调试的方法，并利用编程器的监控功能。

（5）硬件设计

硬件实施方面主要是进行控制柜（台）等硬件的设计及现场施工。主要内容有：

1）设计控制柜和操作台等部分的电器布置图及安装接线图。

2）设计系统各部分之间的电气互连图。

3）根据施工图样进行现场接线，并进行详细检查。

由于程序设计与硬件实施可同时进行，因此 PLC 控制系统的设计周期可大大缩短。

（6）联机调试

联机调试是将通过模拟调试的程序进一步进行在线统调。联机调试过程应循序渐进，从 PLC 只连接输入设备、再连接输出设备、再接上实际负载等逐步进行调试。如不符合要求，则对硬件和程序作调整。通常只需修改部分程序即可。

全部调试完毕后，交付试运行。经过一段时间运行，如果工作正常、程序不需要修改，应将程序固化到 EPROM 中，以防程序丢失。

（7）整理和编写技术文件

技术文件包括设计说明书、硬件原理图、安装接线图、电气元件明细表、PLC 程序及使用说明书等。

7.2 PLC 应用系统的硬件设计

7.2.1 PLC 选型与容量估算

1. PLC 的选型

在满足控制要求的前提下，选型时应选择最佳的性能价格比，具体应考虑以下几点。

（1）性能与任务相适应

对于开关量控制的应用系统，当对控制速度要求不高时，选用小型 PLC（如西门子 S7-200 系列 PLC）就能满足要求，如对小型泵的顺序控制、单台机械的自动控制等。

对于以开关量控制为主，带有部分模拟量控制的应用系统，如对工业生产中常遇到的温度、压力、流量和液位等连续量的控制，应选用带有 A-D 转换的模拟量输入模块和带有 D-A 转换的模拟量输出模块，配接相应的传感器、变送器和驱动装置，并且选择运算功能较强的中小型 PLC（如西门子公司的 S7-300 系列 PLC）。

对于比较复杂的中大型控制系统，如闭环控制、PID 调节及通信联网等，可选用中大型 PLC 如西门子公司的 S7-400 系列 PLC）。当系统的各个控制对象分布在不同的地域时，应根据各部分的具体要求来选择 PLC，以组成一个分布式的控制系统。

（2）PLC 的处理速度应满足实时控制的要求

PLC 工作时，从输入信号到输出控制存在着滞后现象，即输入量的变化，一般要在 1～2 个扫描周期之后才能反映到输出端，这对于一般的工业控制是允许的。但有些设备的实时性要求较高，不允许有较长的滞后时间。例如，PLC 的 I/O 点数在几十到几千点范围内，这时用户应用程序的长短对系统的响应速度会有较大的差别。滞后时间应控制在几十毫秒之内，即应小于普通继电器的动作时间（普通继电器的动作时间约为 100 ms），否则就没有意义了。

为了提高 PLC 的处理速度，可以采用以下几种方法：

1）选择 CPU 处理速度快的 PLC，使执行一条基本指令的时间不超过 0.5μs。

2）优化应用软件，缩短扫描周期。

3）采用高速响应模块，例如高速计数模块，其响应的时间可以不受 PLC 扫描周期的影响，而只取决于硬件的延时。

（3）PLC 应用系统的结构应合理、机型系列应统一

PLC 的结构分为整体式和模块式两种。整体式结构把 PLC 的 I/O 和 CPU 放在一块电路板上，省去插接环节，体积小。每一个 I/O 点的平均价格比模块式结构的便宜，适用于工艺过程比较稳定、控制要求比较简单的系统。模块式 PLC 的功能扩展，I/O 点数的增减，输入与输出点数的比例，都比整体式方便灵活；并且维修更换模块、判断与处理故障快速方便，适用于工艺过程变化较多、控制要求复杂的系统。在使用时，应按实际情况进行选择。

在一个单位或一个企业中，应尽量使用同一系列的 PLC，这不仅使模块通用性好，减少备件量，而且给编程和维修带来极大的方便，也给系统的扩展升级带来方便。

（4）在线编程和离线编程的选择

小型 PLC 一般使用简易编程器。它必须插在 PLC 上才能进行编程操作，其特点是编程器与 PLC 共用一个 CPU，在编程器上有一个"运行/监控/编程"选择开关，当需要编程或修改程序时，将选择开关转到"编程"位置，这时 PLC 的 CPU 不执行用户程序，只为编程器服务，这就是"离线编程"。程序编好后再把选择开关转到"运行"位置，CPU 则去执行用户程序，对系统实施控制。

简易编程器结构简单，体积小，携带方便，很适合在生产现场调试、修改程序时使用。

图形编程器或者个人计算机与编程软件包配合使用可实现在线编程。PLC 和图形编程器各有自己的 CPU，编程器的 CPU 可随时对键盘输入的各种编程指令进行处理；PLC 的 CPU 主要完成对现场的控制，并在一个扫描周期的末尾与编程器通信，编程器将编好或修改好的程序发送给 PLC。在下一个扫描周期，PLC 将按照修改后的程序或参数进行控制，实现"在线编程"。图形编程器价格较贵，但它功能强大，适应范围广，不仅可以用指令语句编程，还可以直接用梯形图编程，并可以存入磁盘或用打印机打印出梯形图程序。一般大中型 PLC 多采用图形编程器。使用个人计算机进行在线编程，可省去图形编程器，但需要编程软件包的支持，其功能类似于图形编程器。

2. PLC 容量估算

PLC 容量包括两个方面：一是 I/O 的点数，二是用户存储器的容量。

（1）I/O 点数的估算

根据功能说明书，可统计出 PLC 系统的开关量 I/O 点数及模拟量 I/O 通道数，以及开关量和模拟量的信号类型。考虑到在前面的设计中 I/O 点数可能有疏漏，并考虑到 I/O 的分组情况以及隔离与接地要求，应在统计后得出 I/O 总点数的基础上，增加 10%～15%的余量。考虑余量后的 I/O 总点数即为 I/O 点数估算值，该估算值是 PLC 选型的主要技术依据。考虑到今后的调整和扩充，选定的 PLC 机型的 I/O 能力极限值必须大于 I/O 点数估算值，并应尽量避免使 PLC 能力接近饱和，一般应留有 30%左右的余量。

（2）存储器容量的估算

用户应用程序占用多少内存与许多因素有关，如 I/O 点数、控制要求、运算处理量和程序结构等。因此在程序设计之前只能粗略的估算。根据经验，每个 I/O 点及有关功能器件占用的内存大致如下：

开关量输入所需存储器字数=输入点数×10

开关量输出所需存储器字数=输出点数×8

定时器/计数器所需存储器字数=定时器/计数器数量×2

模拟量所需存储器字数=模拟量通道数×100

通信接口所需存储器字数=接口个数×300

存储器的总字数再加上备用量即为存储器容量。例如，作为一般应用下的经验公式是：

所需存储器容量（KB）=（1～1.25）×（DI×10+DO×8+AI/AO×100+CP×300）/1024

其中：DI 为数字量输入总点数；DO 为数字量输出总点数；AI/AO 为模拟量 I/O 通道总数；CP 为通信接口总数。

根据上面的经验公式得到的存储器容量估算值只具有参考价值，在明确对 PLC 要求的容量时，还应依据其他因素对其进行修正。需要考虑的因素有：

1）经验公式仅是对一般应用系统，而且主要是针对设备的直接控制功能而言的，特殊的应用或功能可能需要更大的存储器容量。

2）不同型号的 PLC 对存储器的使用规模与管理方式的差异，会影响存储器的需求量。

3）程序编写水平对存储器的需求量有较大的影响。

由于存储器容量估算时不确定因素较多，因此很难估算准确。工程实践中大多采用粗略估算，加大余量，实际选型时就应参考此值采用就高不就低的原则。

7.2.2　I/O 模块的选择与分配

1. I/O 模块的选择

（1）开关量输入模块的选择

PLC 的输入模块用来检测来自现场的电平信号（如按钮、行程开关、温控开关和压力开关等），并将其转换为 PLC 内部的低电平信号。开关量输入模块按输入点数分，常用的有 8 点、16 点和 32 点等；按工作电压分，常用的有直流 5V、12V 和 24V，交流 110 V、220 V 等；按外部接线方式又可分为汇点输入和分隔输入等。

选择输入模块主要应考虑以下两点：

1）根据现场输入信号（如按钮、行程开关）与 PLC 输入模块距离的远近来选择电压的高低。一般 24V 以下属低电平，其传输距离不宜太远，如 12V 电压模块一般不超过 10m。距离较远的设备选用较高电压模块比较可靠。

2）高密度的输入模块，如 32 点输入模块，允许同时接通的点数取决于输入电压和环境温度。一般同时接通的点数不得超过总输入点数的 60%。

（2）开关量输出模块的选择

输出模块的任务是将 PLC 内部低电平的控制信号转换为外部所需电平的输出信号，驱动外部负载。输出模块有三种输出方式：继电器输出、双向晶闸管输出和晶体管输出。输出模块的选择主要从以下几个方面考虑：

1）输出方式的选择：继电器输出价格便宜，使用电压范围广，导通压降小，承受瞬间过电压和过电流的能力较强，且有隔离作用。但继电器有触点，寿命较短，且响应速度较慢，适用于动作不频繁的交/直流负载。当驱动电感性负载时，最大分/合频率不得超过 1Hz。

晶闸管输出（交流）和晶体管输出（直流）都属于无触点开关输出，适用于通断频繁的电阻/电感性负载。但电感性负载在断开瞬间会产生较高的反向感应电压，必须采取抑制措施。

2）输出电流的选择：模块的输出电流必须大于负载电流的额定值，如果负载电流较大，输出模块不能直接驱动，则应增加中间放大环节。对于电容性负载和热敏性电阻负载（例如白炽灯），考虑到接通时有冲击电流，故要留有足够的余量。

3）允许同时接通的输出点数：在选用输出模块时，不但要看一个输出点的驱动能力，还要看整个输出模块的满负荷能力，即输出模块同时接通点数的总电流值不得超过模块规定的最大允许电流。

（3）模拟量及特殊功能模块的选择

除了开关量信号以外，工业控制中还要对温度、压力、液位及流量等过程变量进行检测和控制。模拟量输入、模拟量输出以及温度控制模块就是用于将过程变量转换为 PLC 可以接收的数字信号以及将 PLC 内的数字信号转换成模拟信号输出。此外，还有一些特殊情况，如位置控制、脉冲计数以及联网、与其他外部设备连接等都需要专用的接口模块，如传感器模块、I/O 连接模块等。这些模块中有自己的 CPU 和存储器，能在 PLC 的管理和协调下独立地处理特殊任务，这样既完善了 PLC 的功能，又减轻了 PLC 的负担，提高了处理速度。

2. I/O 的分配

一般输入点与输入信号、输出点与输出控制是一一对应的。分配好后，按系统配置的通道与接点号、分配给每一个输入信号和输出信号，即进行编号。

在个别情况下，也有两个信号用一个输入点的，那样就应在接入输入点前，按逻辑关系接好线（如两个触点先中联或并联），然后再接到输入点。

（1）明确 I/O 通道范围

不同型号的 PLC 其输入/输出通道的范围是不一样的，应根据所选的 PLC 型号，查阅相应的技术手册，弄清相应的 I/O 点地址的分配。

（2）内部辅助继电器

内部辅助继电器不对外输出，不能直接连接外部器件，而是在控制其他继电器、定时器及计数器时作数据存储或数据处理用。从功能上讲，内部辅助继电器相当于传统电控柜中的中间继电器。未分配模块的输入/输出继电器区以及未使用 1:1 连接时的链接继电器区等均可作为内部辅助继电器使用。根据程序设计的需要，应合理安排 PLC 的内部辅助继电器，在设计说明书中应详细列出各内部辅助继电器在程序中的用途，避免重复使用。

（3）分配定时器/计数器

对用到定时器和计数器的控制系统，应注意定时器和计数器的编号不能相同。若扫描时间较长，则要使用高速定时器以保证计时准确。

（4）数据存储器

在数据存储、数据转换以及数据运算等场合，经常需要处理以通道为单位的数据，此时应用数据存储器是很方便的。数据存储器中的内容，即使在 PLC 断电、运行开始或停止时也能保持不变。数据存储器也应根据程序设计的需要来合理安排，以避免重复使用。

7.2.3 PLC 控制系统控制设计实例

1. 设计要求

设计的配置要求如下所述。

1）AI：58 点。AO：20 点。DI：30 点。DO：20 点。

2）操作站（工程师站）两套。

3）两点开关量同时满足调节时要在 20ms 内停止电动机运行。

4）闭环调节回路 16 个，手动模拟量操作 4 个。

5）电动机起停控制 8 个，压力开关联锁 4 个。

6）要求预留 20％余量。

2. 设计过程

（1）容量估算

根据以上要求决定 CPU 的主要参数有两个：一个是联锁条件为 20ms 停止电动机运行，另一个是系统 I/O 规模。第一个条件已经确定，即 20ms 联锁。第二个条件需要进一步确定，即将实际 I/O 点数加上 20％余量。

AI=58 点×1.2=69.6 点，取整为 70 点，西门子 S7-300　AI 有 2/4/8 点输入模块，选 8 点输入模块较为合理。70/8=8.75，取整为 9 个模块，实配点数为 9×8=72 点。

AO=20 点×1.2=24 点，西门子 S7-300 AO 有 4/8 点输出模块，选 8 点输出模块较为合理。24/8=3 个模块，实配点数为 3×8=24 点。

DI=30 点×1.2=36 点，西门子 S7-300 DI 有 8/16/32 点输入模块，选 32 点输入模块 1 个，16 点输入模块 1 个较为合理，实配点数为 48 点。

DO=20 点×1.2=24 点，西门子 S7-300 DO 有 8/16/32 点输出模块，选 32 点输出模块 1 个较为合理，实配点数为 32 点。

因此，实际配置点数为：AI 为 72 点、AO 为 24 点，模拟量合计 96 点；DI 为 48 点、DO 为 32 点，开关量合计 80 点。

（2）PLC 选型

1）首先从控制规模选择 CPU。根据 CPU 技术参数手册，从 I/O 规模来看 CPU313 可带 3 个机架 31 个模块，CPU314 最多带 3 个机架 32 个模块。CPU313 开关量 I/O 为 992/992 点，模拟量 I/O 为 248/124 点；CPU314 开关量 I/O 为 1024/1024 点，模拟量 I/O 为 256/256 点，均可满足控制规模要求，从经济角度 CPU314 最为经济。

2）确定 S7-300 系列系统反应时间是否够用。由于要求控制时间比较短，西门子 S7-300 系统支持外部中断功能，因此采用中断处理的方式来提高反应速度。

决定系统中断反应时间的因素有：

① DI 模块的输入延迟：西门子带中断功能开关量输入模块的输入延迟为可组态参数，延迟时间分别为 0.1/0.5/3/15/20ms，取 0.1ms。

② DO 模块的输出延迟：DO 输出延迟可忽略不计。

③ CPU 过程中断的响应时间：CPU 过程中断的响应时间约为 0.7ms。

④ 由于通信造成的时间延长：通信时间延长通过计算大约为 0.6ms。

⑤ DI 模块中断延迟：DI 模块中断延迟为 0.25ms。

⑥ DO 中间继电器延迟：DO 中间继电器延迟一般最大为 3ms。

过程中断响应时间=0.1ms+0.7ms+0.6ms+0.25ms+3ms=4.65ms。

因为此计算时间小于控制系统要求的 20ms，所以完全满足控制要求。

3）核算 CPU 存储器容量是否满足控制要求。

一般模拟量显示按每点 0.1KB 计算，调节回路按每点 1KB 计算，开关量按每点 0.1KB 计算。

　　模拟量输入点存储容量=96 点×0.1KB=9.6KB。

　　调节回路存储容量=24 点×1KB=24KB；

　　开关量存储容量=80 点×0.1KB=8KB；

　　存储器使用总量=(9.6+24+8)KB=41.6KB。

　　CPU314 存储器容量为 48KB，因为计算存储容量小于 CPU314 存储器容量，所以满足控制系统组态要求。

　　（3）确定系统 I/O 模块

　　1）开关量输入模块选择，因为开关量有两点为高速且应具备中断功能，所以至少有一个 DI 模块应具备高速输入及中断功能。其他只要满足数量要求即可。对于开关量输入/输出模块出于安全考虑尽量选用低电压产品，所以选择 24V 标准电压输入/输出模块较好。

　　根据前面 I/O 点数计算结果选择 32 点输入和 16 点输入模块，因为高速中断模块价格较高，所以选定 16 点输入模块为高速中断模块。

　　选型结果为：

　　6ES7 32l-1BL00-0AA0，32 点 24V DC 输入模块 1 块。

　　6ES7 321-7BH01-0AB0，16 点 24V DC 输入模块（带中断）1 块。

　　2）开关量输出模块选择，因为继电器存在机械结构故障率较高的问题，且为了保护 PLC 系统，一般 DO 输出均采用中间继电器隔离，所以选用晶体管输出的 24V DO 模块。

　　选型结果为：6ES7 322-1BL00-0AA0，32 点 24V DC 输出模块 1 块。

　　（4）PLC 系统电源选择

　　PLC 系统电源总功率=CPU+模块+系统外部供电。

　　CPU314 满载电流为 0.9A，模拟量输入模块不消耗 24V 电源，但其变送器回路需消耗 24V 电源，假设全部模拟量均为二线制变送器则有 72 路×22mA=1.58A；模拟量输出模块 3×每块模块消耗 320mA=0.96A；16 路高速带中断数字量输入模块自身消耗 90mA 电流，32 路自身不消耗；每个 DI 回路消耗 7mA，总消耗电流=7mA×48=0.336A；DO 模块自身消耗 340mA，如果每路带一个中间继电器，每个继电器消耗 40mA 电流，则中间继电器最高消耗 40mA×32=1.28A。

　　核算总电流=CPU（0.9A）+变送器（1.58A）+模拟量输出模块（0.96A）+16 路 DI 模块（0.09A）+DI 回路（0.336A）+DO 模块自身（0.34A）+中间继电器（1.28A）=5.486A。

　　因为不可能所有回路均为满载，所以乘以满载系数 0.8 为 4.388A。

　　选型结果为：6ES7 307-1EA00-0AA0，5A 电源模块 1 块。

　　（5）核算机架数

　　总模块数=AI(9)+AO(3)+DI(2)+DO(1)=15 块。

　　每个机架最多可插 8 个模块，所以需要一个扩展机架。由于只有一个扩展机架，故选择经济性比较好的 IM365 接口扩展模块。因为每个接口模块都要从总线电源消耗一定电流，所以必须核算总线接口带载能力。

　　本项目所选型号 I/O 模块总线消耗电流如表 7-1 所示。

表 7-1 I/O 模块总线消耗电流

型　号	名　　称	总线消耗电流/mA
4ES7 321-1BL00-0AA0	32 点 24V DC 输入模块	15
6ES 321-7BH01-0AB0	16 点 24V DC 输入模块	130
6ES7-322-1BL00-0AA0	32 点 24V DC 输出模块	110
6ES7 331-1KF01-0AB0	8 路 13 位精度模拟量输入模块	60
6ES7 332-5HF00-0AB0	8 路模拟量输出模块	100

IM365 模块接口性能为主机架与扩展机架相加最大总线电流为 1200mA，每个机架最大总线电流为 800mA。

根据以上要求并结合本项目模块数量，可确定主机架放置 8 块 AI 模块，扩展机架放置 1 块 AI 模块、3 块 AO 模块、2 块 DI 模块和 1 块 DO 模块。

主机架总线电流=60mA×8=480mA，因为计算值小于 IM365 每个机架最大 800mA 的规定，所以符合要求。

扩展机架总线电流=60mA+3×100mA +15mA +130mA +110mA =615mA，因为计算值小于 IM365 每个机架最大 800mA 的规定，所以符合要求。

IM365 总线总电流=(480+615)mA=1095mA，因为计算值小于 IM365 总线电流总和 1200mA 的规定，所以符合要求。

（6）通信确定

系统有两台操作站，故还需要选择两块通信网卡。因为只有两台操作站和一套过程控制站（一套 PLC），所以选择 MPI 网络通信就能满足通信要求。通信卡具体型号如下所述。

选型结果：6GK1 561-1AA00，两块。

组成通信网络还需网线及网络接头，具体型号如下所述。

网络接头：6ES7 972-0BA12-0XA0，3 个。

PROFIBUS 网线：6XV1 830-0EH10，若干米。

（7）接线端子的选择

另外，I/O 模块本身不提供接线端子，还需要订购接线端子及模块安装机架。

本项目除 16 路 DI 输入模块选 20 针接线端子外，其他模块均选择 40 针接线端子。具体型号如下所述。

20 针接线端子：6ES7 392-1AJ00-0AA0，1 个。

40 针接线端子：6ES7 392-1AM00-0AA0，14 个。

480mm 导轨（机架）：6ES7 390-1AE80-0AA0，两个。

本工程所用西门子系统设备清单，如表 7-2 所示。

表 7-2 西门子系统设备清单

型　号	名　　称	数　量
6ES7 307-1EA00-0AA0	5A 电源模块	1
6ES7 314-1AF19-0AB9	CPU314 48K 内存	1
6ES7 953-8LF11-0AA0	内存卡	1

型　号	名　称	数　量
6ES7 365-0EA01-0AA0	365 接口模块	1
6ES7 390-1AE80-0AA0	480mm 导轨	2
6ES7-321-1BL00-0AA0	32 点 DC 24V 输入模块	1
6ES7-321-7BH01-0AB0	16 点 DC 24V 输入模块	1
6ES7 322-1BL00-0AA0	32 点 DC 24V 输出模块	1
6ES7 331-1KF01-0AB0	8 路 13 位精度模拟量输入模块	9
6ES7 332-5HF00-0AB0	8 路模拟量输出模块	3
6ES7 392-1AJ00-0AA0	20 针接线端子	1
6ES7 392-1AM00-0AA0	40 针接线端子	14
6GK1 56l-1AA00	5611 网卡	2
6ES7 972-0BA12-0XA0	网络接头	3
6XV1　830-0EH10	PROFIBUS 网线	若干米

7.3　PLC 控制系统的软件设计

7.3.1　PLC 控制系统的软件设计内容、步骤

1. 设计内容

PLC 控制系统的软件设计是一项十分复杂的工作，它要求设计人员既要有 PLC 和计算机程序设计的基础，又要有自动控制的技术，还要有一定的现场实践经验。

首先设计人员必须深入现场，了解并熟悉被控对象（机电设备或生产过程）的控制要求，明确 PLC 控制系统必须具备的功能，为应用软件的编制提出明确的要求和技术指标，并形成软件需求说明书。再在此基础上进行总体设计，将整个软件根据功能的要求分成若干个相对独立的部分，分析它们之间在逻辑上、时间上的相互关系，使设计出的软件在总体上结构清晰、简洁，流程合理，保证后续的各个开发阶段及其软件设计规格说明书的完全性和一致性。然后在软件规格说明书的基础上，选择适当的编程语言进行程序设计。所以，一个实用的 PLC 软件工程的设计通常要涉及以下几个方面的内容：

1）PLC 软件功能的分析与设计。

2）I/O 信号及数据结构的分析与设计。

3）程序结构的分析与设计。

4）软件设计规格说明书的编制。

5）用编程语言、PLC 指令进行程序设计。

6）软件测试。

7）程序使用说明书的编制。

2. PLC 控制系统的软件设计步骤

根据可编程序控制器系统硬件结构和生产工艺要求，在软件规格说明书的基础上，用相

应的编程语言指令编制实际应用程序，并形成程序说明书的过程就是应用系统的软件设计。可编程序控制器应用系统的软件设计过程如下。

（1）制定设备运行方案

制定方案就是根据生产工艺的要求，分析各输入、输出与各种操作之间的逻辑关系，确定需要检测的量和控制的方法，并设计 2H 系统中各设备的操作内容和操作顺序。

（2）画控制流程图

对于较复杂的应用系统，需要绘制系统控制流程图，用以清楚地表明动作的顺序和条件。对于简单的控制系统，可省去这一步。

（3）制定系统的抗干扰措施

根据现场工作环境、干扰源的性质等因素，综合制定系统的硬件和软件抗干扰措施，如硬件上的电源隔离、信号滤波，软件上的平均值滤波等。

（4）编写程序

根据被控对象的输入/输出信号及所选定的 PLC 型号分配 PLC 的硬件资源，为梯形图的各种继电器或接点进行编号，再按照软件规格说明书（技术要求、编制依据、测试），用梯形图进行编程。

（5）软件测试

为了及时发现和消除程序中的错误和缺陷，减少系统现场调试的工作量，确保系统在各种正常和异常情况下都能做出正确的响应，需要对程序进行离线测试。经调试、排错、修改及模拟运行后，才能正式投入运行。程序测试时重点应注意下列问题：

1）程序能否按设计要求运行。

2）各种必要的功能是否具备。

3）发生意外事故时能否做出正确的响应。

4）对现场干扰等环境因素适应能力如何。

经过测试、排错和修改后，程序基本正确，下一步就可以到控制现场试运行，进一步查看系统整体效果，还有哪些地方需要进一步完善。经过一段时间试运行后证明系统性能稳定、工作可靠，已达到设计要求，就可把程序固化到 EPROM 或 E^{2}PROM 芯片中，正式投入运行。

（6）编制程序使用说明书

当一项软件工程完成后，为了便于用户和现场调试人员的使用，应对所编制的程序进行说明。通常程序使用说明书应包括程序设计的依据、结构、功能及流程图，各项功能单元的分析，PLC 的 I/O 信号，软件程序操作使用的步骤、注意事项，实际上说明书就是一份软件综合说明的存档文件。

7.3.2 开关量控制系统的设计

开关量控制是指控制系统的输入信号和输出信号都是只有两个状态的开关量。这类系统包含手动、单次和自动三种控制方式。这类系统的设计要特别注意 I/O 模块的隔离、接口的匹配和功率的消耗等问题。

1）手动控制。手动控制在调试、维修过程中是不可少的。

2）单次控制。这种控制的特点是一旦控制系统被起动之后，控制过程将自动完成一个周期。如果系统需要再次起动，则必须再次人工起动。这种系统更便于参数的修改和调整。

3）自动控制。系统起动之后，就可以按照工程要求进行控制。整个控制过程无人工干预。系统对输入和输出要求都很严格，系统的可靠性、安全性设计尤为重要。

下面主要介绍自动控制的设计方法。

【例7-1】 编程实现星三角减压起动的手动/自动控制。

某一车间，有一台设备的电动机要用到星三角减压起动，星三角减压起动控制电路如图 7-1 所示。要求用 PLC 控制，采用 FC 编程实现手动/自动控制。

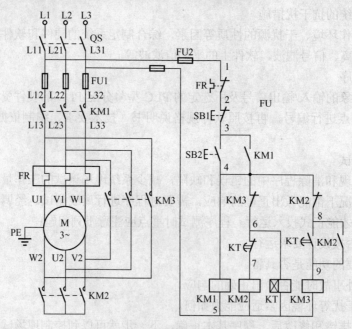

图 7-1　星三角减压起动控制电路

1. I/O 分配

I/O 地址分配表如表 7-3 所示。

表 7-3　I/O 地址分配表

输　入			输　出	
地址	说明	变量	地址	说明
I0.0	手动/自动转换档位开关	KM1	Q0.0	主接触器输出
I0.1	手动起动按钮	KM2	Q0.1	星形接触器输出
I0.2	手动星三角转换按钮	KM3	Q0.3	三角形接触器输出
I0.3	停止按钮			
I0.4	自动起动按钮			

2. 控制系统设计

（1）程序结构图

程序结构图如图 7-2 所示。

（2）编辑程序

1）开机起动程序 OB100 如图 7-3 所示。

2）星三角减压起动控制主程序 OB1 如图 7-4 所示。

3）FC100 的手动控制程序如图 7-5 所示。

4）FC101 的自动控制程序如图 7-6 所示。

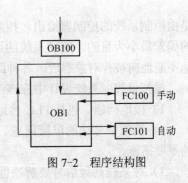

图 7-2　程序结构图

图 7-3　开机起动程序 OB100

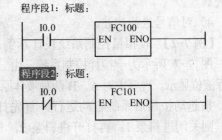

图 7-4　主程序 OB1

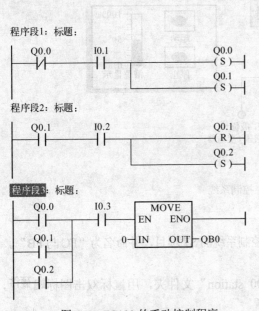

图 7-5　FC100 的手动控制程序

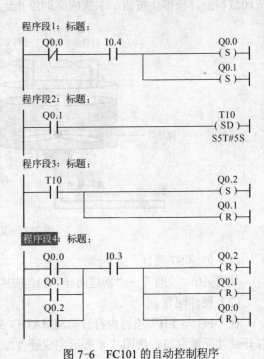

图 7-6　FC101 的自动控制程序

7.3.3　模拟量控制系统的设计

模拟量控制系统是指输入信号和输出信号为模拟量的控制系统。控制系统的控制方式可分为开环控制和闭环控制。

闭环控制根据其设定值的不同，又可分为调节系统和随动系统两种。调节系统的设定值是由控制系统的控制器给出，控制器的作用就是使反馈值向设定值靠近，以反馈值对设定值的偏差最小为目的。随动系统的设定值是由被控制对象给出的，控制器的作用就是使控制目标不断地向被控对象靠近。各种跟踪系统都是随动系统。

模拟量控制系统设计中应该注意抗干扰问题。解决干扰的办法有 4 个：

1）接地问题。包括 PLC 接地线的接地，这里所说的接地就是接大地。

2）模拟信号线的屏蔽问题。屏蔽线的始端和终端都要接地。信号线的屏蔽是防止干扰的重要措施。

3）对某些高频信号要解决匹配问题。如果不匹配很容易在信号传送中引进干扰，使信息失真。

4）对信号进行滤波。

【例 7-2】 模拟量控制系统设计示例。

图 7-7 所示为一搅拌控制系统，由一个模拟量液位传感器—变送器来检测液位的高低，并进行液位显示。现要求对 A、B 两种液体原料按等比例混合，请编写控制程序，控制要求如下：

按起动按钮后系统自动运行，首先打开进料泵 1，开始加入液料 A，当液位达到 50%后，则关闭进料泵 1；再打开进料泵 2，开始加入液料 B，当液位达到 100%后，则关闭进料泵 2；然后起动搅拌器，搅拌 10s 后，关闭搅拌器，开起放料泵，当液料放空时，延时 5s 后关闭放料泵。按停止按钮，系统应立即停止运行。

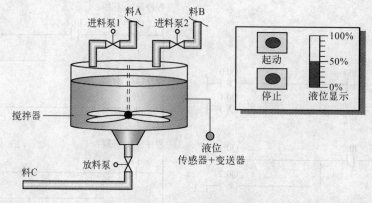

图 7-7 搅拌控制系统

（1）创建 S7 项目

使用菜单"文件"→"新建向导"创建搅拌控制系统的 S7 项目，并命名为"FC 与 FB"。

（2）硬件配置

在"FC 与 FB"项目内打开"SIMATIC 300 station"文件夹，用鼠标双击图标 **硬件**，打开硬件配置窗口，按图 7-8 所示完成硬件配置。

1	PS 307 5A	6ES7 307-1EA00-0AA0				
2	CPU 315	6ES7 315-1AF03-0AB0	V1.2	2		
3						
4	DI32xDC24V	6ES7 321-1BL80-0AA0			0...3	
5	DO32xDC24V/0.5A	6ES7 322-1BL00-0AA0				4...7
6	AI4/AO4x14/12Bit	6ES7 335-7HG01-0AB0			256...271	256...263
7						
8						

图 7-8 硬件配置

在硬件配置窗口内，用鼠标双击模拟量 I/O 模块"AI4/AO4×14/12Bit"，打开该模块的属性对话框，如图 7-9 所示，修改模块的模拟量输入通道和输出通道的起始地址均为256。

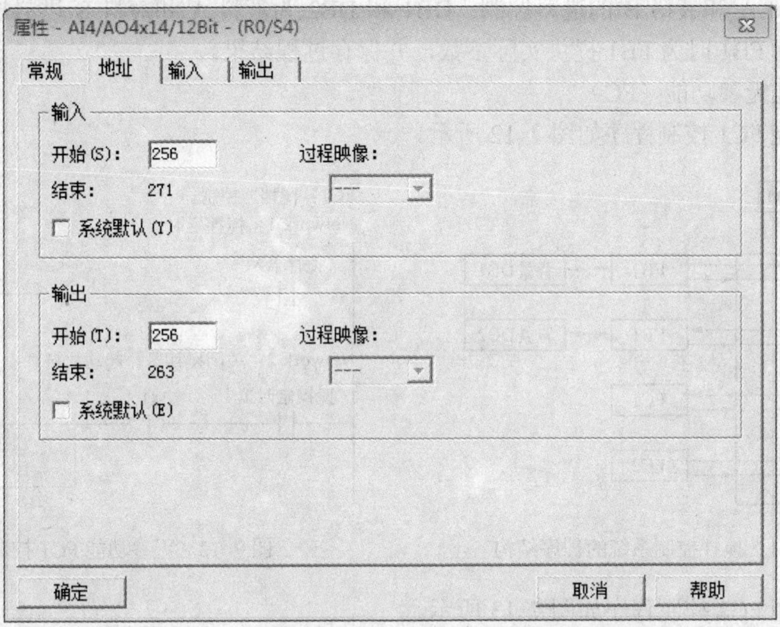

图 7-9　修改模块的模拟量输入通道和输出通道的起始地址

（3）编辑符号表

选择"FC 与 FB"项目的"S7 块"文件夹，用鼠标双击 符号 图标，打开符号表编辑器，按图 7-10 所示编辑符号表。

	状态	符号	地址		数据类型	注释
1		进料控制	FB	1	FB　1	液料A和液料B进料控制，进料结束起动搅拌器
2		搅拌控制	FC	1	FC　1	搅拌器延时关闭，并起动放料泵
3		放料控制	FC	2	FC　2	比较最低液位，控制延时放空并复位放料泵
4		起动	I	0.0	BOOL	起动按钮，常开（带自锁）
5		停止	I	0.1	BOOL	停止按钮，常开
6		原始标志	M	0.0	BOOL	表示进料泵、放料泵及搅拌器均处于停机状态
7		最低液位标志	M	0.1	BOOL	表示液料即将放空
8		Cycle Execution	OB	1	OB　1	线性结构的搅拌器控制程序
9		BS	PIW	256	WORD	液位传感器-变送器，送出模拟量液位信号
10		DISP	PQW	256	WORD	液位指针式显示器，接收模拟量液位信号
11		进料泵1	Q	4.0	BOOL	"1"有效
12		进料泵2	Q	4.1	BOOL	"1"有效
13		搅拌器M	Q	4.2	BOOL	"1"有效
14		放料泵	Q	4.3	BOOL	"1"有效
15		搅拌定时器	T	1	TIMER	SD定时器，搅拌10s
16		排空定时器	T	2	TIMER	SD定时器，延时5s

图 7-10　编辑符号表

（4）规划程序结构

按结构化编程方式设计控制程序。搅拌控制系统的程序结构如图 7-11 所示，控制程序由两个功能、一个功能块、两个背景数据块和两个组织块构成，其中：OB1 为主循环组织块；OB100 为起动组织块；FC1 实现搅拌控制；FC2 实现放料控制；FB1 通过调用 DB1 和 DB2 实现液料 A 和液料 B 的进料控制；DB1 和 DB2 为液料 A 和液料 B 进料控制的背景数据块，在调用 FB1 时为 FB1 提供实际参数，并保存过程结果。

（5）创建无参功能（FC）

无参功能 FC1 控制程序如图 7-12 所示。

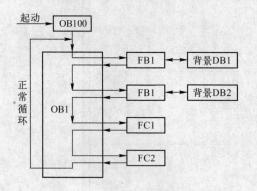

图 7-11 搅拌控制系统的程序结构

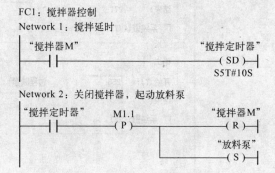

图 7-12 无参功能 FC1 控制程序

无参功能 FC2 控制程序如图 7-13 所示。

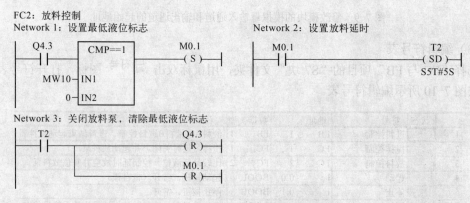

图 7-13 无参功能 FC2 控制程序

（6）创建无静态参数的功能块（FB1）

功能块 FB1 包含 4 个局部变量，局部变量声明表如表 7-4 所示。

表 7-4 局部变量声明表

接口类型	变量名	数据类型	地址	初始值	注释
IN	A_IN	INT	0.0	0	模拟量输入数据
	A_C	INT	2.0	0	液位比较器
IN_OUT	Device1	BOOL	4.0	FLASE	设备 1
	Device1	BOOL	4.1	FLASE	设备 2

编写 FB1 控制程序如图 7-14 所示。

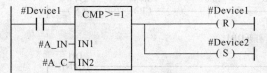

FB1：进料控制
Network 1：满足条件，则复位设备1，起动设备2

图 7-14　FB1 控制程序

（7）建立背景数据块（DB1、DB2）

在"FC 与 FB"项目内选择"块"文件夹，执行菜单命令"插入"→"S7 块"→"数据块"，创建与 FB1 相关联的背景数据块 DB1 和 DB2。STEP 7 自动为 DB1 和 DB2 构建了与 FB1 完全相同的数据结构。DB1 的数据结构如图 7-15 所示。

	地址	声明	名称	类型	初始值	实际值	备注
1	0.0	in	A_IN	INT	0	0	模拟量输入数据
2	2.0	in	A_C	INT	0	0	比较值
3	4.0	in_out	Device1	BOOL	FALSE	FALSE	设备1
4	4.1	in_out	Device2	BOOL	FALSE	FALSE	设备2

图 7-15　DB1 的数据结构

（8）编写起动组织块 OB100 的控制程序

组织块 OB100 的控制程序如图 7-16 所示。

（9）在 OB1 中调用 FC1、FC2 和 FB1

组织块 OB1 由 10 个网络组成，OB1 的梯形图程序如图 7-17 所示。本例在调用 FB1 时，采用先打开背景数据块，后引用的方式。打开背景数据块 DB1 用"OPNDI1"指令，而不用"OPN DB1"指令。

OB100："Complete Restart"
Network 1：复位

图 7-16　组织块 OB100 的控制程序

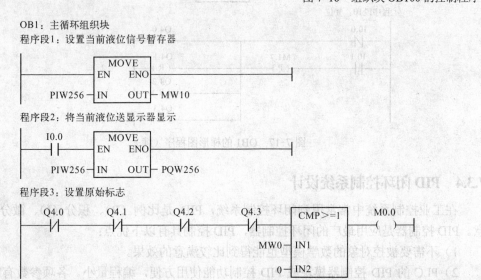

OB1：主循环组织块
程序段1：设置当前液位信号暂存器

程序段2：将当前液位送显示器显示

程序段3：设置原始标志

图 7-17　OB1 的梯形图程序

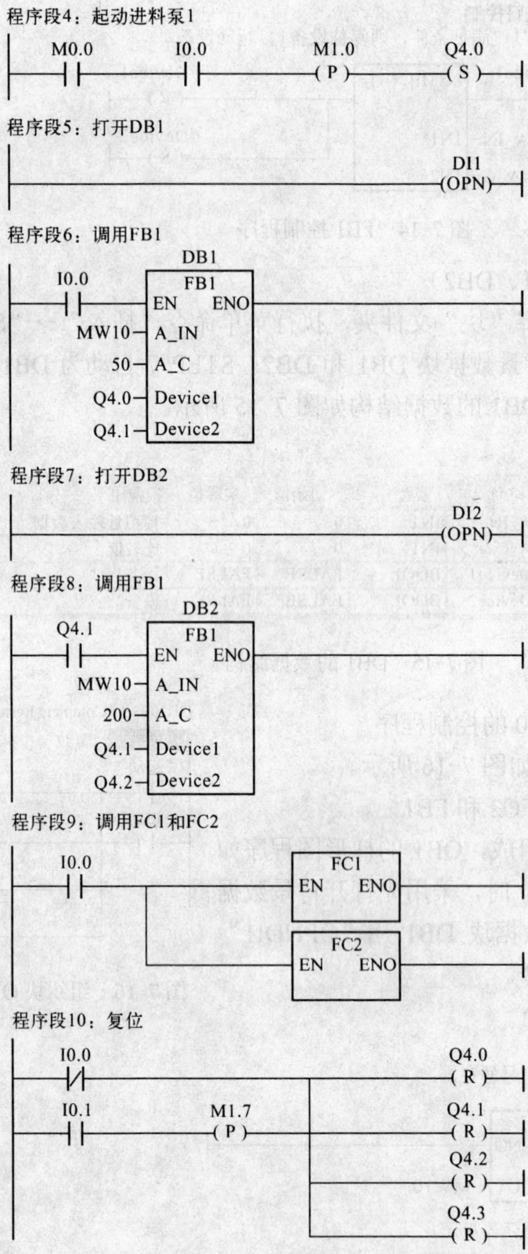

程序段4：起动进料泵1

```
   M0.0        I0.0         M1.0        Q4.0
 ──┤ ├────────┤ ├──────────( P )────────( S )──
```

程序段5：打开DB1

```
                                        DI1
 ──────────────────────────────────────(OPN)──
```

程序段6：调用FB1

```
                    DB1
   I0.0            ┌─────FB1─────┐
 ──┤ ├─────────────┤EN       ENO ├──────────────
                   │             │
   MW10────────────┤A_IN         │
                   │             │
   50─────────────┤A_C          │
                   │             │
   Q4.0────────────┤Device1      │
                   │             │
   Q4.1────────────┤Device2      │
                   └─────────────┘
```

程序段7：打开DB2

```
                                        DI2
 ──────────────────────────────────────(OPN)──
```

程序段8：调用FB1

```
                    DB2
   Q4.1           ┌─────FB1─────┐
 ──┤ ├─────────────┤EN       ENO ├──────────────
                   │             │
   MW10────────────┤A_IN         │
                   │             │
   200────────────┤A_C          │
                   │             │
   Q4.1────────────┤Device1      │
                   │             │
   Q4.2────────────┤Device2      │
                   └─────────────┘
```

程序段9：调用FC1和FC2

```
   I0.0           ┌─────FC1─────┐
 ──┤ ├─────────────┤EN       ENO ├──────────────
                   └─────────────┘
                  ┌─────FC2─────┐
                  ─┤EN       ENO ├──────────────
                   └─────────────┘
```

程序段10：复位

```
   I0.0                                 Q4.0
 ──┤/├──────────────────────┬───────────( R )──
                            │
   I0.1        M1.7          │          Q4.1
 ──┤ ├────────( P )──────────┼───────────( R )──
                            │
                            │          Q4.2
                            ├───────────( R )──
                            │
                            │          Q4.3
                            └───────────( R )──
```

图 7-17　OB1 的梯形图程序（续）

7.3.4　PID 闭环控制系统设计

在工业控制系统中常常用到闭环控制系统，PID 是比例（P）、积分（I）、微分（D）之意。PID 控制器是应用最广的闭环控制器，PID 控制具有以下优点：

1）不需要被控对象的数学模型也能得到比较满意的效果。

2）PLC 的 PID 控制器模块或 PID 控制功能使用方便，编程量小。各项参数有明确的物理意义，参数调整方便。

3）根据被控对象的具体情况，可以采用 PID 控制器的多种变种和改进的控制方式，有的 PID 控制产品可以实现 PID 控制器的参数自整定。

1. PID 控制包

S7-300/400 PLC 为用户提供了功能强大、使用方便的模拟量闭环控制功能，来实现 PID 控制。系统功能块 SFB 41～SFB 43 用于 CPU 31x 的闭环控制，SFB 41 "CONT_T" 用于连续 PID 控制；SFB 42 "CONTS"（步进控制器）用开关量输出信号控制积分型执行机构，电动调节阀用伺服电动机的正转和反转来控制阀门的打开和关闭，基于 PI 控制算法。SFB 43 "PULSECEW"（脉冲发生器）与连续控制器 "CONT_C" 一起使用，构建脉冲宽度调节 PID 控制器。

另外，安装了标准 PID 控制（Standard PID Control）软件包后，文件夹 "Libraries\Standard Libraries" 中的 FB 41～FB 43 用于 PID 控制，FB 58 和 FB 59 用于 PID 温度控制，FB 41～FB 43 与 SFB 41～SFB 43 兼容。

FB 41～FB 43 适合于所有的 CPU（S7-300，S7-400）；SFB 41～SFB 43 适合于 CPU 313C/314C 和 C7 系列的 PLC。区别在于一些早期的 PLC 并不包含 SFB 41，所以西门子推出了 FB 41，新型的 PLC 都固化有 SFB 41。如果是新型 PLC，那么应调用 SFB 41，原因在于调用固化程序可获得更高的效率以及低的存储空间的占用，否则要占用宝贵的 MMC 卡空间。FB 41 和 SFB 41 功能完全一样，区别在于 SFB 41 是系统集成功能，只有 S7-300 C 及 314 IFM 这几种 CPU 中集成了，而 FB 41 则是通用功能块，可在任何 CPU 中运行。

本节主要介绍 FB 41 连续控制功能块。

2. FB 41 功能块

FB 41 功能块即 CONT_C，可用于 SIMATIC S7 可编程控制器上，控制带有连续输入和输出变量的工艺过程。在参数分配期间，用户可以激活或取消激活 PID 控制器的子功能，以使控制器适合实际的工艺过程。

FB 41 模块可以按照图 7-18a 所示途径进行调用。图 7-18b 所示是 FB 41 CONT_C 的指令框图，下面介绍 FB 41 的内部结构和输入、输出变量的意义。

图 7-18　FB 41 指令框图

a) 调用 FB 41　b) FB 41 CONT_C 的指令框图

3. FB 41 CONT_C 的 PID 指令结构框图

图 7-19 所示是 PID 指令结构框图。

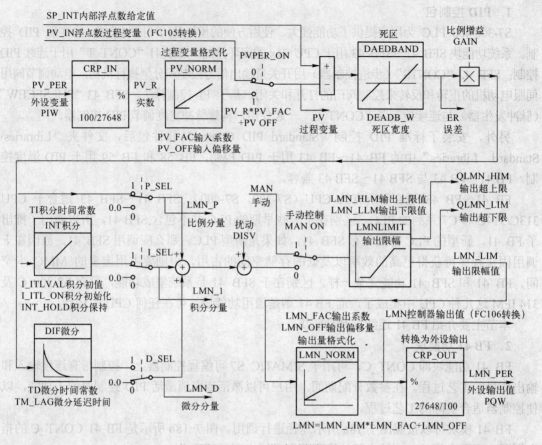

图 7-19　PID 指令结构框图

4. FB 41 的参数

（1）常用输入参数

COM_RST: BOOL，重新起动 PID，当该位为 TURE 时，PID 执行重起动功能，复位 PID 内部参数到默认值；通常在系统重新起动时执行一个扫描周期，或在 PID 进入饱和状态需要退出时用这个位。

MAN_ON: BOOL，手动置 ON，当该位为 TURE 时，PID 功能块直接将 MAN 的值输出到 IMN，这个位是 PID 的手动/自动切换位。

PEPER_ON：BOOL，过程变量外围值 ON，过程变量即反馈量，此 PID 可直接使用过程变量 PIW（不推荐），也可使用 PIW 规格化（FC 105 转换）后的值（常用），因此，这个位为 FALSE。

P_SEL：BOOL，比例选择位，该位为 ON 时，选择 P（比例）控制有效；一般选择有效。

I_SEL：BOOL，积分选择位，该位为 ON 时，选择 I（积分）控制有效；一般选择有效。

INT_HOLD：BOOL，积分保持，不去设置它。

I_ITL_ON：BOOL，积分初值有效，I_ITLVAL（积分初值）变量和这个位对应，当此位为 ON 时，则使用 I_ITLVAL 变量积分初值，一般当发现 PID 功能块的积分值增长比较慢或系统反应不够快时可以考虑使用积分初值。

D_SEL：BOOL，微分选择位，该位为 ON 时，选择 D（微分）控制有效；一般的控制系统不用。

CYCLE：TIME，PID 采样周期，一般设为 200ms。

SP_INT：REAL，PID 的给定值。

PV_IN：REAL，PID 的反馈值（也称为过程变量）。

PV_PER：WORD，未经规格化的反馈值，由 PEPER_ON 选择有效（不推荐）。

MAN：RFAI，手动值，由 MAN_ON 选择有效。

GAIN：REAL，比例增益。

T1：TIME，积分时间。

TD：TIME，微分时间。

DEADB_W：REAL，死区宽度；如果输出在平衡点附近微小幅度振荡，可以考虑用死区来降低灵敏度。

LMN_HLM：REAL，PID 上极限，一般是 100%。

LMN_LLM：REAL，PID 下极限，一般为 0%，如果需要双极性调节，则需设置为 –100%（正负 10V 输出就是典型的双极性输出，此时需要设置–100%）。

PV_FAC：REAL，过程变量比例因子。

PV_OFF：REAL，过程变量偏置值（OFFSET）。

LMN_AC：REAL，PID 输出值比例因子。

LMN_OFF：REAL，PID 输出值偏置值（OFFSET）。

I_ITLVAL：REAL，PID 的积分初值，由 I_ITL_ON 选择有效。

DISV：REAL，允许的扰动量，前馈控制加入，一般不设置。

（2）常用输出参数

LMN：REAL，PID 输出。

LMN_P：REAL，PID 输出中 P 的分量（可用于在调试过程中观察效果）。

LMN_I：REAL，PID 输出中 I 的分量（可用于在调试过程中观察效果）。

LMN_D：REAL，PID 输出中 D 的分量（可用于在调试过程中观察效果）。

（3）设定值与过程变量的处理

1）设定值的输入：设定值的输入如图 7-19 所示，浮点数格式的设定值用变量 SP_INT（内部设定值）输入。

2）过程变量（即反馈值）的输入可以用以下两种方式：

① 用过程输入变量（PV_IN）输入浮点格式的过程变量（经过 FC 105 处理），此时开关量 PVPER_ON（外围设备过程变量）应用"0"状态。

② 外围设备过程变量（PVPER_ON）输入外围设备（I/O）格式的过程变量，即用模拟量输入模块产生的数字值（PIW×××）作为 PID 控制的过程变量，此时开关量 PVPER_ON 应为"1"状态。

3）外部设备过程变量转换为浮点数：外部设备（即模拟量输入模块）正常范围的最大输出值（100%）为 27 648，功能 CRP_IN 将外围设备输入值转换为–100%～100%之间的浮点数格式的数值，CRP_IN 的输出（以%为单位）用下式计算：

$$PV\_R= PV\_PER×100/27\ 648$$

4）外部设备过程变量的标准化：

PV_NORM 功能用下面的公式将 CRP_IN 的输出 PV_R 格式化：

$$PV\_NORM\ 的输出=PV\_R×PV\_FAC+ PV\_OFF$$

式中，PV_FAC 为过程变量的系数，默认值为 1.0；PV_OFF 为过程变量的偏移量，默认值为 0.0。它们用来调节过程输入的范围。

如果设定值有物理意义，实际值（即反馈值）也可以转换为物理值。

（4）控制器输出值的处理

控制器输出值的处理包括手动/自动模式的选择、输出限幅、输出量的格式化处理以及输出量转换为外围设备（I/O）格式。

1）手动模式：

参数 MAN_ON（手动值 ON）为"1"时是手动模式，为"0"时是自动模式。在手动模式中，控制变量（即控制器的输出值）被手动选择的值 MAN（手动值）代替。

在手动模式时如果令微分项为"0"，将积分部分（INT）设置为 LMN_ LMN_P_DISV，可以保证手动到自动的无扰切换，即切换时控制器的输出值不会突变，DISV 为扰动输入变量。

2）输出限幅：

输出量限幅（LMNLIMIT）功能用于将控制器输出值限幅。LMNLIMIT 功能的输入量超出控制器输出值的上极限 LMN_HLM 时，信号位 QLMN_HLM（输出超出上限）变为"1"状态；小于下极限位 LMN_LLM 时，信号位 QLMN_LLM（输出超出下限）变为"1"状态。

3）输出量的格式化处理：

输出量格式化（LMN_NORM）功能用下述公式来将功能 LMNLIMIT 的输出量 QLMN_LIM 格式化：

$$LMN= LMN\_LIM×LMN\_FAC+ LMN\_OFF$$

式中，LMN 为格式化后浮点数格式的控制输出值；LMN_FAC 为输出量的系数，默认值为 1.0；LMN_OFF 为输出量的偏移量，默认值为 0.0。它们用来调节控制器输出量的范围。

4）输出量转换为外围设备（I/O）格式：

控制器输出位如果要送给模拟量输出模块中的 D-A 转换器，需要用功能 "CRP_OUT" 转换为外围设备（I/O）格式的变量 LMN_PER。转换公式为：

$$LMN\_PER= LMN×27648/100$$

7.4 技能训练 循环池液位的 PID 控制

1. 训练目的

1）熟悉 PID 控制系统电路连接。

2）掌握 PID 闭环控制系统设计方法。

2. 控制要求

循环池的液位控制示意图如图 7-20 所示，现在要对某公司污水处理工段的循环池进行液位控制，用液位传感器来检测池中的液位，用电动调节阀来调节液体的流量，其中循环池高度范围是 0～8m，传感器信号输出为 4～20mA，调节阀能接收 0～10V 信号来进行阀门开度调节（即对应 0%～100%开度）。由于池中液体的排放具有不确定性，因此，液位传感器检测的信号始终处于变化中。现在要求能保证无论是怎样的扰动，循环池的液位始终能保持一个恒定位置，请设计相应的 PLC 控制回路并编程。

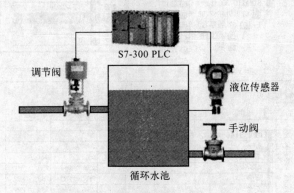

图 7-20　循环池的液位控制示意图

3. 电路连接

液位传感器、调节阀与模拟量输入/输出模块的连接图如图 7-21 所示。

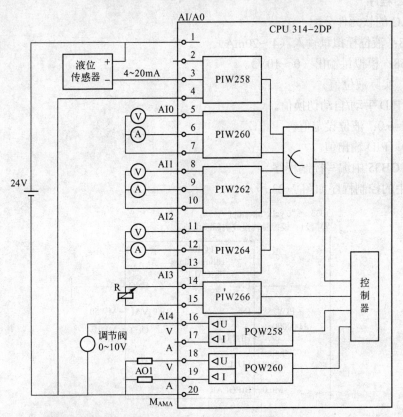

图 7-21　液位传感器、调节阀与模拟量输入/输出模块的连接图

4. 硬件组态

硬件组态图如图 7-22 所示。

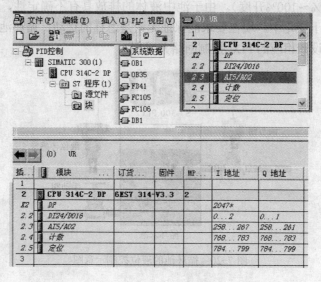

图 7-22 硬件组态图

5. PLC 程序

（1）PLC 的软元件分配

PIW258：液位模拟量输入（4~20mA）。

PQW258：模拟量输出（0~10V）。

MD10：实际液位值。

M0.3：PID 手动/自动切换值。

SP-INT=6.0：液位设定值。

MD100：PID 输出值。

（2）在 OB35 中编写控制程序

OB35 中的控制程序如图 7-23 所示。

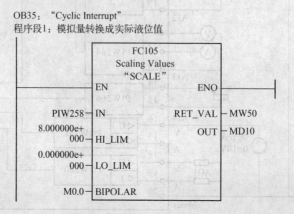

图 7-23 OB35 中的控制程序

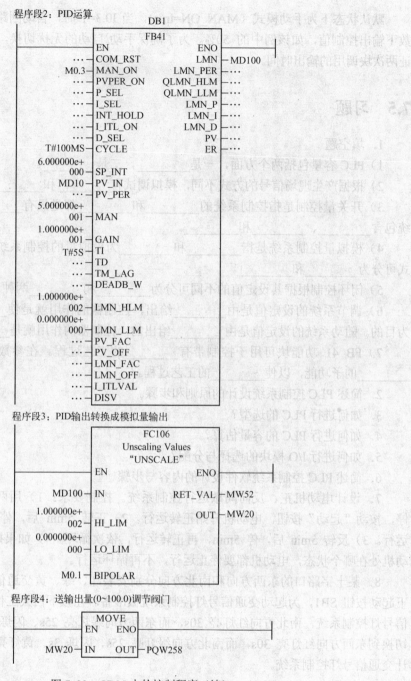

程序段2：PID运算

DB1
FB41

EN	ENO
··· — COM_RST	LMN — MD100
M0.3 — MAN_ON	LMN_PER — ···
··· — PVPER_ON	QLMN_HLM — ···
··· — P_SEL	QLMN_LLM — ···
··· — I_SEL	LMN_P — ···
··· — INT_HOLD	LMN_I — ···
··· — I_ITL_ON	LMN_D — ···
··· — D_SEL	PV — ···
T#100MS — CYCLE	ER — ···
6.000000e+000 — SP_INT	
MD10 — PV_IN	
··· — PV_PER	
5.000000e+001 — MAN	
1.000000e+001 — GAIN	
T#5S — TI	
··· — TD	
··· — TM_LAG	
··· — DEADB_W	
1.000000e+002 — LMN_HLM	
0.000000e+000 — LMN_LLM	
··· — PV_FAC	
··· — PV_OFF	
··· — LMN_FAC	
··· — LMN_OFF	
··· — I_ITLVAL	
··· — DISV	

程序段3：PID输出转换成模拟量输出

FC106
Unscaling Values
"UNSCALE"

EN	ENO
MD100 — IN	RET_VAL — MW52
1.000000e+002 — HI_LIM	OUT — MW20
0.000000e+000 — LO_LIM	
M0.1 — BIPOLAR	

程序段4：送输出量(0~100.0)调节阀门

MOVE

| EN | ENO |
| MW20 — IN | OUT — PQW258 |

图7-23　OB35中的控制程序（续）

为了保证程序执行频率一致，块应当在循环中断 OB（例如 OB35）中调用。由于 OB1 不能保证不变的循环时间，所以不能为采样时间（CYCLE）提供明确的参数。一旦 CYCLE 参数不能和扫描时间保持一致，那么基于时间的控制参数（例如 TI、TD）会看起来很快或者很慢。

在 OB35 中的扫描时间与 PID 中的采样时间要保持一致。FB 41 需要背景数据块 DB。

默认状态下为手动模式（MAN_ON=true)，当 I0.3=1 时，自动回路被中断，在 MAN 参数下输出控制值，如该例中的 50%。为了确保手动/自动的无扰切换，在手动模式下至少保证两次块调用的输出时间。

7.5 习题

1．填空题

1）PLC 容量包括两个方面，一是_____，二是_____。

2）根据产生现场信号的方式不同，模拟调试有_____和_____两种形式。

3）开关量控制是指控制系统的_____和_____都是只有_____开关量。这类系统包含_____、_____和_____。

4）模拟量控制系统是指_____和_____为模拟量的控制系统。控制系统的控制方式可分为_____和_____。

5）闭环控制根据其设定值的不同可分为_____和_____两种。

6）调节系统的设定值是由_____给出，控制器的作用就是使_____，以_____为目的。随动系统的设定值是由_____给出的，控制器的作用就是_____。

7）FB 41 功能块可用于控制带有_____的工艺过程。在参数分配期间，用户可以_____的子功能，以使_____的工艺过程。

2．简述 PLC 控制系统设计的原则和步骤。

3．如何进行 PLC 的选型？

4．如何进行 PLC 的容量估算？

5．如何进行 I/O 模块的选择与分配？

6．简述 PLC 控制系统软件设计的内容与步骤。

7．设计电动机正、反向间歇运行控制系统。控制要求：1）用两个按钮控制电动机起停，按动"起动"按钮，电动机开始正转运行。2）正转 5min 后，停 3min，然后开始反转运行。3）反转 5min 后，停 5min，再正转运行，依次循环。4）如果按动停止按钮，不管电动机处在哪个状态，电动机都要停止运行，不再循环运行。

8．某十字路口的东西方向和南北方向分别安装红、绿、黄交通信号灯。控制要求：按下起动按钮 SB1，为起动交通信号灯控制系统做准备。在按下白天工作按钮 SB3，起动交通信号灯控制系统，南北方向红灯亮 30s，而东西方向绿灯亮 25s、闪烁 3s、黄灯亮 2s；然后切换到东西方向红灯亮 30s，而南北方向绿灯亮 25s、闪烁 3s、黄灯亮 2s，如此循环。试设计交通信号灯控制系统。

第8章　S7-300 PLC 的通信与网络

8.1　S7-300 PLC 的通信

S7-300 PLC 有很强的通信功能，CPU 模块集成有 MPI 和 DP 通信接口，有的 CPU 模块还集成有 PROFIBUS-DP 和工业以太网的通信模块，以及点对点通信模块。通过 PROFIBUS-DP 或 AS-I 现场总线，CPU 与分布式 I/O 模块之间可以周期性地自动交换数据（过程映像数据交换）。在自动化系统之间，CPU 与计算机和 HMI（人机接口）站之间，均可以交换数据。数据通信可以周期性地自动进行，或基于事件驱动（由用户程序块调用）。

1. 西门子 PLC 网络结构

西门子 PLC 网络结构如图 8-1 所示，西门子 PLC 网络有 MPI 网络、工业以太网、工业现场总线、点到点连接和 AS-I 网络。

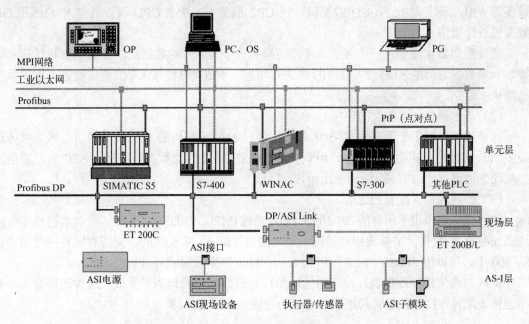

图 8-1　西门子 PLC 网络结构

1）MPI 网络。MPI 是多点通信接口，可用于单元层，PLC 通过 MPI 能同时连接运行 STEP 7 的编程器、计算机、人机界面（HMI）及其他 SIMATIC　S7 和 C7。MPI 网络只能用于连接少量的 CPU。

2）工业以太网。工业以太网是一个开放的用于工厂管理和单元层的通信系统。工业以太网被设计为对时间要求不严格，用于传输大量的数据的通信，可以通过网关设备来连接远程网络。

3）工业现场总线（PROFIBUS）。工业现场总线是开放的用于单元层和现场层的通信系统。有两个版本：对时间要求不严的 PROFUBIS，用于连接单元层上对等的智能节点；对时间要求严格的 PROFIBUS DP，用于智能主机和设备现场间的循环数据交换。

4）点到点连接。通常用于对时间要求不严格的数据交换，可以连接两个站或 OP、打印机、条码扫描器等。

5）AS-I 网络。执行器—传感器—接口简称为 AS-I，是位于自动控制系统最底层的网络，用来连接有 AS-I 接口的现场二进制设备，只能传送少量数据，例如开关的状态。

2. 网络通信的方法

网络通信可以分为全局数据通信、基本通信和扩展通信三类。

（1）全局数据通信

全局数据（GD）通信通过 MPI 在 CPU 间循环交换数据，用全局数据表来设置各 CPU 之间需要交换的数据存放的地址区和通信的速率，通信是自动实现的，不需要用户编程。当过程映像被刷新时，在循环扫描检测点进行数据交换。全局数据可以是输入、输出、标志位（M）、定时器、计数器和数据区。

S7-300 CPU 每次最多可以交换 4 个包含 22B 的数据包，最多可以有 16 个 CPU 参与数据交换。任意两个 MPI 节点之间可以串联 10 个中继器，以增加通信的距离。每次程序循环最多为 64B，最多为 16 个 GD 数据包。在 CR2 机架中，两个 CPU 可以通过 K 总线用 GD 数据包进行通信。

通过全局数据通信，一个 CPU 可以访问另一个 CPU 的数据块、存储器位和过程映像等。全局数据通信用 STEP 7 中的 GD 表进行组态。对 S7、M7 和 C7 的通信服务可以用系统功能块来建立。

（2）基本通信（非配置的连接）

这种通信可以用于所有的 S7-300 CPU，通过 MPI 或站内的 K 总线（通信总线）来传送最多 76B 的数据。在用户程序中，用系统功能（SFC）来传送数据。在调用 SFC 时，通信连接被动态地建立，CPU 需要一个自由的连接。

（3）扩展通信（配置的通信）

这种通信可以用于所有的 S7-300 CPU，通过 MPI、PROFIBUS 和工业以太网最多可以传送 64KB 的数据。扩展通信是通过系统功能块（SFB）来实现的，支持有应答的通信。在 S7-300 中，可以用 SFB15 "PUT" 和 SFB 14 "GET" 来读出或写入远端 CPU 的数据。

扩展的通信功能还能执行控制功能，如控制通信对象的起动和停机。这种通信方式需要用连接表配置连接，被配置的连接在站起动时建立并一直保持。

8.2 MPI 网络通信

8.2.1 MPI 网络

MPI（MultiPoint Interface）是多点接口的简称，是当通信速率不高、通信数据量不大时可以采用的一种简单经济的通信方式。每个 S7-300 CPU 都集成了 MPI 通信协议，MPI 的物理层是 RS-485。通过 MPI，PLC 可以同时与多个设备建立通信连接，同时连接的通信对象的个数与 CPU 的型号有关，例如 CPU 312 为 6 个，CPU 418 为 64 个等。

在计算机上应插入一块 MPI 卡，或使用 PC/MPI 适配器。通过 MPI 可以访问 PLC 所有的智能模块，如功能模块等。

联网的 CPU 可以通过 MPI 实现全局数据（GD）服务，周期性地相互交换少量的数据，最多可以与在一个项目中的 15 个 CPU 之间建立全局数据通信。

每个 MPI 节点都有自己的 MPI 地址（0～126），编程设备、人机接口和 CPU 的默认地址分别为 0、1 和 2。

在 S7-300 中，MPI 总线在 PLC 中与 K 总线（通信总线）连接在一起，S7-300 机架上 K 总线的每一个节点（功能模块 FM 和通信处理器 CP）也是 MPI 的一个节点，有自己的 MPI 地址。

通过全局数据通信，一个 CPU 可以访问另一个 CPU 的位存储器、输入/输出映像区、定时器、计数器和数据块中的数据。对 S7、M7 和 C7 的通信服务可以用系统功能块来建立。

MPI 默认的传输速率为 187.5kbit/s 或 1.5Mbit/s，与 S7-200 通信时只能指定为 19.2kbit/s。两个相邻节点间的最大传送距离为 50m，加中继器后为 1000m，使用光纤和星形连接时为 23.8km。

通过 MPI，CPU 可以自动广播其总线参数组态（如波特率），然后 CPU 可以自动检索正确的参数，并连接至一个 MPI 子网。

MPI 是一种适用于小范围、少数站点间通信的网络。在网络结构中属于单元级和现场级，通过 PROFIBUS 电缆和接头，将控制器 CPU 的 MPI 编程口相互连接以及与上位机网卡的编程口（MPI/DP）连接。

1. MPI 网络的连接规则

MPI 网络是一种总线型网络，仅用 MPI 构成的网络称为 MPI 分支网络（或 MPI 网络）。两个或多个 MPI 分支网由路由器或网间连接器连接起来，就能构成较复杂的网络结构，可实现更大范围的网络互连。

图 8-2 所示为 MPI 网络的连接示例，构建 MPI 网络时应遵守下述连接规则：

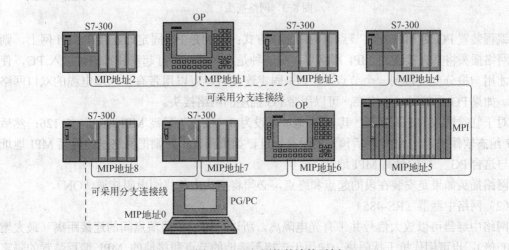

图 8-2 MPI 网络的连接示例

1）凡能接入 MPI 网络的设备均称为 MPI 网络的节点，MPI 网络可接入的设备（节点）有：编程装置（PG/PC）、操作员界面（OP）、PLC（如 S7-300/S7-400 系列，也包括 S7-200 系列）。

2）为了保证 MPI 网络通信质量，组建网络时在一根电缆的末端必须接入浪涌匹配电阻，也就是一个网络的第一个和最后一个节点处应接通终端电阻。

3）在 MPI 网络上最多可以有 32 个站。

4）MPI 通信利用 PLC 站 S7-200/300/400 和上位机（PG/PC）插卡 CP 5411、CP 5511、CP 5611 和 CP 5613 的 MPI 进行数据交换，MPI 为 RS-485 接口。如果总线电缆不直接连接到 MPI，而必须采用分支线电缆时，分支线的长度与分支线的数量有关，一根分支线时，最大长度可以是 10m，分支线最多为 6 根，每根长度限定在 5m 以内。

5）只有在起动或维护时需要用的那些编程装置 PG/DP，才用分支线把它们接到 MPI 网络上。

6）在将一个新的节点接入 MPI 网络之前，必须关掉电源。

2. MPI 网络硬件

下面简要介绍 MPI 网络的连接部件，连接 MPl 网络常用到的两种部件是网络插头和网络中继器，这两种部件也可用在后面介绍的 Profibus 现场总线中。

（1）网络插头（MN 插头）

网络插头是节点的 MPI 口与网络电缆之间的连接器。网络插头有两种类型，一种带 PG 插座，一种不带 PG 插座。网络插头如图 8-3 所示。

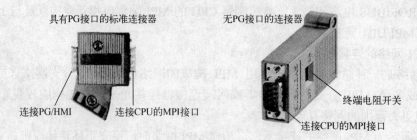

具有PG接口的标准连接器　　　　　无PG接口的连接器

终端电阻开关

连接PG/HMI　　连接CPU的MPI接口　　连接CPU的MPI接口

图 8-3　网络插头

编程装置 PG 对 MPI 网络节点有两种工作方式：一种是 PG 固定地连接在 MPI 网上，则使用网络插头将其直接连到 MPI 网络里；另一种是在对网络进行起动和维护时接入 PG，使用时才用一根分支线接到一个节点上。PG 固定连接时，可以用带有出入双电缆的双口网络插头。如果 PG 是使用时才连接，可以用带 PG 插座的网络接头。

对于临时接入的 PG 节点，其 MPI 地址可设为 0，或设为最高 MPI 地址，如 126；然后用 S7 组态软件确定此 MPI 网所预设的最高地址，如果预设小，则把网络里的最高 MPI 地址改为与这台 PG 一样的最高 MPI 地址。

网络插头如果是安装在段的起点和终点，必须将插头上的终端电阻接通（ON）。

（2）网络中继器（RS-485）

网络中继器可以放大信号并带有光电隔离，所以可用于扩展节点间的连接距离（最大增加 20 倍）；也可用作抗干扰隔离，如用于连接不接地的节点和接地的 MPI 编程装置的隔离器。对于 MPI 的网络系统，在接地的设备和不接地的设备之间连接时，应注意 RS-485 中继器的连接与使用。

3. MPI 网络参数及编址

MPI 网络符合 RS-485 标准，具有多点通信的性质，MPI 的波特率固定地设为 187.5kbit/s（连接 S7-300/400 时）或 19.2kbit/s（连接 S7-200 时）。每个 MPI 分支网有一个分支网络号，以区别不同的 MPI 分支网。每个 MPI 分支网（或称 MPI 网上的每一个节点）都有一个网络地址，称为 MPI 地址。MPI 地址的编制规则如下：

1）MPI 分支网络号默认设置为 0，在一个分支网络中，各节点要设置相同的分支网络号。

2）必须为 MPI 网络上的每一节点分配一个 MPI 地址和最高 MPI 地址。同一 MPI 分支网络上各节点地址号必须是不同的，但各节点的最高地址号均是相同的。

3）节点 MPI 地址号不能大于给出的最高 MPI 地址号，最高地址号可以是 126。为提高 MPI 网络节点的通信速度，最高 MPI 地址应设置得较小。

4）如果机架上安装有功能模块（FM）和通信模块，则它们的 MPI 地址由 CPU 的 MPI 地址顺序加 1 构成，自动分配 MPI 地址如图 8-4 所示。

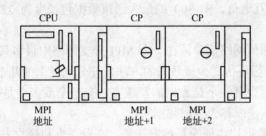

图 8-4　自动分配 MPI 地址

表 8-1 给出了出厂时一些装置的 MPI 地址默认值。

表 8-1　默认的 MPI 地址

节点（装置）	默认的 MPI 地址	默认的最高 MPI 地址
PG	0	15
OP	1	15
CPU	2	15

按上述规则组建的一个 MPI 网络，可用 STEP 7 软件包中的 Configuration 功能为每个网络节点分配一个 MPI 地址和最高地址，地址一般标在该节点外壳上。分配地址时，可对 PG、OP、CPU、CP 和 FM 等进行地址排序。网络中可以为一台维修用的 PG 预留 MPI 地址 0，为一台维护用的 OP 预留 MPI 地址 1，PG 和 OP 地址应该是不同的。

8.2.2　MPI 的通信方式

PLC 之间通过 MPI 通信可分为 3 种：全局数据包（GD）通信方式、不需要组态连接的通信方式和需要组态连接的通信方式，MPI 的通信方式如表 8-2 所示。

表 8-2 MPI 的通信方式

MPI 通信	功能块
GD（全局数据包）	无
不需要组态连接的单向通信	SFC65/SFC66
不需要组态连接的双向通信	SFC67/SFC68
需要组态连接	SFB14/SFB15

1. 全局数据包通信方式

全局数据包（GD）通信方式是以 MPI 分支网为基础，也就是说 GD 通信方式仅限于同一个分支网络内的几个 S7 系列 PLC 的 CPU 之间使用。MPI 分支网络能够包括连接不同区段的中继器，但不包括使用网间连接器或路由器而连接的通信节点。以这种通信方式实现 PLC 之间的数据交换时，只需关心数据的发送区和接收区，在配置 PLC 硬件的过程中，组态所要通信的 PLC 站之间的发送区和接收区即可，不需要任何程序处理。这种通信方式只适合 S7-300/400 之间相互通信，S7-300 的最大通信数据包长度为 22B，S7-400 的最大通信数据包长度为 64B。

全局数据包通信的通信网络简单，在一个 MPI 分支网络中最多只能有 5 个 CPU 能通过 GD 通信交换数据。采用循环传送少量数据的方法，使分支网上的几个 CPU 实现全局数据共享，这几个 CPU 中，至少有一个是数据的发送方，有一个或多个是数据的接收方。发送和接收的数据称为全局数据，或称为全局数据块。

MPI 通信通过全局数据块实现的具体方法是：在发送方和接收方 CPU 的存储器中定义全局数据块，定义在发送方 CPU 存储器中的称为发送 GD 块，定义在接收方中的称为接收 GD 块。依靠 GD 块，为发送方和接收方的存储器建立映射关系。也就是说，发送 GD 块中的信号状态会自动影响接收 GD 块；接收方对接收 GD 块的访问，相当于对发送 GD 块的访问。通信系统中发送方的 CPU 在它循环扫描的末尾发送 GD，接收方的 CPU 在它的循环扫描的开头接收 GD。

（1）全局数据包通信的数据格式

一个全局数据块（GD 块）可以由一个或几个元素组成，而 GD 元素可以是 PLC 的输入、输出、位存储器、定时器、计数器和数据块中的位、字节、字、双字或相关数组。如 I5.2（位），QB8（字节），MW30（字），T5、C6（定时器、计数器状态、位），DB 6.DBDl2（数据块双字），MB 30:4（字节相关数组），DB 6.DBB 0:3（数据块字相关数组）等，这些都是合法的 GD 元素。后面两个相关数组是 GD 元素的简洁表示方式，冒号后的数字表示该元素的个数，如 MB30:4 表示该元素由 MB 30、MB31、MB 32、MB33 连续 4 个存储字节组成，DB6.DBB0:3 表示该元素由 DB 6.DBB 0、DB 6.DBB 1、DB 6.DBB2 连续 3 个数据字节组成。

一个全局数据块虽然可由几个 GD 元素组成，但是最多不能超过 24B。在 GD 块里，相关数组、双字、字节、位等 GD 元素占用的字节数见表 8-3。

表 8-3　GD 元素占用的字节数

数据类型	所占用存储字字节数/B	一个 GD 块里最多允许数据量
一个相关数目	字节数+2B（头部信息）	一个相关的 22 个 B 数组
一个单独的双字	6	4 个单独的双字
一个单独的字	4	6 个单独的双字
一个单独的字节	3	8 个单独的双字
一个单独的位	3	8 个单独的双字

（2）全局数据包通信的实现

实现全局数据包通信之前，首先应设计好各 CPU 参与 GD 通信的 GD 块及全局数据环，然后用建立全局数表的办法来配置全局数据包通信。

所谓全局数据环（GD 环）其实是全局数据块的一个确切的分布回路，在同一个环中的 CPU，能向环中其他 CPU 发送数据或者从其他 CPU 接收数据。典型的全局数据环有两种：一种是两个以上的 CPU 组成的全局数据环，一个 CPU 定义为 GD 块的发送方，其他的 CPU 定义为 GD 块的接收方（相当于 1:N 的广播通信方式）；另一种是当只由两个 CPU 构成一个全局数据环时，一个 CPU 既能向另一个 CPU 发送 GD 块，又能接收从另一个 CPU 发来的 GD 块（相当于全双工点对点通信方式）。

在 MPI 网络进行 GD 通信的 5 个 CPU（最多 5 个）之间，可以建立多个全局数据环，但每个 S7-300 的 CPU 最多只能参与其中 4 个不同的 GD 环。

（3）全局数据包通信的应用

应用 GD 通信，就要在 CPU 中定义全局数据块，这一过程也称为全局数据通信组态。在对全局数据进行组态前，需要先执行下列任务：

1）定义项目和 CPU 程序名。

2）用 PG 单独配置项目中的每个 CPU，确定其分支网络号、MPI 地址以及最大 MPI 地址等参数。

在用 STEP 7 开发软件包进行 GD 通信组态时，由系统菜单"选项"中的"定义全局数据"程序进行 GD 表组态。具体组态步骤如下：

1）在 GD 空表中输入参与 GD 通信的 CPU 代号。

2）为每个 CPU 定义并输入全局数据，指定发送 GD。

3）第一次存储并编译全局数据表，检查输入信息语法是否为正确的数据类型，是否一致。

4）设定扫描速率，定义 GD 通信状态双字。

5）第二次存储并编译全局数据表。

编译后的 GD 表形成系统数据块，随后装入 CPU 的程序文件中，完成后即可通信。第一次编译形成的组态数据对于 GD 通信是足够的，可以从 PG 下载至各 CPU 中。若确定需要输入与 GD 通信状态或扫描速率有关的附加信息，才进行第二次编译。

扫描速率决定 CPU 用几个扫描周期发送或接收一次 GD，发送或接收的扫描速率不一定一致。扫描速率值应满足两个条件：一是发送间隔时间大于或等于 60ms；二是接收间隔时间小于发送间隔时间，否则可能导致全局数据信息丢失。扫描速率的发送设置范围为 4～255，接收设置范围为 1～255，它们的默认设置值都是 8。

2. 无组态连接的 MPI 通信方式

这种方式通过调用系统功能（SFC 65~68）来实现 MPI 通信，它适合于 S7-300/400/200 之间的通信，而且是不需要组态连接的。

通过调用 SFC 来实现 MPI 通信又可以分为两种方式：双向通信和单向通信。调用系统功能通信时和全局数据通信不能混合使用。

（1）双向通信方式

双向通信方式要求通信双方都需要调用通信块，一方调用发送块发送数据，另一方就要调用接收块来接收数据。适用于 S7-300/400 之间通信，发送块是 SFC 65（X_SEND），接收块是 SFC 66（X_RCV）。

（2）单向通信方式

与双向通信时双方都需要编写发送和接收块不同，单向通信方式只在一方编写通信程序，也就是客户机与服务器的访问模式。编写程序一方的 CPU 作为客户机，无需编写程序一方的 CPU 作为服务器，客户机调用 SFC 通信块对服务器进行访问。

这种通信方式适用于 S7-300/400 之间进行通信，S7-300/400 的 CPU 可以作为客户机或服务器，S7-200 只能作服务器。

SFC 67（X_GET）用来读取服务器指定数据区中的数据并存放到本地的数据区中，SFC 68（X_PUT）用来将本地数据区中的数据写到服务器中指定的数据区。

3. 有组态连接的 MPI 通信方式

需要组态连接的通信方式适用于 S7-400 之间以及 S7-400 与 S7-300 之间的 MPI 通信。对于 MPI 网络，调用系统功能块 SFB 进行 PLC 站之间的通信只适用于 S7-300/400、S7-400/400 之间的通信。S7-300/400 通信时，由于 S7-300 CPU 中不能调用 SFB12（BSEND）、SFB13（BRCV）、SFB14（GET）和 SFB15（PUT），不能主动发送和接收数据，只能进行单向通信，所以 S7-300 PLC 只能作为一个数据的服务器。S7-400 PLC 可以作为客户机对 S7-300 PLC 的数据进行读写操作。通信双方需要组态一个连接。

8.3 技能训练 MPI 通信

8.3.1 技能训练 1 S7-300 PLC 之间的全局数据通信

1. 训练目的

掌握全局数据块进行 MPI 通信的方法。

2. 要求

通过 MPI 网络配置，实现两个 CPU 315-2DP 之间的全局数据通信。

3. 组态步骤

（1）生成 MPI 硬件工作站

1）打开 STEP 7，首先执行菜单"文件"→"新建"命令，创建一个 S7 项目，并命名为"全局数据"。

2）选中"全局数据"项目名，然后执行菜单命令"插入"→"站点"→"SIMATIC 300 站点"，在此项目下插入两个 S7-300 的 PLC 站，分别重命名为"MPI_Station_1"和

"MPI_Station_2"。

（2）设置 MPI 网络地址

1）选择"MPI_Station_1"，用鼠标双击"硬件"图标，"硬件组态"对话框如图 8-5 所示。进入硬件组态对话框。

图 8-5 "硬件组态"对话框

2）在硬件组态对话框的右边目录树内打开"SIMATIC 300"左侧加号，选择"RACK_300"并用鼠标双击"Rail"，添加机架（0）。在 1 号槽内插入电源，在 2 号槽内插入 CPU 模块，3 号槽空出，插入相应模块如图 8-6 所示。

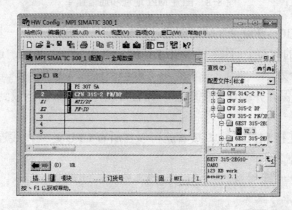

图 8-6 插入相应模块

3）用鼠标双击 2 号槽内"MPI/DP"，配置 MPI 参数。在"常规"选项卡内，单击"MPI/DP"下拉菜单，选择"MPI"，将 X1 接口配置为 MPI 口，如图 8-7 所示。

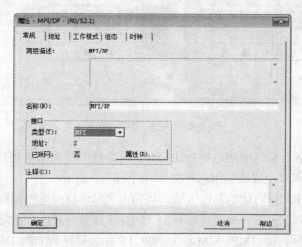

图 8-7 配置接口为 MPI 口

4）然后单击"属性"，配置 MPI 地址和通信速率，在本例中 MPI 地址分别设置为 2 号和 4 号，通信速率为 187.5kbit/s。配置 MPI 地址和通信速率如图 8-8 所示。

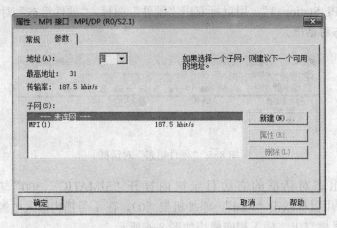

图 8-8　配置 MPI 地址和通信速率

5）组态"SIMATIC　300_2"站与组态"SIMATIC　300_1"站一样，只不过是设定该站地址的 MPI 地址的时候，不能与"SIMATIC　300_1"站重复，这里设定"SIMATIC 300_2"站的 MPI 地址为 4。

6）完成配置后，保存并编译硬件组态。最后将硬件组态数据下载到 CPU。

（3）连接网络

用 Profibus 电缆连接 MPI 节点，接着就可以与所有 CPU 建立在线连接。

（4）生成全局数据表

1）单击工具图标"▦"，打开"组态网络"窗口，如图 8-9 所示。

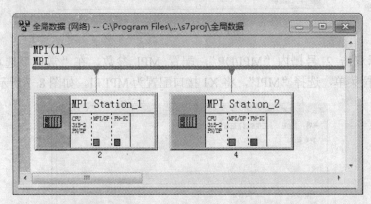

图 8-9　"组态网络"窗口

2）在"组态网络"窗口中用右键单击 MPI 网络线，在弹出的窗口中，执行菜单命令"定义全局数据"，进入"全局数据组态界面"，如图 8-10 所示。

3）用鼠标双击 GD ID 右边的灰色区域，从弹出的对话框内选择需要通信的 CPU。

CPU 栏共有 15 列，意味着最多可以有 15 个 CPU 能参与通信。在每个 CPU 栏底下填上数据的发送区和接收区，如"MPI SIMATIC 300_1"站发送区为 DB1.DBB0～DB1.DBB19，可以填写 DB1.DBB0:20，然后单击工具按钮"◇"，选择"MPI SIMATIC 300_1"站为发送站。而"MPI SIMATIC 300_2"站的接收区为 DB1.DBB0～DB1.DBB19，可以填写为 DB1.DBB0:20，并自动设为接收区。填写发送区和接收区数据如图 8-11 所示。

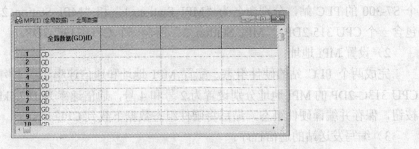

图 8-10　全局数据组态界面

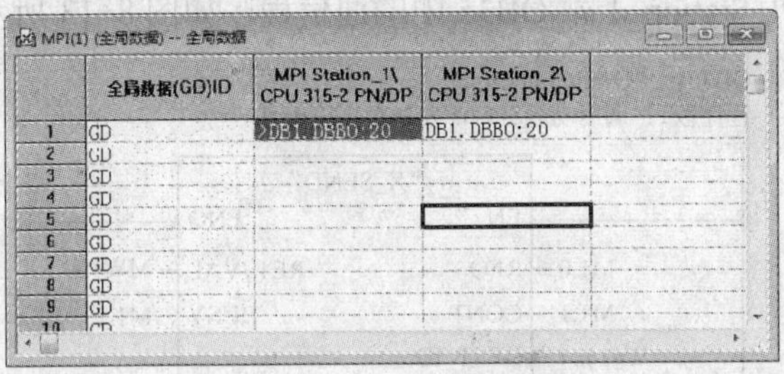

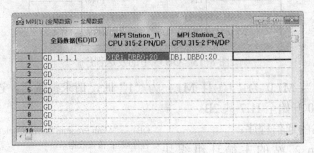

图 8-11　填写发送区和接收区数据

4）单击工具按钮"C%"，对所做的组态执行编译存盘，编译以后，每行通信区会自动产生 GD　ID 号。最后把组态数据分别下载到各个 CPU 中，这样数据就可以相互交换了。通信区自动产生 GD、ID 号如图 8-12 所示。

图 8-12　通信区自动产生 GD　ID 号

8.3.2　技能训练 2　无组态连接的 MPI 通信

1. 训练目的

掌握无组态连接的 MPI 双向通信方法。

2. 无组态连接的 MPI 双向通信

（1）要求

设两个 MPI 站分别为 MPI_Station_1（MPI 地址为设为 2）和 MPI_Station_2（MPI 地址设为 4），要求 MPI_Station_1 站发送一个数据包到 MPI_Station_2 站。

（2）步骤

1）生成 MPI 硬件工作站：

打开 STEP 7 编程软件，创建一个 S7 项目，并命名为"双向通信"。在此项目下插入两个 S7-300 的 PLC 站，分别命名为"MPI_Station_1"和"MPI_Station_2"。"MPI_Station_1"包含一个 CPU 315-2DP，"MPI_Station_2"包含一个 CPU 313C-2DP。

2）设置 MPI 地址：

完成两个 PLC 站的硬件组态，配置 MPI 地址和通信速率，在本例中 CPU 315-2DP 和 CPU 313C-2DP 的 MPI 地址分别设置为 2 号和 4 号，通信速率为 187.5kbit/s。完成后单击 按钮，保存并编译硬件组态。最后将硬件组态数据下载到 CPU 中。

3）编写发送站的通信程序：

在 MPI_Station_1 站的循环中断组织块 OB35 中调用 SFC 65，将 I0.0～I1.7 发送到 MPI_Station_2 站。MPI_Station_1 站 OB35 中的通信程序如图 8-13 所示。

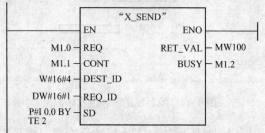

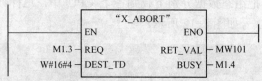

图 8-13　OB35 中的发送程序

程序段 1 中，当 M1.0 为"1"且 M1.1 为"1"时，请求被激活，连续发送第一个数据包，数据区为从 I0.0 开始至 I1.7 共 2B。

4）编写接收站的通信程序：

在 MPI_Station_2 站的主循环组织块 OB1 中调用 SFC 66，接收 MPI_Station_1 站发送的数据，并保存在 MB10 和 MB11 中。MPI_Station_2 站 OB1 中的通信程序如图 8-14 所示。

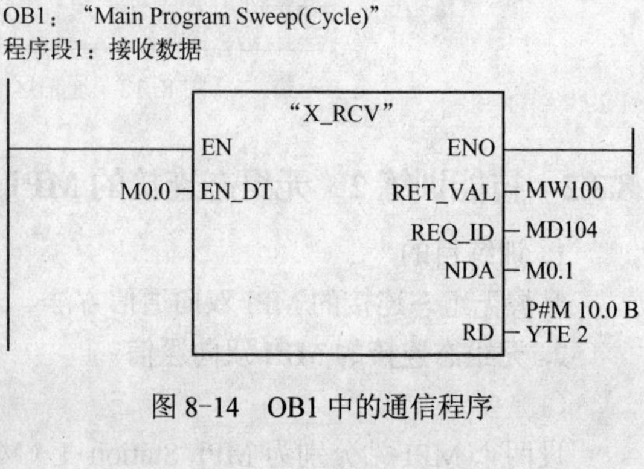

程序说明：当 M0.0 为"1"时，将接收到的数据保存到 M10.0 开始的 2B 中。

3. 无组态连接的 MPI 单向通信

（1）要求

建立两个 S7-300 站：MPI_Station_1（CPU 315-2DP，MPI 地址设置为 2）和 MPI_

OB1：　"Main Program Sweep(Cycle)"
程序段1：接收数据

图 8-14　OB1 中的通信程序

Station_2（CPU 313C-2DP，MPI 地址设置为 3）。CPU 315-2DP 作为客户机，CPU 313C-2DP 作为服务器。

（2）步骤

1）生成 MPI 硬件工作站：

打开 STEP 7 编程软件，创建一个 S7 项目，并命名为"单向通信"。在此项目下插入两个 S7-300 的 PLC 站，分别命名为"MPI_Station_1"和"MPI_Station_2"。

2）设置 MPI 地址：

硬件组态两个 PLC 站，配置 MPI 地址和通信速率，在本例中将 CPU 315-2DP 和 CPU 313C-2DP 的 MPI 地址分别设置为 2 号和 3 号，通信速率为 187.5kbit/s。完成后单击 按钮，保存并编译硬件组态。最后将硬件组态数据下载到 CPU 中。

3）编写客户机的通信程序：

在 MPI_Station_1 站通过调用系统功能 SFC 68，把本地数据区的数据 MB10 以后的 20B 存储在 MPI_Station_2 站的 MB100 以后的 20B 中。在 MPI_Station_1 站调用 SFC 67，从 MPI_Station_2 站读取数据 MB10 以后的 20B，放到本地 MB100 以后的 20B 中。

MPI_Station_1 站的通信程序如图 8-15 所示。

程序段1：调用SFC68，向服务器发送20个字节数据

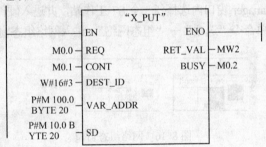

程序段2：调用SFC67，从服务器读20个字节数据

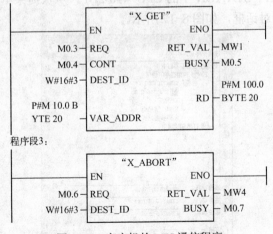

程序段3：

图 8-15　客户机的 MPI 通信程序

程序段 1 说明：当 M0.0 及 M0.1 均为"1"时，激活系统功能 SFC 68，客户机将本地发送区从 MB10 开始的 20 个字节数据发送到服务器接收区从 MB100 开始的 20B 中。

程序段 2 说明：当 M0.3 及 M0.4 均为"1"时，激活系统功能 SFC 67，客户机从服务器

数据区 MB10 开始的 20B 读取数据，放到客户机接收区从 MB100 开始的 20B 中。

程序段 3 说明：当 M0.6 为 "1" 时，中断客户机与服务器的通信连接。

8.3.3 技能训练 3　有组态连接的 MPI 单向通信

1. 训练目的

掌握有组态连接的 MPI 单向通信。

2. 要求

建立 S7-300 与 S7-400 之间的有组态 MPI 单向通信连接，CPU 416-2DP 作为客户机，CPU 315-2DP 作为服务器。要求 CPU 416-2DP 向 CPU 315-2DP 发送一个数据包，并读取一个数据包。

3. 步骤

（1）建立 S7 硬件工作站

打开 STEP 7 编程软件，创建一个 S7 项目，并命名为 "有组态单向通信"。插入一个名称为 "MPI_STATION_1" 的 S7-400 的 PLC 站，CPU 为 CPU 416-2DP，MPI 地址为 2；再插入一个名称为 "MPI_STATION_2" 的 S7-300 的 PLC 站，CPU 为 CPU 315-2DP，MPI 地址为 3。

（2）组态 MPI 通信连接

首先在 SIMATIC Manager 窗口内选择任一个 S7 工作站，并进入硬件组态窗口。然后在 STEP 7 硬件组态窗口内执行菜单命令 "选项" → "组态网络"，进入网络组态窗口，如图 8-16 所示。

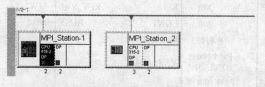

图 8-16　网络组态窗口

用鼠标右键单击 MPI_STATION_1 的 CPU 416-2DP，从快捷菜单中选择 "新建连接" 命令，出现 "新建连接" 对话框，如图 8-17 所示。

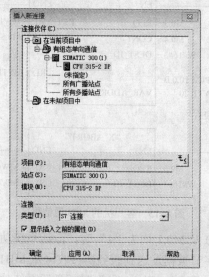

图 8-17　"新建连接" 对话框

在"连接"区域，选择连接类型为"S7 连接"，在"模块"区域选择 MPI_Station_2 工作站的 CPU 315-2DP，最后单击"确定"按钮完成连接表的建立。

组态完成后，进行编译存盘，然后将连接组态分别下载到各自的 CPU 中。

（3）编写客户机 MPI 通信程序

由于是单向通信，所以只能对 S7-400 工作站（客户机）编程，调用系统功能块 SFB 15，将数据传送到 S7-300 工作站（服务器）中。S7-400 的 MPI 通信程序如图 8-18 所示。将 S7-400 的 MPI 通信程序下载到 CPU 416-2DP 以后，就建立了 MPI 通信连接。

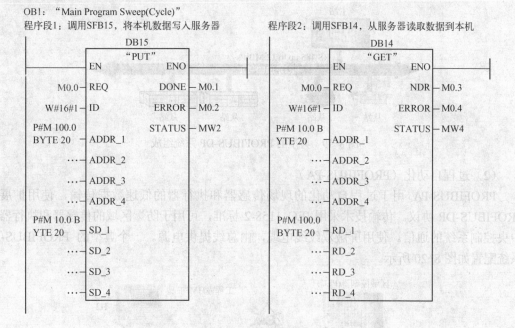

图 8-18   MPI 通信程序

8.4   PROFIBUS 网络通信

8.4.1   PROFIBUS 介绍

PROFIBUS 是目前国际上通用的现场总线标准之一。PROFIBUS 总线是 1987 年由 Siemens 公司等 13 家企业和 5 家研究机构联合开发的，1999 年 PROFIBUS 成为国际标准 IEC 61158 的组成部分，2001 年批准成为中国的行业标准 JB/T 10308.3-2001。

PROFIBUS 是 Process Fieldbus 的缩写，是一种国际化的开放式的现场总线标准，是一种功能强大的现场级网络，是西门子推出的一种适用于中等规模的标志性网络解决方案。PROFIBUS 以其通信速度高、协议开放、技术成熟等特点在加工制造、过程自动化和楼宇自动化等行业中得到了广泛的认可和应用。

1. PROFIBUS 的组成

PROFIBUS 为多主从结构，可方便地构成集中式、集散式和分布式控制系统。针对不同的控制场合，它分为 3 个系列。

（1）分布式外部设备（PROFIBUS-DP）

PROFIBUS-DP 是一种高速低成本数据传输，用于自动化系统中单元级控制设备与分布式 I/O（例如 ET 200）的通信。主站之间的通信为令牌方式，主站与从站之间为主从轮询方式，以及这两种方式的混合。一个网络中有若干个被动节点（从站），而它的逻辑令牌只含有一个主动令牌（主站），这样的网络为纯主-从系统，典型的 PROFIBUS-DP 系统组成如图 8-19 所示。典型的 PROFIBUS-DP 总线配置是以此种总线存取程序为基础，一个主站轮询多个从站。

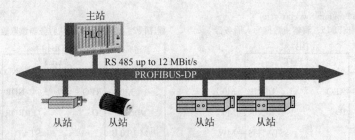

图 8-19 典型的 PROFIBUS-DP 系统组成

（2）过程自动化（PROFIBUS-PA）

PROFIBUS-PA 用于过程自动化的现场传感器和执行器的低速数据传输，使用扩展的 PROFIBUS-DP 协议。传输技术采用 IEC 1158-2 标准，可用于防爆区域的传感器和执行器与中央控制系统的通信。使用屏蔽双绞线电缆，由总线提供电源。一个典型的 PROFIBUS-PA 系统配置如图 8-20 所示。

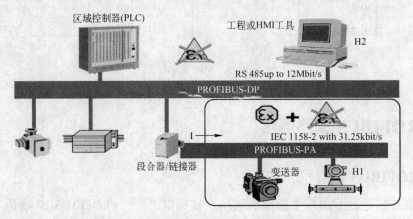

图 8-20 典型的 PROFIBUS-PA 系统配置

（3）现场总线报文规范（PROFIBUS-FMS）

PROFIBUS-FMS 可用于车间级监控网络，FMS 提供大量的通信服务，用以完成中等级传输速度进行的循环和非循环的通信服务。对于 FMS 而言，它考虑的主要是系统功能而不是系统响应时间，应用过程中通常要求的是随机的信息交换，例如改变设定参数等。FMS 服务向用户提供了广泛的应用范围和更大的灵活性，通常用于大范围、复杂的通信系统。

如图 8-21 所示，一个典型的 PROFIBUS-FMS 系统由各种自动化单元组成，如 PC、作为中央控制器的 PLC、作为人机界面的 HMI 等。

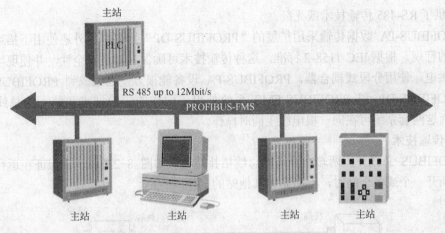

图 8-21 典型的 PROFIBUS-FMS 系统配置

2. PROFIBUS 协议的结构

根据国际标准 ISO 7498，PROFIBUS 协议的结构以开放系统互联网络 OSI 为参考模型，协议结构图如图 8-22 所示。第 1 层为物理层，定义了物理的传输特性；第 2 层为数据链路层；第 3～6 层 PROFIBUS 未使用；第 7 层为应用层，定义了应用的功能。

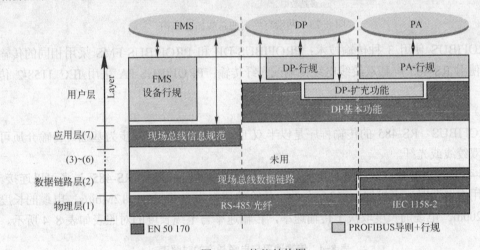

图 8-22 协议结构图

PROFIBUS-DP 是高效、快速的通信协议，它使用了第 1 层、第 2 层和用户接口，第 3 层～第 7 层未使用，这种流体型结构确保了数据传输的快速性和有效性。直接数据链路映像提供了易于进入第 2 层的用户接口，用户接口规定了用户及系统以及不同设备可以调用的应用功能，并详细说明了各种不同 PROFIBUS-DP 设备的设备行为，还提供了传输用的 RS-485 传输技术或光纤。

PROFIBUS-FMS 是通用的通信协议，对第 1、2 和 7 层均加以定义，应用层包括现场总线信息规范（FMS）和底层接口（LLI）。FMS 包括了应用协议，并向用户提供了可广泛选用的强有力的通信服务。LLI 协调了不同的通信关系，并向 FMS 提供访问的第 2 层。第 2 层现场总线数据链路（FDL）可完成总线访问控制并确保数据的可靠性，它还为 PROFIBUS-

FMS 提供了 RS-485 传输技术或光纤。

PROFIBUS-PA 数据传输采用扩展的"PROFIBUS-DP"协议，另外还使用了描述现场设备行为的行规。根据 IEC 1158-2 标准，这种传输技术可确保其本质安全性，并使现场设备通过总线供电。使用分段式耦合器，PROFIBUS-PA 设备能很方便地集成到 PROFIBUS-DP 网络。PROFIBUS-DP 和 PROFIBUS-FMS 系统使用了同样的传输技术和统一的总线访问协议，因而这两套系统可在同一根电缆上同时操作。

3. 传输技术

PROFIBUS 总线使用两端有终端的总线拓扑结构，如图 8-23 所示。保证在运行期间，接入和断开一个或多个站时，不会影响其他站的工作。

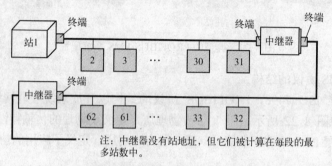

图 8-23　两端有终端的总线拓扑结构

PROFIBUS 使用 3 种传输技术：PROFIBUS-DP 和 PROFIBUS-FMS 采用相同的传输技术，可使用 RS-485 屏蔽双绞线电缆传输或光纤传输；PROFIBUS-PA 采用 IEC 1158-2 传输技术。

（1）RS-485

PROFIBUS RS-485 的传输程序是以半双工、异步及无间隙同步为基础，传输介质可以是屏蔽双绞线或光纤。

RS-485 若用屏蔽双绞线进行电气传输，不用中继器时，每个 RS-485 最多可以连接 32 个站；用中继器时，可扩展到 126 个站，传输的速率为 9.6kbit/s～12Mbit/s，电缆的长度为 100～1200m。电缆的长度取决于传输速率，传输速率与电缆长度的对照表如表 8-4 所示。

表 8-4　传输速率与电缆长度的对照表

传输速率/（kbit/s）	9.6～93.75	187.5	500	1500	3000～12000
电缆长度/m	1200	1000	400	200	100

（2）光纤

为了适应强度很高的电磁干扰环境或使用高速远距离传输，PROFIBUS 可使用光纤传输技术。使用光纤传输的 PROFIBUS 总线段可以设计成星形或环形结构。现在市面上有 RS-485 传输链接与光纤传输链接之间的耦合器，这样就实现了系统内 RS-485 和光纤传输之间的转换。

（3）IEC 1158-2

IEC 1158-2 协议规定，在过程自动化中使用固定速率 31.25kbit/s 进行同步传输，它考虑了应用于化工和石化工业时对安全的要求。在此协议下，通过采用具有本质安全的双绞线供电技术，PROFIBUS 就可以用于危险区域了，IEC 1158-2 传输技术的主要特性如表 8-5 所示。

表 8-5 IEC 1158-2 传输技术的主要特性

服 务	功 能	PROFIBUS DP	PROFIBUS FMS
SDA	发送数据需应答		√
SRD	发送和请求数据需应答	√	√
SDN	发送数据无应答	√	√
CSRD	循环发送和请求数据需应答		√

4. PROFIBUS 总线连接器

PROFIBUS 总线连接器用于连接 PROFIBUS 站与 PROFIBUS 电缆实现信号传输，一般带有内置的终端电阻，PROFIBUS 总线连接器如图 8-24 所示。

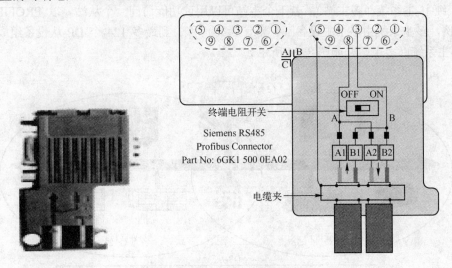

图 8-24 PROFIBUS 总线连接器

5. PROFIBUS 介质存取协议

PROFIBUS 通信规程采用了统一的介质存取协议，此协议由 OSI 参考模型的第 2 层来实现。在 PROFIBUS 协议的设计时必须考虑满足介质存取控制的两个要求。

1）在主站间通信时，必须保证在正确的时间间隔内，每个主站都有足够的时间来完成它的通信任务。

2）在 PLC 与从站（PLC 外设）间通信时，必须快速、简捷地完成循环，实时地进行数据传输。为此，PROFIBUS 提供了两种基本的介质存取控制：令牌传递方式和主从方式。

令牌传递方式可以保证每个主站在事先规定的时间间隔内都能获得总线的控制权。令牌是一种特殊的报文，它在主站之间传递着总线控制权，每个主站都可以按次序获得一次令牌，传递的次序是按地址升序进行的。主从方式允许主站在获得总线控制权时可以与从站进行通信，每一个主站均可以向从站发送或获得信息。

使用上述的介质存取方式，PROFIBUS 可以实现以下三种系统配置。

1）纯主-从系统（单主站）。单主系统可实现最短的总线循环时间。以 PROFIBUS-DP

系统为例，一个单主系统由一个 DP-1 类主站和 1 到最多 125 个 DP-从站组成，典型的纯主-从系统（单主站）如图 8-25 所示。

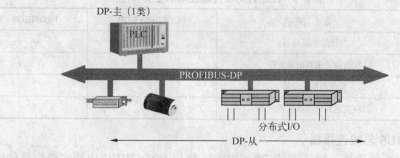

图 8-25　纯主-从系统（单主站）

2）纯主-主系统（多主站）。若干个主站可以用读功能访问一个从站。以 PROFIBUS-DP 系统为例，多主系统由多个主设备（1 类或 2 类）和 1 到最多 124 个 DP-从设备组成，典型的纯主-主系统（多主站）如图 8-26 所示。

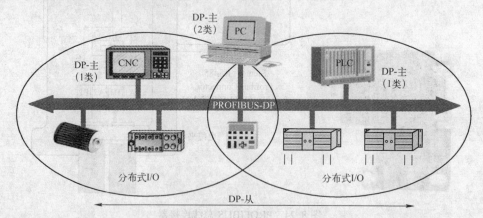

图 8-26　纯主-主系统（多主站）

3）两种配置的组合系统（多主-多从）。图 8-27 所示是一个由 3 个主站和 7 个从站构成的 PROFIBUS 多主-多从系统结构的示意图。图中 3 个主站构成一个令牌传递的逻辑环，在这个环中，令牌按照系统预先确定的地址顺序从一个主站传递给下一个主站。当一个主站得到令牌后，它就能在一定的时间间隔内执行该主站的任务，可以按照主-从关系与所有从站通信，也可以按照主-主关系与所有主站通信。

在总线系统建立的初级阶段，主站介质存取控制（MAC）的任务是决定总线上的站点分配并建立令牌逻辑环。在总线运行期间，损坏的或断开的主站必须从环中撤除，新接入的主站必须加入逻辑环。MAC 的其他任务是检测传输介质和收发器是否损坏，站点地址是否出错，以及令牌是否丢失或出现多个令牌。

PROFIBUS 第 2 层的另一个重要作用是保证数据的安全性。它按照国际标准 IEC 870-5-1 的规定，通过使用特殊的起始符和结束符、无间距字节异步传输以及奇偶校验来保证传输数据的安全。它按照非连接的模式操作，除了提供点对点通信功能外，还提供多点通带的功能、广播通信和有选择的广播组播。所谓广播通信，即主站向所有站点（主站和从站）发送信息，不要求回答。所谓有选择的广播组播，是指主站向一组站点（主站和从站）发送信息，不要求回答。

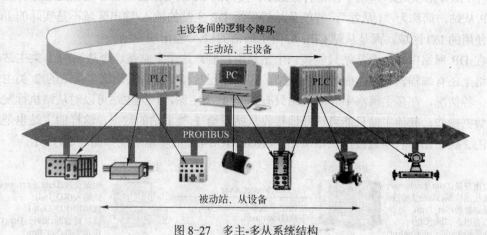

图 8-27 多主-多从系统结构

8.4.2 PROFIBUS-DP 设备

PROFIBUS-DP 在整个 PROFIBUS 应用中，应用最多、最广泛，可以连接不同厂商符合 PROFIBUS-DP 协议的设备。PROFIBUS-DP 定义三种设备类型。

（1）DP-1 类主设备（DPM1）

DP-1 类主设备（DPM1）可构成 DP-1 类主站。这类设备是一种在给定的信息循环中与分布式站点（DP 从站）交换信息，并对总线通信进行控制和管理的中央控制器。典型的设备有可编程序控制器（PLC），微机数值控制（CNC）或计算机（PC）等。

（2）DP-2 类主设备（DPM2）

DP-2 类主设备（DPM2）可构成 DP-2 类主站。这类设备在 DP 系统初始化时用来生成系统配置，是 DP 系统中组态或监视工程的工具。除了具有 1 类主站的功能外，还可以读取 DP 从站的输入/输出数据和当前的组态数据，可以给 DP 从站分配新的总线地址。属于这一类的装置包括编程器、组态装置和诊断装置、上位机等。

（3）DP-从设备

DP-从设备可构成 DP 从站。这类设备是 DP 系统中直接连接 I/O 信号的外围设备。典型 DP-从设备有分布式 I/O、ET200、变频器、驱动器、阀及操作面板等。根据它们的用途和配置，可将 SIMATIC S7 的 DP 从站设备分为以下几种。

1）紧凑型 DP 从站。

紧凑型 DP 从站具有不可更改固定结构的输入和输出区域。ET 200B 电子终端系列（B 代表 I/O 块）就是紧凑型 DP 从站。

2）模块式 DP 从站。

模块式 DP 从站具有可变的输入和输出区域，可以用 SIMATIC Manager 的 HW config 工具进行组态。ET 200M 是模块式 DP 从站的典型代表，可使用 S7-300 全系列模块，最多可有 8 个 I/O 模块，连接 256 个 I/O 通道。ET 200M 需要一个 ET 200M 接口模块（IM 153）与 DP 主站连接。

3）智能 DP 从站

在 PROFIBUS-DP 系统中，带有集成 DP 接口的 CPU，或 CP 342-5 通信处理器可用作智能 DP 从站，简称为"I 从站"。智能从站提供给 DP 主站的输入/输出区域不是实际的 I/O 模块所使用的 I/O 区域，而是从站 CPU 专用于通信的输入/输出映像区。

在 DP 网络中，一个从站只能被一个主站所控制，这个主站是这个从站的 1 类主站；如果网络上还有编程器和操作面板控制从站，这个编程器和操作面板是这个从站的 2 类主站。另外一种情况，在多主网络中一个从站只有一个 1 类主站，1 类主站可以对从站执行发送和接收数据操作，其他主站只能可选择地接收从站发给 1 类主站的数据，这样的主站也是这个从站的 2 类主站，它不直接控制该从站。PROFIBUS-DP 的基本功能如图 8-28 所示。

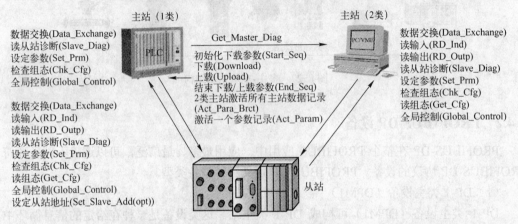

图 8-28 PROFIBUS-DP 的基本功能

8.5 技能训练 PROFIBUS 通信

PROFIBUS 是 SIMATIC S7 系统构成中的一个重要组成部分。使用 STEP 7 组态工具，可以将那些用 DP 分散连接的 I/O 外设完全集中在一个系统中。某些分布很广的系统，例如大型仓库、码头和自来水厂等，可以采用基于 PROFIBUS-DP 网络的分布式 I/O，将它们放置在离传感器和执行机构较近的地方。分布式 I/O 可以减少大量的接线。

PROFIBUS-DP 最大的优点是使用简单方便，在大多数应用中，只需对网络通信作简单的组态，不用编写任何通信程序，就可以实现 DP 网络的通信。用户对远程 I/O 的访问，就像访问中央机架中的 I/O 一样。使用最多的分布式 I/O 是西门子公司的 ET 200，通过安装 GSD 文件，使符合 PROFIBUS-DP 标准的其他厂家的设备也可以在 STEP 7 中组态。下面通过实例介绍 PROFIBUS 通信的组态与编程。

8.5.1 技能训练 4 主站与智能从站主从通信方式的组态

1. 训练目的
掌握主站与智能从站主从通信方式的组态方法。

2. PROFIBUS-DP 系统结构
以两个 CPU 315-2DP 之间主从通信为例练习连接智能从站的组态方法。PROFIBUS-DP

系统结构如图 8-29 所示,系统由一个 DP 主站和一个智能 DP 从站构成。

1)DP 主站:由 CPU 315-2DP(6ES7 315-2AG10-0AB0)和 SM 374 构成。

2)DP 从站:由 CPU 315-2DP(6ES7 315-2AG10-0AB0)和 SM 374 构成。

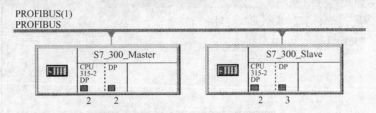

图 8-29　PROFIBUS-DP 系统结构

3. 组态智能从站

在对两个 CPU 主-从通信组态配置时,原则上要先组态从站。

(1)新建 S7 项目

打开 SIMATIC 管理器窗口,创建一个新项目,并命名为"DP 主从通信"。执行菜单命令"插入"→"站点"→"SIMATIC 300 站",插入两个 S7-300 站,分别命名为 S7-300_Master 和 S7-300_Slave,创建 S7-300 主从站如图 8-30 所示。

图 8-30　创建 S7-300 主从站

(2)硬件组态

1)在 SIMATIC 管理器窗口内,单击 S7_300_Slave 图标,然后在右视窗内用鼠标双击硬件图标;进入硬件组态窗口。按硬件安装次序依次插入机架、电源、CPU 和 SM 374(需用其他信号模块代替,如 SM 323 DI8/DO8 24VDC 0.5A)等完成硬件组态,如图 8-31 所示。

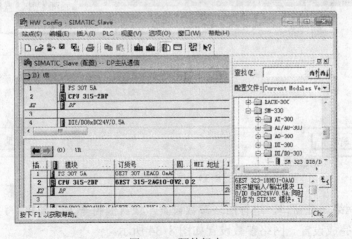

图 8-31　硬件组态

255

2）插入 CPU 时会同时弹出 PROFIBUS 接口组态窗口，用鼠标双击 DP 插槽，打开 DP 属性窗口，组态从站网络属性如图 8-32 所示。

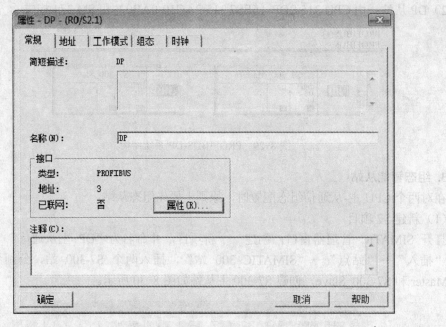

图 8-32　组态从站网络属性

3）单击图 8-32 中的"属性"按钮，选择 3 号站点。弹出如图 8-33 所示窗口。

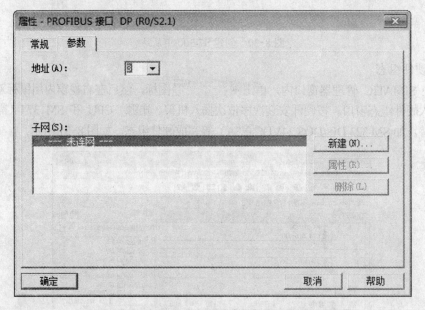

图 8-33　选择 3 号站点

4）切换到网络属性窗口，进行网络参数设置，设置波特率为 1.5Mbit/s，行规为 DP，单击"确定"按钮完成设置。网络参数设置如图 8-34 所示。

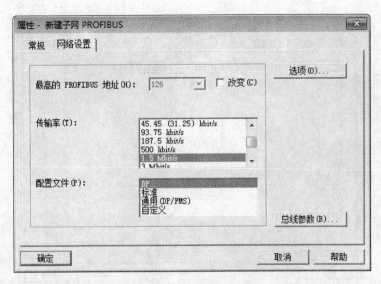

图 8-34　网络参数设置

（3）DP 模式选择

选中 PROFIBUS 网络，进入"DP"属性对话框，选择"工作模式"选项卡，选择"DP
从站"操作模式。如果"测试、调试和路由"选项被激活，则意味着这个接口既可以作为
DP 从站，同时还可以通过这个接口监控程序，DP 模式选择如图 8-35 所示。

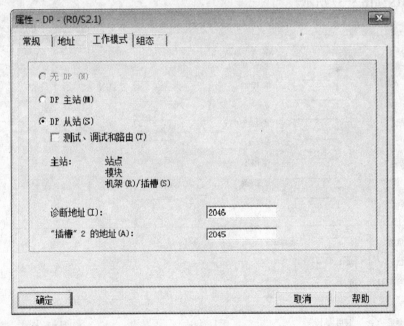

图 8-35　DP 模式选择

（4）定义从站通信接口区

1）在 DP 属性对话框中，选择"组态"选项卡，打开 I/O 通信接口区属性设置窗口，选
择"组态"选项卡如图 8-36 所示。

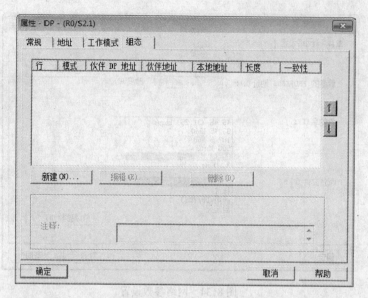

图 8-36 选择"组态"选项卡

2）单击"新建"按钮，新建一行通信接口区。可以看到当前组态模式为"主站-从站组态"。注意此时只能对本地（从站）进行通信数据区的配置。

3）设置区域类型为"输入"，地址为"20"；设置区域大小、单位及发送格式。定义从站通信接口区如图 8-37 所示。

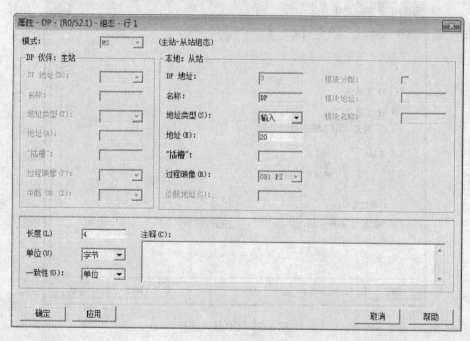

图 8-37 定义从站通信接口区

4）设置完成后，单击"确定"按钮。按照同样的方法创建一个输出区，长度为 4B，设置完成后，可以在属性窗口中看到这两个通信接口区。从站通信接口层如图 8-38 所示。

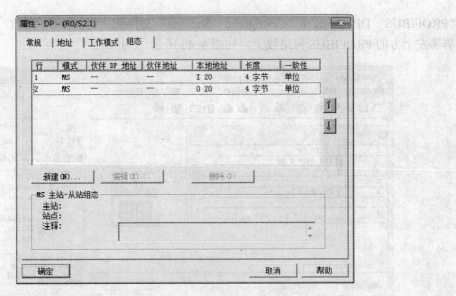

图 8-38　从站通信接口区

（5）编译组态

通信设置完成后，单击 ![按钮] 按钮编译并存盘，编译完成后即完成从站的组态。

4. 组态主站

完成从站组态后，就可以对主站进行组态，基本过程与从站相同。在完成基本硬件组态后还需对 DP 接口参数进行设置，本例中将主站地址设置为 2，并选择与从站相同的 PROFIBUS 网络"PROFIBUS（1）"，波特率以及行规与从站设置相同。

然后在"DP 属性"设置对话框中，切换到"工作模式"选项卡，选择 DP 主站。DP 属性设置如图 8-39 所示。

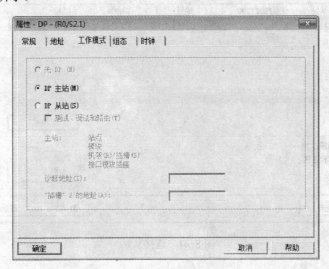

图 8-39　DP 属性设置

5. 连接从站

1）在 SIMATIC 管理器中，用鼠标双击右边的"硬件"窗口，打开硬件目录，在

"PROFIBUS DP" 下选择 "Configured Stations" 文件夹, 将其中的 "CPU 31x" 拖放到屏幕左上方的 PROFIBUS 网络线上, 如图 8-40 所示。

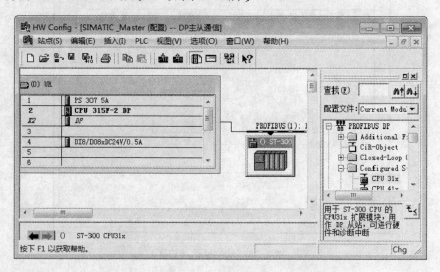

图 8-40 将 "CPU 31x" 拖放到 PROFIBUS 网络线上

2) "DP 从站属性" 对话框的连接对话框自动打开, 选中列表中的 "CPU 315-2DP", 单击 "连接" 按钮, 该从站被连接到 DP 网络上。连接从站如图 8-41 所示。

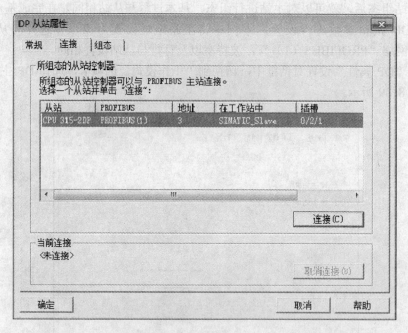

图 8-41 连接从站

6. 编辑通信接口区

1) 连接完成后, 用鼠标双击已经连接到 PROFIBUS 网络上的 DP 从站, 打开 DP 从站属性对话框的 "组态" 选项卡, 为主从通信双方用于通信的输入/输出地址区。

2）单击"新建"按钮，在出现的对话框中，设置第一行参数，每次可以设置智能从站与主站一个方向的通信使用的 I/O 地址区，本例设置一个输入和一个输出区，其长度均为 4B。其中，主站的输出区 QB10～QB13 与从站的输入区 IB20～IB23 相对应；主站的输入出 IB10～IB13 与从站的输出区 QB20～QB23 相对应，编辑通信接口区如图 8-42 所示，设置好后，单击"确定"按钮。

3）确认上述设置后，在硬件组态窗口中，单击 ▓ 按钮编译并保存，编译无误后即完成主从通信组态配置。

配置完成后，分别将配置数据下载到各自的 CPU 中初始化通信接口数据。

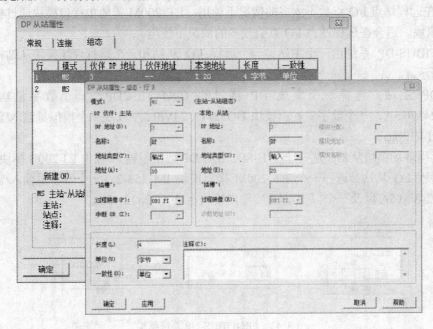

图 8-42 编辑通信接口区

7. 编写程序

为了调试网络，可以在主站和从站的 OB1 中分别编写读/写程序，从对方读取数据。控制操作过程：IB0（从站输入模块）→QB20（从站输出数据区）→QB0（主站输出模块）；IB0（主站输入模块）→QB10（主站输出数据区）→QB0（从站输出模块）。

1）从站的读/写程序：

```
L      IB0       //读本地输入到累加器 1
T      QB20      //将累加器 1 中的数据送到从站通信输出映像区
L      IB20      //从从站通信输入映像区读数据到累加器 1
T      QB0       //将累加器 1 中的数据送到本地输出端口
```

2）主站的读/写程序：

```
L      IB0       //读本地输入读数据到累加器 1
T      QB10      //将累加器 1 中的数据送到主站通信输出映像区
L      IB10      //从主站通信输入映像区读数据到累加器 1
```

　　　　T　　　　　QB0　　　　//将累加器 1 中的数据送到本地输出端口

8.5.2　技能训练 5　CPU 集成 DP 接口连接远程 I/O 站

1. 训练目的
掌握 CPU 集成 DP 接口连接远程 I/O 站的方法。

2. PROFIBUS-DP 系统结构
ET 200 系列是远程 I/O 站，为减少信号电缆的敷设，可以在设备附近根据不同的要求放置不同类型的 I/O 站，如 ET 200M、ET 200B、ET 200X 及 ET 200S 等。ET 200B 自带 I/O 点，适合在远程站点 I/O 点数不太多的情况下使用；ET 200M 需要由接口模块通过机架组态标准 I/O 模块，适合在远程站点 I/O 点数较多的情况下使用。

PROFIBUS-DP 系统由一个主站、一个远程 I/O 从站和一个远程现场模块从站构成，如图 8-43 所示。

1）DP 主站：选择一个集成 DP 接口的 CPU 315-2DP、一个数字量输入模块 DI32×DC24V/0.5A、一个数字量输出模块 DO32×DC24V/0.5A 以及一个模拟量输入/输出模块 AI4/AO4×14/12bit。

2）远程现场模块从站：选择一个 B-8DI/8DO DP 数字量输入/输出 ET 200B 模块。

3）远程 I/O 从站：选择一个 ET 200M 接口模块 IM 153-2、一个数字量输入/输出模块 DI8/DO8×24V/0.5A 以及一个模拟量输入/输出模块 AI2/AO2×12/12bit。

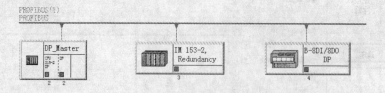

图 8-43　PROFIBUS-DP 系统结构

3. 组态 DP 主站
（1）新建 S7 项目

打开 SIMATIC 管理器窗口，执行"文件"→"新建"命令，创建一个新项目，并命名为"DP_ET200"。

（2）插入 S7-300 工作站

单击项目名"DP_ET200"，执行菜单命令"插入"→"站点"→"SIMATIC 300 站"，插入 S7-300 工作站，并命名为"DP_Master"，创建 S7-300 主站如图 8-44 所示。

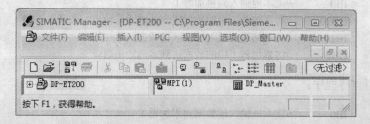

图 8-44　创建 S7-300 主站

（3）硬件组态

单击"DP_Master"，在右视窗中用鼠标双击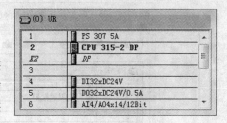硬件图标，进入硬件配置窗口，按硬件安装次序依次插入机架 Rail、电源 PS 307 5A、CPU 315-2DP、DI32×DC24V、DO32×DC24V/0.5A 及 AI4/AO4×14/12bit 等，硬件组态如图 8-45 所示。

（4）设置 PROFIBUS

插入 CPU 315-2DP 的同时弹出 PROFIBUS 组态界面；也可以在插入 CPU 后，用鼠标双击 DP 插槽，打开 DP 属性窗口，单击"属性"按钮，组态 PROFIBUS 站地址，本例设为 2。然后新建 PROFIBUS 子网，保持默认名称 PROFIBUS（1）。切换到"网络设置"选项卡，设置波特率和行规，本例波特率设为 1.5Mbit/s，行规选择 DP。

图 8-45　硬件组态

单击"OK"按钮，返回硬件组态窗口，并将已组态完成的 DP 主站显示在上面的视窗中，组态完成的 DP 主站如图 8-46 所示。

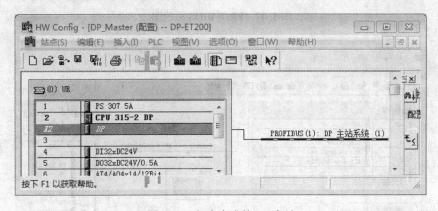

图 8-46　组态完成的 DP 主站

4. 组态远程 I/O 从站 ET 200M

ET 200M 是模块化的远程 I/O，可以组态机架，并配置标准的 I/O 模板。本例将在 ET 200M 机架上组态一个 DI8/DO8×24V/0.5A 数字量输入/输出模块、一个 AI2×12bit 模拟量输入模块和一个 AO2×12bit 的模拟量输出模块。

（1）组态 ET 200M 的接口模块 IM 153-2

在硬件配置窗口内，打开硬件目录，从"PROFIBUS-DP"子目录下找到"ET 200M"子目录，选择接口模块 IM153-2，并将其拖放到"PROFIBUS（1）：DP master system"线上，鼠标变为"+"号后释放，自动弹出 IM 153-2 的属性窗口。

IM 153-2 硬件模块上有一个拨码开关，可设定硬件站点地址，在属性窗口内所定义的站点地址必须与 IM 153-2 模块上所设定的硬件站点地址相同，本例将站点地址设为 3。其他保持默认值，即波特率为 1.5Mbit/s，行规选择 DP，PROFIBUS 系统图如图 8-47 所示。

（2）组态 ET 200M 上的 I/O 模块

在 PROFIBUS 系统图上单击 IM 153-2 图标，在下面的视窗中显示 IM 153-2 机架。然后按照与中央机架完全相同的组态方法,从第 4 个插槽开始,依次将接口模块 IM 153-2 目录下的 DI8/DO8×24V/0.5A、AI2×12bit 和 AO2×12bit 插入 IM153-2 的机架,组态 ET 200M 从站如图 8-48 所示。

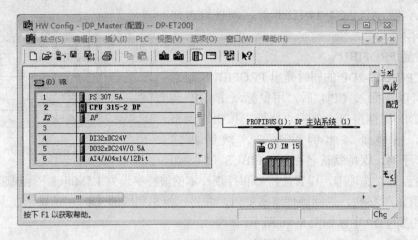

图 8-47 PROFIBUS 系统图

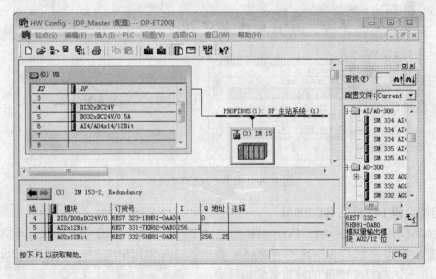

图 8-48 组态 ET 200M 从站

远程 I/O 站点的 I/O 地址区不能与主站及其他远程 I/O 站的地址重叠,组态时系统会自动分配 I/O 地址。如果需要,在 IM 153-2 机架插槽内,用鼠标双击 I/O 模块可以更改该模块地址,本例保持默认值。单击"保存"按钮,编译并保存组态数据。

5. 组态远程现场模块 ET 200B

ET 200B 为远程现场模块,有多种标准型号。本例将组态一个 B-8DI/8DO DP 数字量输入/输出 ET 200B 模块。

在硬件组态窗口内,打开硬件目录,从"PROFIBUS-DP"子目录下找到"ET 200B"子目录,选择 B-8DI/8DO DP,并将其拖放到"PROFIBUS(1):DP master system"线上,鼠标变为"+"号后释放，在自动弹出的 B-8DI/8DO DP 属性窗口内，设置 PROFIBUS 站点地址为 4，波特率为 1.5Mbit/s，行规选择 DP。完成后的 PROFIBUS 系统如图 8-49 所示。

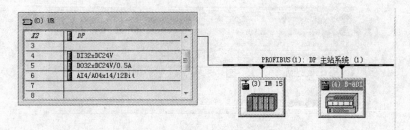

图 8-49　组态 ET 200B 从站

组态完成后单击 按钮，编译并保存组态数据。

若有更多的从站（包括智能从站），可以在 PROFIBUS 系统上继续添加，所能支持的从站个数与 CPU 类型有关。CPU 31x-2DP 及 CPU 41x-2DP 的集成接口最多支持 125 个从站。

8.5.3　技能训练 6　通过 CP 342-5 实现 PROFIBUS 通信

1. 训练目的

掌握用 CP 342-5 实现 PROFIBUS 通信的方法。

2. CP 342-5 作主站的 PROFIBUS-DP 组态

CP 342-5 是 S7-300 系列的 PROFIBUS 通信模块，带有 PROFIBUS 接口，可以作为 PROFIBUS-DP 的主站也可以作为从站，但不能同时作主站和从站，而且只能在 S7-300 的中央机架上使用，不能放在分布式从站上使用。

由于 S7-300 PLC 系统的 I 区和 Q 区有限，因此通信时会有些限制。而用 CP 342-5 作为 DP 主站和从站不一样，它对应的通信接口不是 I 区和 Q 区，而是虚拟通信区，需要调用 FC1 和 FC2 建立接口区。

（1）PROFIBUS-DP 系统结构

PROFIBUS-DP 系统结构图如图 8-50 所示，系统由一个主站和一个从站构成。

1）DP 主站：CP 342-5 和 CPU 315-2DP。

2）DP 从站：选用 ET 200M。

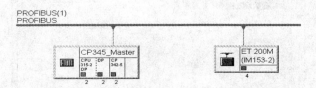

图 8-50　PROFIBUS-DP 系统结构图

（2）组态 DP 主站

1）新建 S7 项目。启动 STEP 7，打开 SIMATIC 管理器，执行菜单命令"文件"→"新建"，创建 S7 项目，并命名为"CP 342-5 主站"。

2）插入 S7-300 工作站。单击项目名"CP 342-5 主站"，执行菜单命令"插

入"→"站"→"S7-300 站",插入 S7-300 工作站,并命名为"CP 345_Master",如图 8-51
所示。

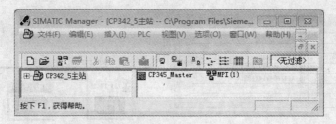

图 8-51   插入 S7-300 工作站

3）硬件组态。

单击"CP 345_Master",在右视窗中用鼠标双击"硬件"图标,进入硬件配置窗口。按
硬件安装次序依次插入机架 Rail、电源 PS307 5A、CPU 315-2DP 和 CP 342-5 等。

插入 CPU 315-2DP 的同时弹出 PROFIBUS 组态界面,
可组态 PROFIBUS 站地址。由于本例将 CP 342-5 作为 DP
主站,所以对 CPU 315-2DP 不需做任何修改,直接单击
"确定"按钮,硬件组态如图 8-52 所示。

4）设置 PROFIBUS 属性。

插入 CP 342-5 的同时也会弹出 PROFIBUS 组态界面,
本例将 CP 342-5 作为主站,可将 DP 站点地址设为 2（默
认值）,然后新建 PROFIBUS 子网,保持默认名称

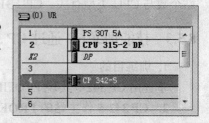

图 8-52   硬件组态

PROFIBUS（1）。切换到"网络设置"选项卡,设置波特率和行规,本例波特率设为
1.5Mbit/s,行规选择 DP。

在机架上用鼠标双击 CP 342-5,弹出 CP 342-5 属性对话框中,切换到"工作模式"选
项卡,选择"DP 主站"模式,其他保持默认值,CP 342-5 设置为 DP 主站如图 8-53 所示。

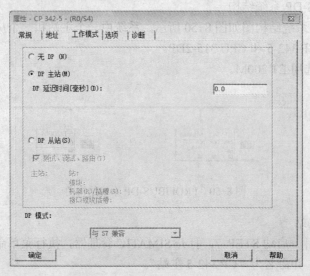

图 8-53   CP 342-5 设置为 DP 主站

单击"确定"按钮，完成 DP 主站的组态，返回硬件组态窗口，完成 DP 主站组态如图 8-54 所示。

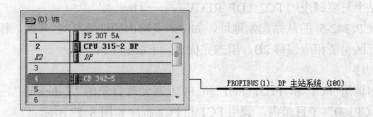

图 8-54　完成 DP 主站组态

（3）组态 DP 从站

在硬件配置窗口内，打开硬件目录，打开"PROFIBUS-DP"→"DP V0 Slaves"→"ET 200M"子目录，选择接口模块 ET 200M（IM153-2），并将其拖放到"PROFIBUS（1）：DP master system"线上，鼠标变为"+"号后释放，自动弹出的 IM 153-2 属性窗口。选择 DP 站点地址为 4，其他保持默认值，PROFIBUS-DP 系统如图 8-55 所示。

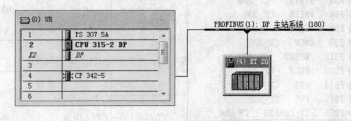

图 8-55　PROFIBUS-DP 系统

在 PROFIBUS 系统图上单击 ET 200M（IM153-2）图标，在下面的视窗中显示 ET 200M （IM153-2）机架。然后按照与中央机架完全相同的组态方法，从第 4 个插槽开始，依次将 ET 200M（IM153-2）目录下的 16DI 虚拟模块 6ES7 321-1BH01-0AA0 和 16DO 虚拟模块 6ES7 322-1BH01-0AA0 插入 ET 200M（IM153-2）的机架中，ET 200M 机架组态如图 8-56 所示。

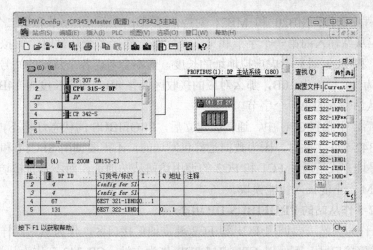

图 8-56　ET 200M 机架组态

267

ET 200M（IM153-2）输入及输出点的地址从 0 开始，是虚拟地址映射区，而不占用 I 区和 Q 区，虚拟地址的输入区在主站上与要调用的 FC1（DP_SEND）一一对应，虚拟地址的输出区在主站上与要调用的 FC2（DP_RECV）一一对应。

如果修改 CP 342-5 的从站起始地址，如输入及输出的地址从 2 开始，相应的 FC1 和 FC2 对应的地址区也要相应偏移 2B，组态完成后，下载到 CPU 中。

（4）编写程序

在 OB1 内调用 FC1 和 FC2，FC1 和 FC2 在元件目录的"Libraries"→"SIMATIC_NET_CP"→"CP300"子目录内，调用 FC1 和 FC2 程序如图 8-57 所示。

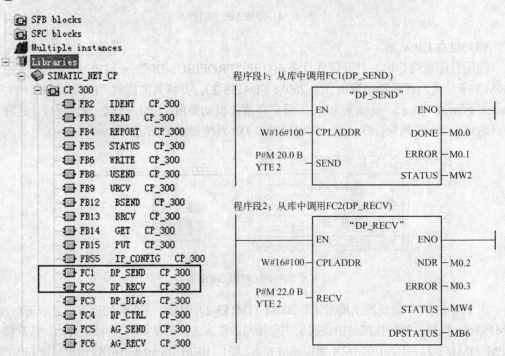

图 8-57　调用 FC1 和 FC2 程序

通过读写程序可知，MB20 和 MB21 对应从站输出的第一个字节和第二个字节，MB22 和 MB23 对应从站输入的第一个字节和第二个字节。连接多个从站时，虚拟地址将向后延续，调用 FC1 和 FC2 时只考虑虚拟地址的长度，而不会考虑各个从站的站号。如果虚拟地址输入区开始为 4，长度为 10B，那么对应的接收区偏移 4B，相应长度为 14B，接收区的第 5 个字节对应从站输入的第一个字节。

编写程序后，下载到 CPU 中，通信区建立后，PROFIBUS 的状态灯将不再闪烁。

使用 CP 342-5 作主站时，因为数据是打包发送的，不需要调用 SFC14 和 SFC15；又由于 CP 342-5 寻址方式是通过 FC1 和 FC2 的调用访问从站地址，而不是直接访问 I/O 区，所以，在 ET 200M 上不能插入智能模块。

3. CP 342-5 作从站的 PROFIBUS-DP 组态

CP 342-5 作为主站需要调用 FC1 和 FC2 建立通信接口区，作为从站同样需要调用 FC1 和 FC2 建立通信接口区，下面以 CPU 315-2DP 作为主站，CP 342-5 作为从站举例说明 CP

342-5 作为从站的应用。主站发送 32B 给从站，同样从站发送 32B 给主站。

（1）PROFIBUS-DP 系统结构

PROFIBUS-DP 系统由一个 DP 主站和一个 DP 从站构成，PROFIBUS-DP 系统结构如图 8-58 所示。

1）DP 主站：CPU 315-2DP。

2）DP 从站：选用 S7-300，CP 342-5。

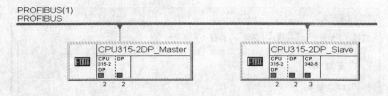

图 8-58　PROFIBUS-DP 系统结构

（2）组态从站

1）新建 S7 项目。启动 STEP 7，打开 SIMATIC 管理器，执行菜单命令"文件"→"新建"，创建 S7 项目，并命名为"CP 342-5 从站"。

2）插入 S7-300 工作站。单击项目名"CP 342-5 从站"，执行菜单命令"插入"→"站"→"S7-300 站"，插入 S7-300 工作站，并命名为"CPU 315-2DP_Slave"，插入 S7-300 工作站如图 8-59 所示。

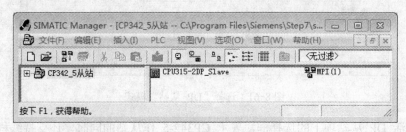

图 8-59　插入 S7-300 工作站

3）硬件组态。单击"CPU 315-2DP_Slave"，在右视窗中用鼠标双击"硬件"图标，进入硬件配置窗口。按次序依次插入机架 Rail、电源 PS3075A、CPU 315-2DP 及 CP 342-5 等。

插入 CPU 315-2DP 的同时会弹出 PROFIBUS 组态界面，可组态 PROFIBUS 站地址。由于本例使用 CP 342-5 作为 DP 从站，所以对 CPU 315-2DP 不需做任何修改，直接单击"保存"按钮，硬件组态如图 8-60 所示。

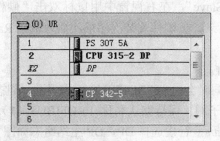

图 8-60　硬件组态

4）设置 PROFIBUS 属性。

插入 CP 342-5 的同时也会弹出 PROFIBUS 组态界面，本例将 CP 342-5 作为从站，可将
DP 站点地址设为 3，然后新建 PROFIBUS 子网，保持默认名称 PROFIBUS（1）。切换到
"网络设置"选项卡，设置波特率为 1.5Mbit/s，行规选择 DP。单击"确定"按钮完成。

在机架上用鼠标双击 CP 342-5，弹出 CP 342-5 属性对话框中，切换到"工作模式"选
项卡，选择"DP 从站"模式，如图 8-61 所示。

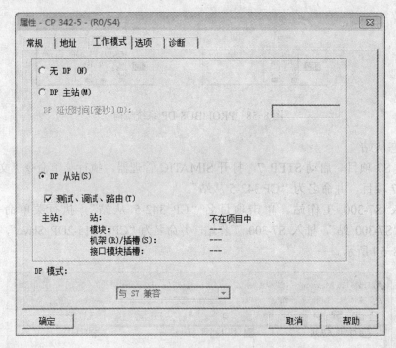

图 8-61 选择"DP 从站"模式

如果激活 DP 从站项下的选择框，表示 CP342-5 作从站的同时，还支持编程功能和 S7
协议。单击"确定"按钮。完成 DP 从站组态。返回硬件窗口，组态完成后编译存盘并下载
到 CPU 中。

（3）组态主站

1）插入 S7-300 工作站。单击项目名"CP 342-5 从站"，执行菜单命令"插入"→
"站"→"S7- 300 站"，插入 S7-300 工作站，并命名为"CPU 315-2DP_Master"。

2）硬件组态。

单击"CPU 315-2DP_Slave"，在右视窗中用鼠标双击"硬件"图标，进入硬件配置窗
口。单击▥图标打开硬件目录，按硬件安装次序依次插入机架 Rail、电源 PS307 5A 及 CPU
315-2DP 等。

3）设置 PROFIBUS 属性。

插入 CPU 315-2DP 的同时会弹出 PROFIBUS 组态界面，组态 PROFIBUS 站地址，本例
设为 2。新建 PROFIBUS 子网，保持默认名称 PROFIBUS（1）。切换到"网络设置"选项
卡，设置波特率设为 1.5Mbit/s，行规选择 DP，DP 主站组态如图 8-62 所示。

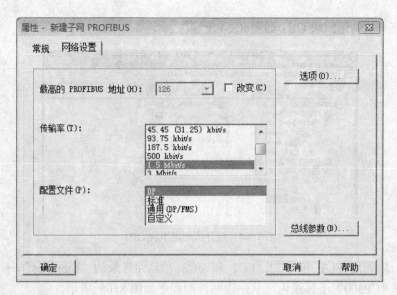

图 8-62　DP 主站组态

（4）建立通信接口区

在硬件目录中的"PROFIBUS-DP"→"Configured Stations"→"S7-300 CP 342-5"子目录内选择与从站内 CP 342-5 订货号及版本号相同的 CP 342-5（本例选择"6GK7 342-5DA02-0XE0"→"V5.0"），然后拖放到"PROFIBUS（1）：DP master system"线上，鼠标变为"+"号后释放，刚才已经组态完的从站出现在弹出的列表中。单击"连接"按钮，将从站连接到主站的 PROFIBUS 系统上，建立 PROFIBUS 主从连接，如图 8-63 所示。

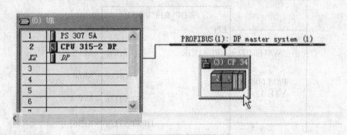

图 8-63　建立 PROFIBUS 主从连接

连接完成后，单击 DP 从站，组态通信接口区，在硬件目录中的"PROFIBUS-DP"→"Configured Stations"→"S7-300 CP 342-5"→"6GK7 342-5DA02-0XE0"→"V5.0"子目录内选择插入 32B 的输入和 32B 的输出。如果选择"Total"，主站 CPU 要调用 SFC14 和 SFC15 对数据包进行处理，本例中选择按字节通信，在主站中不需要对通信进行编程。

组态完成后编译、存盘并下载到 CPU 中，可以修改 CP5611 参数，使之可以连接到 PROFIBUS 网络上同时对主站和从站编程。主站发送到从站的数据区为 QB0～QB31，主站接收从站的数据区为 IB0～IB31，从站需要调用 FC1 和 FC2 建立通信区。

（5）从站编程

在 SIMATIC 管理器窗口内打开从站，用鼠标双击 OB1 图标，打开程序编辑器对 OB1

进行编程，打开从站组织块 OB1 如图 8-64 所示。

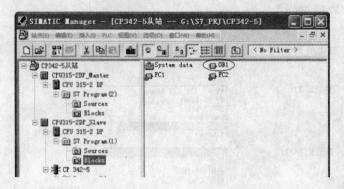

图 8-64　打开从站组织块 OB1

在 OB1 内调用 FC1 和 FC2，FC1 和 FC2 在元件目录的"Libraries"→"SIMATIC_NET_CP"→"CP300"子目录内，从站读写控制程序如图 8-65 所示。

程序段1：从库中调用FC1(DP_SEND)

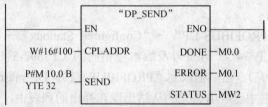

程序段2：从库中调用FC2(DP_RECV)

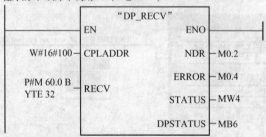

图 8-65　从站读写控制程序

编译、存盘并下载到 CPU 中，这样通信接口区就建立起来了，通信接口区对应关系如下：

主站 CPU 315-2DP	从站 CP 342-5
QB0～QB31	MB60～MB91
IB0～IB31	MB10～MB41

8.6　习题

1. 填空题

1）西门子 PLC 网络有_____、_____、_____、_____和_____。

2）网络通信可以分为_____、_____及_____ 3 类。

3）为了保证 MPI 网络通信质量，组建网络时在一根电缆的末端必须接入_____，也就是一个网络的_____处应接通终端电阻，在 MPI 网络上最多可以有_____个站。

4）MPI 的波特率固定地设为_____或_____。每个 MPI 分支网有一个_____，每个 MPI 分支网都有一个_____，称为 MPI 地址。

5）PLC 之间通过 MPI 通信可分为_____、_____和_____3 种。

6）RS-485 若用屏蔽双绞线进行电气传输，不用中继器时，每个 RS-485 最多连接_____个站；用中继器时，可扩展到_____个站，传输的速率为_____，电缆的长度为_____。

7）PROFIBUS-DP 单主系统可实现最短的_____时间。一个单主系统由_____和_____DP 从站组成。

2. 什么是全局数据通信，它有什么特点？

3. MPI 网络的连接规则是什么？

4. 全局数据包通信方式有什么特点？

5. 简述 PROFIBUS 的组成。

6. 简述 PROFIBUS 协议的结构。

7. 进行 MPI 网络配置，实现两个 CPU 313C-2DP 之间的全局数据通信。

8. 用无组态 MPI 通信方式，建立两个 CPU313C 间的通信。

9. 用 CPU315-2DP 作主站，ET200M 作从站，实现远程通信。

10. 通过 PROFIBUS-DP 网络组态，实现两个 S7-300 PLC 的通信。

参 考 文 献

[1] 牛百齐，等. 边学边练 S7-300/400 PLC 技术及应用[M]. 北京：电子工业出版社，2015.

[2] 郑凤翼，张继研. 图解西门子 S7-300/400 系列 PLC 入门[M]. 北京：电子工业出版社，2009.

[3] 朱文杰. S7-300/400 PLC 编程设计与案例分析[M]. 北京：机械工业出版社，2009.

[4] 胡建. 西门子 S7-300 PLC 应用教程[M]. 北京：机械工业出版社，2007.

[5] 柴瑞娟，等，西门子 PLC 高级培训教程[M]. 北京：人民邮电出版社，2009.

[6] 龚中华. S7-300/400 系列 PLC 应用技术[M]. 北京：人民邮电出版社，2011.

[7] 廖常初. S7-300/400 PLC 应用技术[M]. 2 版. 北京：机械工业出版社，2008.